天 津 水 务 志 丛 书

北辰区水务志

（1991—2010年）

天 津 市 水 务 局
天津市北辰区水务局 编

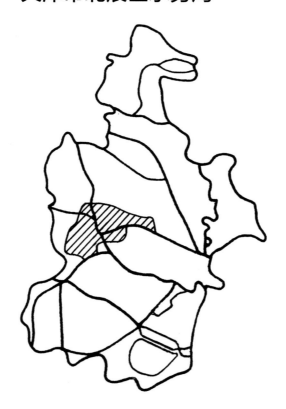

中国水利水电出版社
www.waterpub.com.cn
· 北京 ·

内 容 提 要

　　《北辰区水务志（1991—2010年）》全面、客观记述了1991—2010年北辰区水务事业发展情况，该书主要包括水利环境、水资源、河道整治、防汛抗旱、农村水利、供排水及污水处理、工程建设与管理、工程管理、水政建设、水利经济、规划与科技及机构人物等内容。

　　《北辰区水务志（1991—2010年）》以水务发展史实为依托，图文并存，系统地记载了北辰区水务事业20年来的发展史，反映了北辰区水务发展的历史进程和取得的成绩，具有鲜明的地方特色、专业特色和时代特色。志书内容丰富，数据翔实，是一部全面、系统的地方水情资料工具书。

图书在版编目（CIP）数据

北辰区水务志 : 1991-2010年 / 天津市水务局，天津市北辰区水务局编. -- 北京 : 中国水利水电出版社，2018.11
（天津水务志丛书）
ISBN 978-7-5170-7211-9

Ⅰ．①北… Ⅱ．①天… ②天… Ⅲ．①水利史－北辰区－1991-2010 Ⅳ．①TV-092

中国版本图书馆CIP数据核字(2018)第284408号

书　名	天津水务志丛书 **北辰区水务志**（1991—2010 年） BEICHEN QU SHUIWU ZHI（1991—2010 NIAN）
作　者	天津市水务局　天津市北辰区水务局　编
出版发行	中国水利水电出版社 （北京市海淀区玉渊潭南路 1 号 D 座　100038） 网址：www. waterpub. com. cn E - mail：sales@waterpub. com. cn 电话：(010) 68367658（营销中心）
经　售	北京科水图书销售中心（零售） 电话：(010) 88383994、63202643、68545874 全国各地新华书店和相关出版物销售网点
排　版	中国水利水电出版社微机排版中心
印　刷	北京印匠彩色印刷有限公司
规　格	210mm×285mm　16 开本　19 印张　400 千字　8 插页
版　次	2018 年 11 月第 1 版　2018 年 11 月第 1 次印刷
印　数	001—800 册
定　价	**120. 00 元**

▲屈家店水利枢纽全景图（摄于 20 世纪 90 年代初）

▲新引河进洪闸（摄于 2009 年）

▲永定新河进洪闸（摄于 2010 年）

▲改造前的淀南泵站（摄于 2009 年）

▲改造后的淀南泵站（摄于 2010 年）

▲2009 年，双街泵站改造现场

▲改造后的双街泵站（摄于 2010 年）

▶2000 年，竣工之后的卫河

▲2001 年 3 月，综合治理前的北运河

▲改造后的北运河（摄于 2009 年）

◀2001 年，北运河防洪综合治理工程竣工表彰大会现场

▶ 2009 年，治理前的丰产河

◀ 治理后的丰产河（摄于 2009 年）

▲ 改造前的郎园引河（摄于 2009 年）

▲ 改造后的郎园引河（摄于 2010 年）

▲2009年，南水北调工程给水方涵
　建设施工现场

▲2009年，南水北调工程施工前北辰段原址

◀2010年，南水北调工程拆迁动员
　大会现场

◀ 2008 年 6 月 27 日，机
排河抢险现场

▲ 2009 年，汛前设备检查

▲ 2009 年，汛前准备工作

▲2009 年 7 月，防汛演习现场

▲大张庄自来水厂（摄于 2011 年）

▲净水一体机

▲吸水井

▲2008 年，农村管网入户改造工程动员会现场

▲青光镇除氟供水站（摄于 2009 年）

▶活性炭罐

▲防渗渠道

▲防渗暗管

▲暗管输水

▲节水灌溉

▲固定式喷灌

▲膜下滴灌

◀2010年，在北辰区节水宣传
活动中，市民积极签名响应

▶2010年3月21日，"珍爱水资源，优化水
环境，保障水安全"节水宣传活动现场

▲2010年，水法普及宣传活动现场

▲2010年，举办节水宣传进校园活动

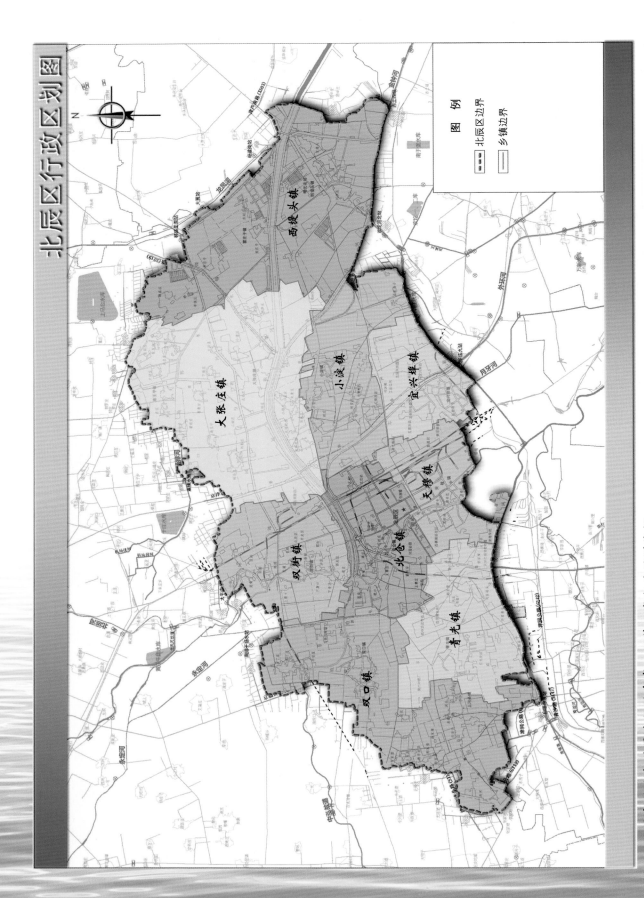

北辰区行政区划图

注　图中所绘各种界线仅供参考，不作正式行政区划依据。

北辰区水系分布图

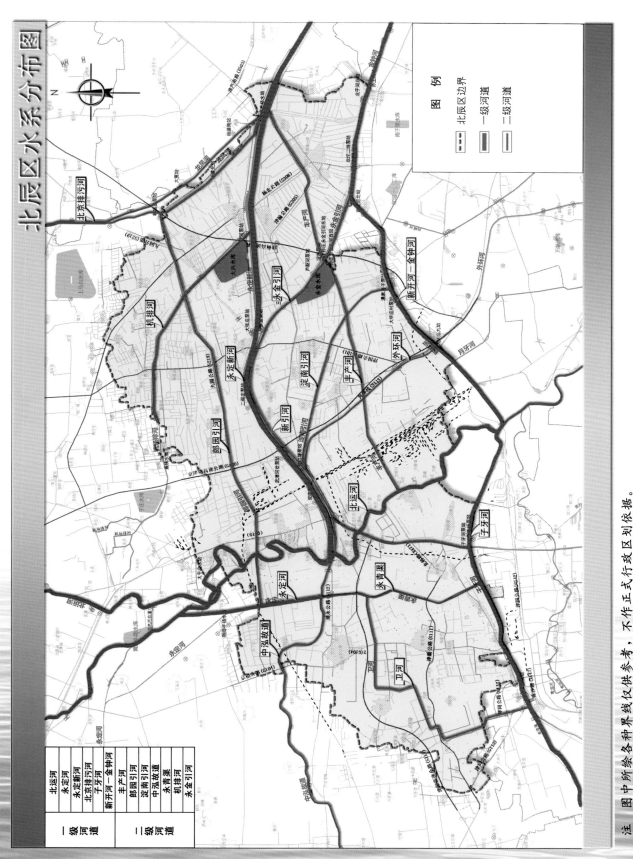

图 例

北辰区边界
一级河道
二级河道

一级河道	北运河
	永定河
	永定新河
	北京排污河
	子牙河
	新开河—金钟河
二级河道	丰产河
	郎园引河
	淀南引河
	中泓故道
	永青渠
	机排河
	永金引河

注 图中所绘各种界线仅供参考，不作正式行政区划依据。

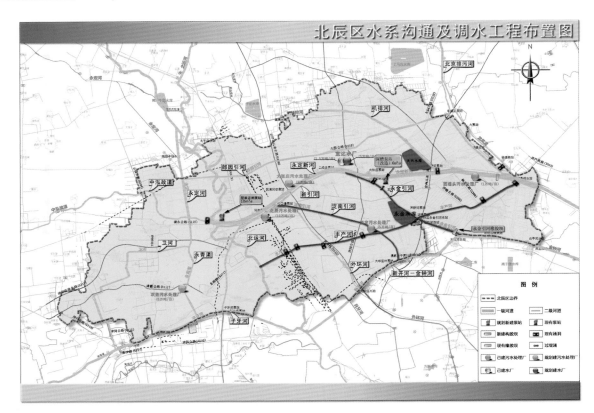

注　图中所绘各种界线仅供参考，不作正式行政区划依据。

注　图中所绘各种界线仅供参考，不作正式行政区划依据。

天津水务志编纂委员会组成人员

（2014 年 9 月—　　）

主 任 委 员　朱芳清

副主任委员　张志颋　　赵考生　　丛　英(女)

委　　　员（以姓氏笔画为序）

于健丽(女)	万继全	王立义	王志华
王洪府	王朝阳	邢　华	吕顺岭
朱永庚	刘　哲	刘　爽	刘凤鸣
刘玉宝	刘学功	刘学红(女)	刘福军
闫凤新	闫学军	孙　轶	孙　津
严　宇	杜学君	李　悦	李作营
杨建图	佟祥明	汪绍盛	宋志谦
张迎五	张贤瑞	张金义	张建新
张绍庆	张胜利	邵士成	范书长
季洪德	金　锐	周建芝(女)	孟令国
孟庆海	赵万忠	赵天佑	赵国强
赵宝骏	姜衍祥	骆学军	顾世刚
徐　勤	高广忠	高洪芬(女)	郭宝顺
唐卫永	唐永杰	陶玉珍(女)	黄燕菊
曹野明	梁宝双	董树本	董树龙
景金星	蔡淑芬(女)	端献社	魏立和
魏素清(女)			

编办室主任　丛　英(女)

天津水务志丛书《北辰区水务志》
总编审人员

总　　编　朱芳清

副 总 编　张志颇

分志主编　丛　英(女)

分志编辑　丛　英(女)　艾虹汕(女)　段永鹏　　　王振杰

评审人员(以姓氏笔画为序)

　　　　　　丛　英(女)　李红有　　杨树生　　张　伟

　　　　　　陈美华　　赵考生　　段永鹏

版式设计　艾虹汕(女)　杨立赏

目录翻译　王娇怡(女)

《北辰区水务志(1991—2010 年)》编修委员会
(2008—2011 年)

主　　　任　张文涛
副　主　任　齐占军　　　赵学利　　　张　晶
委　　　员　张贵超　　　王秀梅(女)　厉竞雄　　　李宝平
　　　　　　王立庭　　　朱德海　　　高雅双(女)　郑玉山
　　　　　　米鸣春　　　肖　刚　　　何云旭　　　杭建文
　　　　　　王立志　　　李凤清　　　刘有增　　　徐明生
　　　　　　李向阳

《北辰区水务志 (1991—2010 年)》编修委员会
(2012—2016 年)

主　　　任　李作营
副　主　任　王振同　　　赵学利　　　张　晶　　　高雅双(女)
委　　　员　张贵超　　　厉竞雄　　　李宝平　　　朱德海
　　　　　　王立庭　　　米鸣春　　　肖　刚　　　何云旭
　　　　　　郑玉山　　　孙维红　　　杭建文　　　王立志
　　　　　　李凤清　　　周学海　　　刘有增　　　冯金成
　　　　　　徐明生　　　李向阳

《北辰区水务志（1991—2010年）》编修委员会
(2017年1月—　　)

主　　任　　郑永建

副 主 任　　赵学利　　　　高雅双(女)　　　仰　东

委　　员　　张贵超　　　　厉竞雄　　　　朱德海　　　王立庭

　　　　　　郑玉山　　　　肖　刚　　　　何云旭　　　米鸣春

　　　　　　宋亚臣　　　　孙维红　　　　孙宝起　　　吴家坤(女)

　　　　　　周学海　　　　李凤清　　　　冯金成　　　徐明生

　　　　　　李向阳

《北辰区水务志》编辑人员

顾　　问　　董学清

主　　编　　李作营　　　　郑永建

执行主编　　张　晶　　　　高雅双(女)　　　霍贵兴

副 主 编　　张天敏(女)

编　　辑　　赵景秋(女)　　刘秋香(女)　　邱宝亮　　　韩良桂(女)

　　　　　　许建萍(女)　　王雪艳(女)　　霍金荣(女)　苗泽玉

　　　　　　汤建中　　　　刘凤雷　　　　张恩毅　　　刘秀玲(女)

录入校对　　李啸宇　　　　韩玉梅(女)　　庄倩倩(女)　郑秀娜(女)

　　　　　　祁莉莉(女)　　赵丽萍(女)

总 编 纂　　杨立赏

序　一

在全局干部职工的大力支持下，通过全体编修人员的共同努力，《北辰区水务志（1991—2010 年）》即将付梓与大家见面。我由衷地高兴和祝贺。

近 20 年来，在区委、区政府的领导下，在市水务局的指导下，北辰区人民发扬自力更生、艰苦奋斗的治水精神，年复一年地坚持水利建设，谱写了北辰区水利发展的新篇章。

历经 20 年水务人的不懈奋斗，提高了全区的城乡排涝能力，改善了农村供水条件，加大了水环境综合整治力度，全面实施了全区农田水利基本建设，有力地推进了全区水资源管理和体制改革。成绩是巨大的，效益是显著的。

《北辰区水务志（1991—2010 年）》以"认识过去，服务现在，开创未来"为使命，以丰富的资料、翔实的内容和流畅的文字，真实地记载了北辰区 1991—2010 年期间水利事业、水利建设和防洪、抗旱、排涝、节水所取得的显著效益。这部志书具有鲜明的时代特色和专业特点，是一部水利工作者了解水利、认识水利的工具书，具有承前启后、资政育人的重要作用。在此对编纂人员所付出的辛勤劳动表示衷心的感谢。

编纂志书是一项浩繁的文字工程，工作量大，要求规范化，尽管编纂人员尽心竭力，但由于主客观方面的原因，难免存在缺憾之处，诚望社会各界人士和广大读者批评指正。

展望未来，任重而道远。广大水务工作者必将向着我区"十二五"规划确定的目标，与时俱进，争先创优，为北辰区经济发展和社会进步作出新贡献。

张文涛

2016 年 12 月

序　二

　　水是人类赖以生存的重要物质基础，水利事业的兴旺和发展是全社会长期的工作任务。多年来，人民依靠科学的方法进行水资源利用和改造，变水患为水利，保障了人民生命财产的安全和社会的安定，促进了整个国民经济的繁荣发展。

　　北辰区是洪旱涝碱多发地区，人民历尽艰辛与洪、旱、涝和碱等自然灾害进行了长期的斗争。中华人民共和国成立后，人民在党和政府的领导下，开展大规模的根治海河运动，兴建了防洪、排涝、灌溉和引水等多项工程，对改变工农业的生产条件，改善人民生活，保卫北辰区及天津市区的安全起到了重要作用。特别是改革开放以后，区政府加大水利工程建设投资力度，实施河道综合整治，进行农田水利基本建设和农业水利配套建设，以及城乡供水、节水和安全饮水工程建设等。多年的建设与发展构建了水利设施的河道防洪体系、灌溉供水体系和排水除涝体系，提高了防洪保障能力、农业排灌能力和城乡供排水及节水能力，有力地促进了人与社会与生态环境的协调发展。

　　盛世修志。将北辰区水利建设和水利事业发展史实客观地记载下来，是我们这一代人义不容辞的责任。《北辰区水务志（1991—2010年）》内容上限为1991年，下限断至2010年。在续志工作中坚持实事求是，经过对20年间水利建设和水利事业发展情况的搜集梳理，在掌握全面、可靠资料的基础上，坚持以去粗取精、彰显时代特色、合理设置、体现篇目科学性为原则。力求做到志书内容丰富、翔实，文字流畅，语句精炼，图文并茂，表格设计合理，符合志书体例要求。志书资料客观地反映了北辰区20年来各阶段水利工程和水利管理实际情况，记述了改革开放后在北辰区委和区政府的领导下实施的各项水利建设和成就，及其在防洪、排涝、抗旱、供水、节水方面发挥显著效益。志书中总结的经验、成果对现在和未来都具有借鉴和指导作用，充分体现了志书的时代性、科学性和资料性，实为一部反映北辰区水利建设且实用性很强的综合性工具书。该书以史为鉴，资政育人，功在当代，利在后世。

实践证明，随着工农业生产的发展和社会的进步，水的需求量不断增加，水资源的短缺已成为工农业生产的制约因素。水利事业任重道远，我们要坚持水利发展与社会进步相适应，坚持社会环境与生态环境相协调的科学发展观。区域水利规划按照统筹兼顾、标本兼治、综合利用的原则，遵循兴利与除弊结合、开源与节流并重、抗洪与抗旱并举的方针，统筹考虑水资源开发、利用、配置、节约与保护，加快完善和提升城乡供水安全保障体系、防汛排涝安全保障体系、城乡水生态环境保护体系、节水型社会管理体系、农田灌溉安全保障体系、水务公共和社会管理体系的组成进程。我坚信，在区委、区政府的领导下，有全区人民的支持和帮助，有水利系统干部、职工的共同努力，一定能再谱水利事业的新篇章。

《北辰区水务志（1991—2010年）》的出版，是北辰区水利事业的一件大事，对北辰区的水利建设取得更好的社会效益、经济效益和生态效益将大有裨益。借此，向为此书撰写、编审出版工作付出辛勤劳动和给予热情支持的单位及个人表示真诚的谢意，并欢迎各级领导、水利系统的同仁提出宝贵意见。

李作营

2016 年 12 月

序　三

盛世修志是中国优秀的文化传统。地方志是历史智慧的结晶，是传承和彰显一个地域文明的载体，具有存史、资政、教化的重要功能。习近平总书记曾讲到："要了解一个地方的重要情况，就要了解它的历史，而了解历史的可靠方法就是看地方志。"

按市水务局水利志编纂委员会统一部署，通过全体编修人员的共同努力，历时数载，几经修改编纂而成的《北辰区水务志（1991—2010年）》即将出版。该志真实记录了北辰区水利建设和水务事业20年的发展历程，它的出版是北辰区水务事业发展史上的一件大事，也是值得庆贺的一件盛事。多年来，编修工作得到区委、区政府及区水务局历任领导班子的高度重视和各部门的大力支持，特别是得到了市水务局水利志编纂办公室领导、专家的悉心指导和区地方志编修委员会办公室领导、编纂人员的有力支持，借此机会，谨向为编写本志付出艰辛劳动的全体编修人员，向曾为本志提出宝贵意见和建议的专家学者，以及为本志提供宝贵资料的各界人士，表示衷心感谢和崇高敬意。

《北辰区水务志（1991—2010年）》上限为1991年、下限至2010年，记载了北辰区水务事业20年来的发展史。其间，北辰水务人认真落实中央、市、区关于水务事业发展的有关部署和要求，不断强化供水和防汛保障能力，全面落实严格水资源管理制度，突出水生态环境治理和管理工作，创新激发水务事业发展活力，在防汛抗旱、水利工程建设和管理、水资源开发利用和节约保护、水环境综合治理、节水型社会建设等方面取得了显著成绩。

《北辰区水务志（1991—2010年）》资料丰富，数据翔实。经多次甄别审验，做到了史实真实准确，突出了时代性和地域特色。记述客观正确，述而不论，并配有大量图照，图文并存，实事求是地反映了北辰水务事业的发展脉络和历史印记。本志所载北辰水务事业20年的发展变化，重点记述了国有泵站和镇村泵站的更新改造、农田沟渠河格网化、田间桥闸涵建设、调引蓄排配套工程；重点记述了农田节水工程建设、雨污分流与河道清淤绿化工程建设；重点记述了农村安全饮水工程建设、推行严格水资源管理制度、加强取水许可管理、促进水资源合理配置；重点记述了执行建设项目与节水设施"三同时"制度，引进节水型新设备、新技术、新工艺，采用先进的水处理技术和节水型社会建设情况。

《北辰区水务志（1991—2010年）》已被列入《天津水务志丛书》。它的面世，必将为后人留下一部系统的、翔实的水务事业发展史料，从而为今后的水务事业建设提供借鉴，为爱国、爱乡教育提供本土教材，为各界朋友了解北辰水务事业发展史提供真实可信的水务地情资料。我们坚信，北辰水务事业在区委、区政府和市水务局的领导下，一定会得到更快、更好的发展，为建设和谐美丽的北辰做出新的贡献。

霍俊伟　郑永建

2017 年 8 月

凡　　例

一、《北辰区水务志（1991—2010年）》（以下简称本志）是天津水务志系列丛书之一，本志以马克思列宁主义、毛泽东思想、邓小平理论、"三个代表"重要思想、科学发展观、习近平新时代中国特色社会主义思想为指导，坚持实事求是的科学态度，力求资料性、思想性与科学性的统一。

二、本志记述的地域范围以2010年北辰区行政区划为准。区镇村名使用区地名办公室公布的标准名称。

三、本志上限起自1991年，下限断至2010年。水利普查下限延至2011年。

四、本志坚持述而不论，以志为主，述、记、录、传、表、图并用，力求图文并茂。横分门类，纵述史实，设十二章，章下设节、目、子目；卷首为序、凡例、目录、综述和大事记，卷尾为附录、编后记、索引。

五、本志采用规范的语体文记述体。文字、标点符号、计量单位及数字的使用均以国家规定为准。鉴于称谓习惯和为了便于阅读，涉及单位土地面积上的产量时仍用"亩产"。表编号排序为章—节—序号，序号以全书为单位编排。

六、本志中的地面高程采用大沽高程，其他高程均在志书中括注。

七、本志资料来源于市、区档案馆所存档案及有关志书、文史典籍、报刊记载和口碑资料，坚持去粗取精、去伪存真，以保证资料的准确、权威。

八、使用历史资料时，一般引用原文，加注标点，加引号。明显错误或词义不清者加"〔　〕"予以改正。

目　录

第十二章 机构人物

Contents

Chapter 4 Flood Control and Drought Resistance

Chapter 5 Rural Water Conservancy

综　述

北辰区位于天津市主城区北部，东邻宁河县，南与西青区、东丽区及市中心城区毗邻，西、北与武清区接壤。地理坐标为东经 116°56′～117°24′、北纬 39°10′～39°21′。东西长 43.2 千米，南北宽 20.8 千米，总面积 478.5 平方千米。2010 年，全区划分为 9 个镇 4 条街，辖 126 个行政村、85 个居委会，常住人口 860284 人。

北辰区属于河道冲积平原，地势较为平坦，总体上西北略高，东南略低，西部地形略有起伏，地面高程在 8 米上下；中部北运河、京津公路两侧地势较为平坦，地面高程在 5 米上下；东部地势相对低洼，地面高程一般在 3.5～2.5 米。

北辰区属大陆性季风气候区，多年平均气温 12.7℃，年内变化呈"一峰一谷"形式，7 月最热，平均气温 26.5℃，极端最高气温 40.5℃；1 月最冷，平均气温 −3.8℃，极端最低气温 −18.8℃；全年平均无霜期天数为 227 天；年日照时数 2730 小时，年日照率为 60%；多年平均降水量 500.27 毫米，每年 6—9 月为汛期，降水量最大。春冬为少雨季节，春旱概率 40%，春旱连夏旱时有发生，从而影响春播和夏种，造成作物减产。

全区的土壤系在近代河流冲积物上发育并受地下水影响，经过人为耕种熟化而形成。土壤分布规律大致受永定河泛滥影响，自西向东依次为普通潮土、盐化潮土及湿潮土。从土质上看：京山铁路西以砂质、砂壤质潮土和轻壤、中壤、重壤质潮土为主；京山铁路东以盐化潮土、脱水盐化菜园潮土为主，并有部分重质潮土和黏质菜园潮土。

全区共有耕地 18430.73 公顷，其中旱田 6697.2 公顷。西部以果树种植为主，配种一些经济作物；中部以商品菜种植为主；东部为粮食生产地区。

区内有一级河道 7 条，即北运河、永定河、永定新河、新引河、北京排污河、新开河—金钟河及子牙河，其中北运河自北向南流经区中部偏西地区；永定河自西北入境，至屈家店闸上汇入北运河与永定新河相连；人工开挖的永定新河自屈家店闸向东横贯东西；新引河从屈家店闸向东至大张庄节制闸止；北京排污河位于区东部界；新开河—金钟河位于区南部界；子牙河流经区西北部。市属二级河道 2 条，即卫河、外环河。区属二级河道 8 条，即丰产河、郎园引河、淀南引河、中泓故道、永青渠、杨村机场排水河（以下简称机排河）、郎机渠、永金引河。其中丰产河西起北运河，东至永定新河；郎园引河西起自永定河，均贯穿区中部和东部至北京排污河；淀南引河西北起自新引河，东南至丰产河；中泓故道西起武清界，东至永定河；永青渠北起永定河，南至子牙河；机排河西北起杨村机场（武清界），南至永定新河，流经区东部；郎机渠北起机排河，南至郎园引河；永金引河北起永定新河，南至金钟河。区内有大兴水库、永金水库和华北河废段水库。总设计蓄水能力 4912 万立方米，其中大兴水库设计蓄水能力为 882 万立方米、永金水库设计蓄水能力为 804 万立方米、永定新河深槽设计蓄水能力为 1606 万立方米、一级河道蓄水能力 800 万立方米（不包括永定新河）、二级河道蓄水能力 350 万立方米、深渠蓄水能力 220 万立方米、坑塘蓄水能力 250 万立方米（包括华北河废段蓄水量 120 万立方米）。

一

北辰区地处永定河、北运河、子牙河末端，地势低洼易涝。1991—2000 年，为保障防洪除涝安全，开展堤防修复、蓄滞洪区安全建设，重点对永定河、永定新河进行集中治理。1991 年投资 456 万元清淤永定新河；1992—1993 年投资 522.9 万元加固永定河泛区左堤（即北运河右堤）；1996 年投资 4383 万元，组织永定新河深槽蓄水工程开挖；1999 年投资 241.1 万元实施永定新河右堤应急加固灌浆工程。

为保障永定河泛区、三角淀分洪区人民生命财产安全，市、区两级政府积极组织避险安全建设，修建平顶避水安全房和救生台。1991—1997 年，在永定河泛区、三角淀蓄滞洪区投资 434.7 万元，建设安全房、安全台、安全楼和撤退路。永定河泛区、三角淀滞洪区和永定新河淀北蓄滞洪区的堤防安全建设分别达到 50 年一遇、100 年一遇和 100 年以上一遇特大洪水标准，并逐年制定、落实分洪滞洪方案，做到有备无患。

2001—2010 年，重点对北运河、子牙河、金钟河进行综合治理，不断完善防洪排涝体系，健全组织机构，落实抗洪抢险物资，实行区、镇、村三级防汛抗旱责任制。清淤拓宽区内二级河道，对一级、二级河道桥涵闸和泵站进行维修改造。2003 年完成丰产河部分段清淤工程。2004—2005 年完成郎园引河清淤工程，增强蓄水能力。2008 年，维修改造 14 座桥涵闸，使 5 个镇村民受益，改善灌溉面积 1100 公顷。2009—2010 年完成丰产河部分段清淤工程。北辰区水利建设从单一整治到综合治理，从全面治标到深入治本，并朝着工程水利向资源水利，传统水利向现代水利、可持续性发展水利的方向转变。

二

水利设施作用显著增强。1991—2010 年，投资 5.52 亿元，用于河道综合治理，对二级河道和永定新河、北运河、子牙河、新开河—金钟河 4 条一级河道清淤拓宽，不断完善防洪排涝体系，增加蓄水能力 1150 万立方米。对一级、二级河道桥涵闸和泵站进行维修改造、堤防修复、蓄滞洪区安全建设，保证了工程设施的运行安全。用于水库、水柜和坑塘等工程建设投资 4683 万元，各种设施蓄水能力达 4540 万立方米，与 1990 年相比增加蓄水能力 995 万立方米。通过实施"625"水利配套工程项目，各种水利设施更加健全和完善，各项水利设施效率得到提升，推动了农业种植结构的调整。

水生态环境明显改观。投资 3.22 亿元，用于水资源、水环境、水安全综合治理。河道堤岸、水库等处绿化，做到河道堤防、水库库区保护与绿化相结合，建设景观河道与保护水生态环境相结合，采取河道堤岸绿化承包责任制，种植各种树木 41.07 万株，紫穗槐 21.06 万墩，堤岸绿化长度 142.04 千米，绿化覆盖率达 90%。通过对重建、新建及维修泵站实行统一设计，管理房顶为蓝色彩钢板，墙壁用白色涂料粉刷，达到蓝天、白墙、绿水的效果，凸现与水生态环境相和谐。通过开展净水行动，清除河道垃圾污物 8 处 10.01 万立方米，拆除违章建筑 1 万平方米，清除杂草 5.62 万平方米，景观河岸铺设草皮 6.5 万平方米。探索沿河环境保护新途径，建沿河村垃圾池 30 座，与沿河村签订保洁承包责任制。通过水生态环境治理，达到水清、岸绿、景美的河道景观目标。

节水工程效益不断提升。投资 1731.23 万元，用于以抗旱工程为中心、深渠河网化建设为重点、中低产田改造为主攻方向的农业节水工程建设，实施田、林、路综合治理。清挖干渠 70 余条、支渠 800 余条，修防渗渠道 139.70 千米，铺设管道 188 千米，维修泵点 9 处，修建田间各式配套建筑物 87 座。根据地上水源和水利条件，划分永新南、永新北、运河西 3 个排灌区。截至 2010 年，灌区干支渠总长度 901.9 千米。通过实施农田水利调、引、蓄、排为一体的配套工程建设，农田配套闸 254 套，排灌能力提高了一倍，使农田构成"田成方，林成网，渠相通，路相连，旱能灌，涝能排"的新格局。水利基础设施形成沟渠配套、渠河相通，排灌皆可的深渠河网化。企业通过引进节水型新设备、新技术、新工艺，采用先进的水处理技术，使用循环冷却水系统，工业用水重复利用率达到 88%。

节约用水意识增强，安全饮水状况得到改善。投资 5416.37 万元，用于农村居民安全饮水工程。通过更新改造自来水管道，农村管网入户改造和除氟工程，改善和提高饮水质量，使农村居民喝上安全卫生的自来水。企事业单位安装节水型设备，使用磁片及感应性水龙头，有效控制水资源浪费。通过推广农业滴灌技术，节约用水 1100 万立方米，淘汰非节水型器具，使用节水型器具，节水型器具普及率达 99.5%。

水利科技推广与应用。投资 430 万元，用于农业示范项目及新技术推广，应用新设备。区水务局在各镇主要泵站安装防汛信息采集系统和防汛会商系统，建立雨量水位自动测报系统中心站，在天穆、双街和双口等 9 个镇建雨量自动报警基站，在永青渠泵站、韩盛庄泵站、温家房子泵站、淀南泵站、三号桥泵站分别建水位自动测报基站。

三

20年来，北辰区水利事业取得显著成绩，逐步形成河道防洪体系、灌溉供水体系、排水除涝体系，实现洪水能防挡、灌溉有水源、排水有出路的目标。在城乡排涝方面，通过泵站的更新改造，提高排涝能力和排涝标准，增强抵御自然灾害的能力，为发展生产提供有力保障。在城乡供水方面，重点解决了7个镇、37个村、10.34万人的饮水安全问题。推行严格的水资源管理制度，使节水型社会建设取得成效，其中北辰中医医院、第四十七中学、集贤大酒家等9个单位及瑞景街燕宇社区、奥林匹克花园社区、翡翠城社区等6个社区获天津市节水型单位和节水型社区称号。在水环境治理方面，进行河道综合治理，使北运河、丰产河、郎园引河成为北辰区重要的景观河道；回填处理废井，切断地下水串层污染通道，为深层地下水免遭污染提供保障条件；通过农田水利和节水工程建设，农业灌溉条件得到改善和提高，增加了节水工程面积，一定程度上缓解了农业用水的供需矛盾；通过水生态环境和城乡节水型社会建设，水资源利用效率和效益明显提高，万元GDP用水量降至71立方米，万元工业增加值取水量降至24立方米左右，内部再生水利用、水循环利用率显著提高。农业灌溉水利用系数提高到0.65以上。在体制改革方面，挂牌成立区水务局，完成农村水利管理向水务一体化管理的转变。

在水利事业取得成绩的同时，也面临着严重困难。其一，水资源短缺依然严重，虽然城镇工业、居民生活和第三产业用水量和供水量基本平衡，但农业用水供需矛盾突出，农业灌溉用水缺口较大，制约了农业生产的发展；其二，外环线以内城区人口密集，排水能力未达一年一遇排涝标准；其三，由于个别企业将生产废水偷偷排入河道，导致一级、二级河道水质较差，河道综合治理和生态修复仍面临较大压力。

进入新的时期，北辰区水利建设和水务管理，将坚持水利发展与社会进步、生态环保、国家经济建设重大战略决策相结合，恪守全面规划、统筹兼顾、标本兼治、综合利用的原则，坚持兴利与除弊结合、开源与节流并重、抗洪与抗旱并举的方针，统筹考虑水资源开发、利用、节约和保护。着力构建城乡供水安全保障体系、防汛排涝安全保障体系、城乡水生态环境保护体系、节水型社会管理体系、农田灌溉安全保障体系、水务公共和社会管理体系，为北辰区经济和社会发展做出更大贡献。

大事记

1991 年

5 月 20 日　永定新河李辛庄漫水桥工程动工，总投资 111.76 万元。11 月 30 日竣工。

5 月底　在大兴庄村南郎园引河新建 1 座节制闸，投资 9.3 万元。

10 月　北郊区投资 100 万元，清淤机排河小韩庄桥至芦新河大泵站段。12 月 20 日竣工。

秋　银河游乐场项目动工。1992 年 6 月底，一期工程——浴场试运行，水面 200 公顷，建筑面积 4600 平方米。9 月，二期工程开工。工程包括延长沙滩浴场长度，新建水滑梯、高级客房、餐厅和舞厅。1994 年 10 月，银河游乐场由"天津市乡镇企业供销总公司"投资承包，并更名为"银河度假村"。

是年　完成永定新河清淤工程，全长 10.19 千米，投资 456 万元。

是年　完成双口至屈家店引水工程（包括开挖引水渠，建泵站、节制闸、低水闸）。

是年　北仓镇周庄村、西堤头乡西堤头村各安装 1 台风力机，配合暗管排碱——排除地下水。完成麦田开发 733.33 公顷，新开稻田 133.33 公顷，低产田改造 933.33 公顷。

是年　完成机排河清淤扩宽工程，全长 13 千米。

1992 年

2 月 12 日　国家民政部以民行批〔1992〕16 号文件批复天津市北郊区更名为天津市北辰区。

3 月 6 日　市政府宣布经国务院批准，天津市北郊区改名为北辰区，随后北郊区水利局更名为北辰区水利局。

4 月 20 日　永定新河挡潮坝工程开工。坝长 244 米，坝顶高程 3.3 米，总投资 160 万元。6 月 30 日竣工。

7 月 22 日　市委书记谭绍文到北辰区检查防汛抗洪工作，副市长陆焕生、市政府顾问王立吉陪同检查，实地查看了永定新河清淤情况。

10 月　丰产河清淤工程开工，市水利局投资 40 万元。11 月完工。

是月　东堤头色织十七厂自筹资金 18 万元，动工兴建跨丰产河进厂桥。11 月竣工。

秋　永定河泛区左堤（北运河左堤）加固工程施工。从小街村至屈家店闸，全长8700 米，工程总投资 522.9 万元。1993 年 6 月竣工。

1993 年

3 月 20 日　京九铁路永定新河筑坝工程开工，总投资 215 万元。

3 月　编印北辰区《防汛抗旱》手册，共 16 节 16000 字。

10 月 8 日　北运河郭辛庄桥开工，总投资 130 万元。1994 年 1 月 15 日竣工。

是年　全区粮食基地建设 666.67 公顷。在天津市水利局的帮助下，北辰区水利局在上河头乡组建抗旱服务队，成为天津市 10 个抗旱服务组织之一。

1994 年

4 月 20 日　由北辰区水利局、西堤头乡及永新农场三方投资 17 万元，丰产河永新农场桥动工。5 月 20 日竣工。

是年　编写南王平万亩麦田节水项目 3 年规划及设计任务书。

是年　据 1991—2010 年降水资料统计，1994 年年降水量为 771.3 毫米，是 20 年间年降水量最大年份，其中 7 月降水量为 297.8 毫米。

1995 年

4 月 5 日　永定新河右堤石屑路面及獾洞处理工程开始施工，总投资 75 万元。6 月30 日完工。

4 月 10 日　北仓泵站加固工程开工，投资 188 万元。6 月 30 日完工。

5 月初　由东堤头华峰制衣厂和村委会投资 29 万元，跨丰产河东堤头华峰制衣厂桥和药厂桥同时开工。6 月 10 日竣工。

10 月初　郎园引河二阎庄桥动工，该桥为二阎庄村过郎园引河桥。12 月 25 日，工程竣工通车。

是年　完成中低产田改造 995.33 公顷，建麦田示范区 140 公顷。

1996 年

4 月　北京排污河复堤工程开工。该工程从武清县至华北河闸，全长 7500 米。总投资 135 万元。6 月 30 日完工。

4 月　永定新河深槽蓄水工程全线开工，总投资 4383 万元。

6 月　郎园引河倒虹闸门更新工程开工，于本月 15 日完工。

7 月 27 日　双口镇中泓故道京福公路桥下右岸 300 米无堤段出险。由双口镇组织人员加复堤。

8 月 7 日　第一次洪峰进入北辰区，北京排污河节制闸闸上水位 5.96 米，闸下水位 5.87 米，开启闸门 6 孔。至 8 月 24 日，回落到警戒水位以下。北运河屈家店闸上水位 6.2 米，超过警戒水位 1.2 米，闸下水位 2.55 米。永定河泛区蒲口洼防洪小埝临时封堵放水口。8 月 13 日，子牙河左堤刘家码头村南段河坡塌陷，长 25 米，区水利局及时开展高水位抢险。9 月 2 日，北京排污河节制闸关闭全部闸门。

是年　在勤俭村苹果园，完成全区第一处脉冲式微喷示范工程，面积 22.33 公顷。

是年　水利部决定"九五"期间在全国建设 300 个节水增产重点县，天津市北辰区等 4 区县被列入建设计划中。"九五"期间，4 区县共投入 1.33 亿元用于节水灌溉工程建设，新增节水灌溉面积 26.81 千公顷，北辰区新增节水灌溉面积 3.2 千公顷，其中混凝土明渠灌溉面积 2.64 千公顷、管灌面积 0.52 千公顷、喷微灌面积 0.04 千公顷。2000 年 9 月 22 日，天津市"全国节水增产重点县"建设任务完成。

1997 年

4 月 10 日　北京排污河防浪墙工程开工，全长 856 米，投资 31.3 万元。5 月 10 日完工。

4 月 20 日　中泓故道右堤复堤工程动工，投资 51 万元。5 月 20 日完工。

5 月 30 日　子牙河护坡工程开工，投资 109.42 万元。7 月 15 日竣工。

6 月 20 日　机排河自流闸维修护砌工程动工，投资 34.35 万元。7 月 15 日竣工。

8 月　北辰区水利局永定新河深槽蓄水工程管理所成立。

9 月 20 日　郎园引河刘马庄农田桥维修加固工程动工，投资 15.6 万元。10 月 15 日完工。

10 月 20 日　丰产河西堤头商贸城桥和东堤头村化工厂桥同时开工，东堤头村投资 18 万元，西堤头村投资 17 万元。11 月 20 日，工程竣工通车。

1998 年

6 月 29 日　北辰区区长李文喜主持召开区防汛指挥部第一次会议，指挥部全体成员和各乡镇长参加，具体布置防汛排涝任务。

7月23—25日　水利部部长钮茂生考察天津市防汛工作，确定加固永定新河右堤。天津市水利局副局长戴峙东率局属有关处室及设计单位勘察永定新河，初拟施工方案。北辰区水利局派人参加。

7月28日　天津市防汛指挥部下达第2号令，限1个月内完成永定新河右堤上段加固任务。上午，北辰区水利局领导向区委汇报施工组织情况，下午由副区长李澍田主持召开永定新河应急度汛工程紧急动员会，组建区工程指挥部，通过前期工作方案，包括道路、用电、用水、伐树和占地等。

7月30日　天津市水利局基建处召开永定新河右堤应急度汛工程技术交底会议，天津市水利局副局长赵连铭、张新景，副区长李澍田参加。

7月31日　永定新河右堤应急加固工程施工单位分段进场上堤。8月19日，天津市副市长孙海麟考察永定新河右堤应急加固工程工地。8月27日，市长张立昌考察永定新河右堤应急加固工程工地。8月31日，该工程竣工。9月1日，孙海麟再度考察该工地。

10月25日　永定河泛区右堤加固扫尾工程开工，1999年7月竣工。

1999 年

2月6日　国家防汛抗旱总指挥部副总工王秀英到北辰区检查防汛通信设备保管使用情况，对区内通信设备保管使用给予肯定，对蓄洪区通信设备更新提出设想。

4月6日　市水利局首次与区县水利局签订经济目标责任书，北辰区水利局局长到会签订责任书。

5月12日　由水利局组织的稻田浅、湿、晒种植管理新技术培训班在小淀镇举办。小淀、大张庄、霍庄子、西堤头、青光镇主管农业的副镇长、农办主任及水利站站长30人参加培训。

6月3日　北辰区政府批复"关于成立北辰区水利工程建设管理处的请示"。该管理处与区水利局工程科合署办公，为北辰区水利工程建设项目责任主体，对建设项目从始至终全权负责，其人员由水利局自行调剂。

6月7日　100余名解放军指战员在永定新河引河桥左堤（桩号2+300处）进行防汛实地抢险演习。

6月8日　天津市水利局副局长赵连铭带领防汛、工管、水文和通信等有关处室负责人12人到北辰区检查防汛工作，查看永定河复堤、永定新河灌浆两项工程并检查防汛物资储备库。

6月26日　北辰区武装部组织驻区空军某部官兵180人，在永定新河左堤引河桥东侧进行漫溢险情、管涌险情抢险演练。该部队训练处处长彭空荣任指挥，区防汛指挥部指挥李文喜、副指挥李澍田、武装部部长、政委、区防汛办负责人任指导。

7月6日　北辰区人大常委会主任宋联洪，副主任邢燕子、刘佳森、娄永样等率人大常委、部分人大代表40人，考察北辰区防汛工程。

7月13日　永定新河清障灭苇，共有70余个小分队计4000人，清除90％苇障，面积总计266.67公顷。7月14日完成灭苇。

7月20日　北辰区武装部组织第三次防汛抢险演习，区武装部部长夏加坡、政委何继宝任指挥。500余名抢险队员、80余名指挥人员在永定新河右堤（桩号15＋000处）参加演习，区防汛指挥部指挥李文喜，副指挥李澍田、赵学敏组织指导演习。副市长孙海麟到抢险演习现场观看并指导。

8月16日　北辰区政府批准北辰区水政执法大队成立。

9月20日　北辰区水利局着手制订"北辰区'十五'防洪规划"，于10月20日完成，上报市水利勘测设计院。规划包括蓄分洪区基本情况、安全建设现状及规划，城市防洪情况调查，大江大河堤防加固及河道整治，供水工程计划，水资源保护规划。

10月28日　南开大学化工厂排污管道入网工程开工，投资70万元。11月30日完工。

11月18日　《北辰区水利志》由天津科技出版社出版。

12月10日　天津市北水南调工程开工。该工程区内段长24.75千米，清淤、清挖土方173.36万立方米。区内建公路桥2座，拆建生产桥9座，新建闸桥1座，拆建渠道首闸3座、节制闸2座。

12月15日　北辰区防洪通信电台铁塔安装钻探取样施工开始。该塔设计高度50米，市水利局通讯处拨款，总投资50万元。

12月17日　天津市副市长孙海麟，区长李文喜、区人大常委会副主任邢燕子等市、区领导参加北水南调工程义务劳动。

2000 年

1月18日　国家防汛抗旱总指挥部办公室副主任张志彤考察屈家店水利枢纽永定河进洪闸除险加固工程。主体工程于年底完工。

5月18日　永定新河右堤应急度汛工程开工，于10月15日竣工。完成土方11.84万立方米，混凝土6.09万立方米，砂浆垫层20.72万立方米，复合土工膜32.52万平方米，水泥搅拌桩6.09万平方米。

6月5日 天津市委副书记房凤友、副市长孙海麟在区长李文喜陪同下，考察天津市北水南调工程北辰段进展情况。

6月14日 市水利局召开查水护水紧急会议，紧急集中局机关及局属10个单位抽调部分人员对子牙河等20处重点取水口门、泵站进行24小时蹲堵，制止沿河违章取水行为。机关负责子牙河左堤北辰区铁锅店村和李家房子村的保水护水工作。

7月6日 国务院副总理温家宝考察北水南调工程北辰段，在上河头六号工地接见工程技术人员和民工。天津市委书记张立昌、市长李盛霖陪同，市水利局及北辰区水利局领导参加考察。

7月15日 国务院副总理温家宝在水利部部长汪恕诚陪同下，考察天津市水源地于桥水库，听取工作汇报，强调要提前做好引黄济津工作，同时考察屈家店水利枢纽。天津市委书记张立昌、市长李盛霖、市委副书记房凤友陪同。

9月22日 天津市委书记张立昌、市长李盛霖等市委、市政府领导参加北水南调工程通水庆典，张立昌为通水剪彩，开闸放水。该河道命名为"卫河"，并立碑。

10月9日 永定新河双街泵站改造工程开工。12月6日竣工。

12月20日 北运河综合治理工程开工奠基仪式在北运河试验段处举行，天津市市长李盛霖作动员报告，副市长孙海麟主持开工典礼仪式，区委书记魏秀山、区长李文喜出席奠基仪式。

2001 年

2月5日 北辰区委、区政府召开北运河综合治理动员大会。区委、区人大常委会、区政府、区政协主要领导、有关部门党政领导参加会议，区委书记魏秀山讲话，区长李文喜作动员报告。2月6日，北运河综合治理工程北辰区指挥部办公室召开第一次会议，就北运河治理工作进行分工。2月9日，区水利局与天穆镇、北仓镇签订拆迁协议书，实行一次拍定、平衡包干使用补偿资金的原则。2月20日，市委副书记刘峰岩到北辰区听取北运河拆迁工作准备情况的汇报。

2月22日 北运河综合治理工程第一期拆迁工作在天穆镇霍嘴村启动。3月25日，拆迁工作结束。

2月24日 北辰区北运河综合治理指挥部下发《关于在北运河拆迁'三断'（断煤气、断电力、断自来水）工作中确保安全的通知》。

4月10日 北运河综合治理工程第二期拆迁工作在天穆村进行。

9月28日 北运河综合整治工程竣工。天津市委书记张立昌、市长李盛霖等市党政有关领导参加竣工庆典仪式。

10月11日　市政府邀请百名市人大代表、百名市政协委员视察北运河防洪综合治理工程。市水利局局长刘振邦及北辰区政府领导等陪同视察。

2002 年

3月初　子牙河左堤治理工程全线开工，全长11.6千米，涉及动迁180户，历时5个月。

3月22日　天津市第十届"世界水日"和第十五届"中国水周"纪念宣传活动在北辰区北运河畔滦水园举行，水利部副部长陈雷、市人大常委会副主任张毓环、副市长孙海麟、水利部海委主任王志民出席。陈雷、孙海麟讲话，市水利局党委书记、局长、市节水办负责人刘振邦介绍天津市建设节水型城市取得的成就和经验，提出了下一步节水工作的重点和措施。北辰区区长李文喜及近千名有关方面人员和各界群众参加活动。

3月中旬　启动永定新河左堤治理工程，全长14.52千米，工期3个月，防洪能力达到100年一遇标准。

4月19日　《北辰区小型农田水利设施产权与管理体制改革方案》《北辰区小型水利工程产权制度改革实施办法》正式出台。

8月30日　市水利局、武清区政府、北辰区政府签订《机排河芦新河泵站排水费用协议》。

9月23日　子牙河泵站、北运河泵站拆迁，于9月29日完工。

10月8—20日　子牙河双河至千里堤河段，封堵口门11处，保证引黄济津水源通过。

11月6日　由市水利局、市计委、市财政局、市农委和市解困办等单位组成的验收小组，对北辰区人畜饮水解困工程进行全面检查。经考评，通过验收。

12月6日　北运河、新引河综合治理工程通过天津市北运河综合治理领导小组办公室的验收。

2003 年

3月1日　永定新河二阎庄扬水站、新开河宜兴埠扬水站、永金引河芦新河扬水站改造工程同时施工。5月31日完工。

3月15日　北辰区水利局承建的天津市外环河第一期贯通3项工程（堵口堤泵站改造工程、宜兴埠倒虹自来水切改工程、丰产河倒虹穿越工程）开工，总投资910万元。

6月25日竣工。

3月20日　津蓟高速公路穿越永定新河、北京排污河、金钟河、永金引河防汛通道及护石坡工程开工。5月30日竣工。

8月初　天津市外环河护砌整治工程北辰段开工，2004年6月底完工。

10月10—12日　北辰区普降大暴雨，平均降雨117.7毫米，造成2766.67公顷农田淹泡，直接经济损失395万元。区管泵站开车排水997台时，排水629.7万立方米。

10月20日　北京排污河除险加固复堤工程开工。11月30日竣工，工程质量达到优秀标准。

10月29日　由市水利局、市计委、市财政局和市农委等单位组成的验收小组，对北辰区人畜饮水解困工程进行全面检查、评审、验收。

2004 年

3月25日　丰产河北辰科技园区泵站开工。8月1日竣工。

3月27日　北京排污河韩盛庄泵站更新改造工程开工。8月11日通过验收。

4月12日　天津市水利局规划处、工管处、财务处、河闸总所、监督站和监理中心组成验收小组，对北京排污河右堤季庄子段除险加固工程（总投资229万元）进行验收，验收合格。

4月15日　永定新河右堤（桩号17＋600处）废弃方涵治理工程开工。5月18日完工。

同日　南水北调工程前期实物调查领导小组开始对北辰区界内10.87千米进行实物调查（涉及双口、青光两镇的9个村和红光农场）。6月20日，调查结束。

6月5日　永定新河左堤应急度汛加固工程开工。11月15日完工。

6月23日　市防汛指挥部在永定新河右堤（桩号21＋400处）举行防汛综合演习。副市长、市防汛指挥部副指挥孙海麟及市防汛指挥部成员单位主要负责人，北辰区委书记李文喜，副区长、区防汛指挥部副指挥张金锁，区防汛指挥部副指挥赵凤祥以及各区县分管防汛工作的区、县长和水利局局长参加演习。

10月1日　市水利局批复的4眼饮水解困井开工，总投资73.2万元，可解决1.65万人的饮水困难。10月30日完工。

10月9日　经区机构编制委员会批准，北辰区节约用水办公室成立。该室下设节约用水管理科，编制3人。

11月12日　成立北辰区建设节水型社会规划编制工作领导小组，副区长张金锁任组长，水利局局长赵凤祥任副组长，区发展改革委、城乡建设委员会、环保局、统计局、水利局、市政工程局（北辰）、自来水公司（北辰）为成员单位。该领导小组办公室设在区水利局。

11月20日　郎园引河杨北公路以东至韩盛庄泵站段4000米清淤拓宽工程开工。12月20日完工。

12月20日　水利局工作人员进驻区行政许可服务中心。

2005 年

3月25日　郎园引河、郎机渠清淤工程开工，4月10日完工。

3月28日　外环河宜兴埠泵站迁建主体工程开工，总投资1328万元。5月28日，主体工程完工。

3月　北辰区行政许可服务中心水利局窗口受理第一项行政许可事项。

5月　筹资15万元，对大兴、永金两座水库险工段进行除险加固，6月中旬竣工。

7月26日　在双街镇政府举行永定河泛区群众转移安置组织指挥演习。区防汛指挥部领导、23个成员单位及9个镇主要领导参加。

是年　南水北调工程市内配套前期北辰区段地上物调查及测量工作结束。

2006 年

2月15日　北辰区水利局配合市水利勘测设计院，完成南水北调市内配套占地拆迁测量及地上物调查。

4月1日　青光镇韩家墅村，双口镇杨河、前丁庄、后丁庄、平安庄村、小淀镇小淀、刘安庄村、天穆镇丰产渠和水泥厂等11座镇村泵站维修改造工程陆续开工。11月30日全部完工。

4月4日　天津市防汛检查组由市水利局副局长张志颇带队检查北辰区防汛工作，对北辰区防汛前期准备工作给予肯定。

6月12日　北辰区水利局召开区国土局、畜牧局、城乡建设委员会、农林局和红光农场等有关单位负责人座谈会，商榷南水北调天津干线工程（北辰区段）征地拆迁补偿标准。计算、填写南水北调天津干线工程（北辰区段）征地拆迁补偿经费汇总表，各单位对补偿标准逐项校核。

2007 年

3 月 3 日　北辰区南水北调市内配套实物指标调查工作开始。

6 月 15 日　北辰区防汛指挥部在双街镇上蒲口村举行永定河泛区群众转移安置演习。

8 月 5 日　南水北调干线工程实物指标调查工作开始。

8 月 7 日　市水利局与北辰区政府举行北辰区农村饮水安全惠民工程签字仪式。市水利局局长王宏江，副局长王天生、陈振飞和北辰区区长袁树谦、副区长张金锁及北辰区水利局领导参加。

11 月 20 日　在南水北调市内配套实物指标调查和南水北调干线工程实物指标调查基础上，核查地上物指标并编制南水北调干线工程天津北辰段征迁实施方案，及南水北调市内配套工程分流井至西河泵站输水工程北辰区内段征迁安置实施方案。年底，完成编制工作上报天津市南水北调征迁办公室。

2008 年

1 月 1 日　编制南水北调天津干线及市内配套北辰区段征迁实施方案。1 月 30 日完成。

1 月 2 日　区政府印发《天津市北辰区农村小型水利工程建设管理办法（试行）》。

2 月　对全区一级、二级河道及镇村水闸进行注册登记。截至 11 月底，共完成 414 座水闸注册登记。

3 月 18 日　北辰区镇村泵站改造项目芦新河泵站开工。截至 12 月中旬，共完成 12 座泵站及 14 座桥涵闸维修改造。

6 月 27 日夜　北辰区普降大到暴雨，大张庄、双街、双口、北仓镇降雨超过 100 毫米。机排河、郎园引河水位暴涨，机排河水位 3.39 米，超过汛限水位（1.8 米）1.58 米。6 月 28 日，区防办积极采取措施，开起双街、武清河岔、二阎庄、韩盛庄泵站排水。调运编织袋 3 万条、铁锹 140 把，组织武警六支队官兵 100 人、民兵 150 人实施机排河抢险，加高堤防 7 处。

7 月 31 日　北辰区政府发布《天津市北辰区二级河道管理办法》。该办法共分 6 章 26 条，包括总则、工程管理、河（渠）管理、护堤林木管理、法律责任和附则，该办法自 2008 年 8 月 1 日起施行。

8 月 20 日　北辰区水利局组织编制《天津市北辰区水系规划》。9 月 10 日完成。

9 月 25 日　北辰区水利局成立北辰区农村水利技术推广站，为正科级事业单位，编制 4 人,负责全区水利技术推广工作。

9 月 26 日　区长马明基向副市长李文喜递交南水北调天津干线北辰段征迁工作责任书。

10 月 9 日　副区长张金锁与市南水北调工程建设委员会办公室主任、市水利局局长朱芳清签订南水北调天津干线北辰段征迁投资包干协议。

10 月 31 日　市水利局局长朱芳清到北辰区调研水利工作,并出席滨海公司与北辰科技园区管委会的供水合作框架协议签字仪式。供水合作框架协议的签订,解决了北辰科技园区区域内饮用高氟水的历史,对控制地面沉降和促进区域经济发展有着重要的意义。北辰区委书记袁树谦、区长马明基、副区长张金锁和市水利局副局长李文运出席签字仪式,市水利局和北辰区有关部门和单位负责人陪同调研。

11 月 20 日　北辰区召开南水北调天津干线北辰段征迁工作启动大会,副区长张金锁主持会议。

12 月 12 日　农村管网入户改造工程开工,总投资 1123 万元。2009 年 2 月 12 日完工。

2009 年

3 月初　丰产河 6 千米综合治理工程开始征地拆迁。

3 月中旬　启动镇村泵站和桥涵闸维修改造工程。截至 11 月底,完成 16 座泵站和桥涵闸的维修改造。

3 月 30 日　双街扬水站改造扩建工程开工建设。6 月 30 日竣工。

7 月底　完成南水北调工程天津干线 7.2 千米和市内配套工程 6.2 千米征地拆迁。

8 月中旬　完成双口镇 11 个村饮水安全及管网入户改造工程。

9 月 27 日　引黄济津工程开工。截至 10 月 8 日完成 4 个村排水掉头工程。

9 月 30 日　淀南泵站改造工程开工,2010 年 6 月 15 日竣工。

2010 年

1 月 1 日　重新制定的《北辰区农村小型水利工程养护管理标准(试行)》即日起实施。

4 月 10 日　郎园引河综合治理工程开工。截至 6 月 10 日,完成河底清淤、河道拓宽、两侧浆砌石护坡及挡墙等主体工程,具备通水条件。

4 月 16 日　北辰区委印发《天津市北辰区机构改革方案》,决定组建北辰区水务局。北辰区水务局除保留水利局职能外,新增城区排水职能。

7 月 20 日　北辰区委印发《关于天津市北辰区水务局主要职责内设机构和人员编

制的通知》，调整北辰区水利局机关科室设置。

7月　启动北辰区水利普查工作，普查时点为2011年12月31日24时。

9月2日　天津市北辰区机构编制委员会《关于区水务局所属事业单位更名的通知》，对6个基层单位进行更名。

9月10日至11月30日　完成北运河勤俭桥至屈家店全长11.5千米河段截污工程。

第一章

水利环境

区境地为第四纪全新世形成的冲积平原，地势低平，海拔 0.5～8 米（黄海高程）。属潮土类土壤，经世代耕耘，荒地遂成良田。境内河流、沟渠甚多。历史上，地下水资源较为丰富。但近些年随着旱情的加重，地下水位呈逐年降低趋势。区内属暖温带半湿润大陆性季风气候，四季分明，冬夏季长，春秋季短，年平均气温 12.7℃。

第一节　自　然　环　境

一、地理位置

北辰区位于天津市主城区北部，介于东经 116°56′～117°24′、北纬 39°10′～39°21′。东西长 43.2 千米，南北宽 20.8 千米，总面积 478.5 平方千米，其中水域面积 64.2 平方千米。东以北京排污河与宁河县相邻，边界线长 20.66 千米；东南隔金钟河—新开河与东丽区相望，边界线长 22.99 千米；南与河北区、红桥区相连；西南以子牙河与西青区相界，边界线长 27.5 千米。西、北与武清区相接，边界线长 25.14 千米。区内交通便利，据北京 110 千米，距天津滨海国际机场 16 千米。

二、地形地貌

北辰区境内自古多次经受海浸，为海洋平原系，主要为冲积平原、海积冲积平原，为华北平原的一部分。区内地势平坦，地形起伏不大，微地形变化复杂，河流、洼淀比较发育，呈典型平原区地形地貌特征。区内自西北向东南微微倾斜，最高海拔 8 米（黄海高程），最低 0.5 米，平均坡度 1/5000。区内地貌根据成因及沉积物不同性质，分为 3 个地貌类型区：冲积海积平原区，分布在双口以东，京津公路以西，双街、北仓、天穆镇一带，有蒲口、王秦庄和王庄等相对的洼地，为北辰区蔬菜生产基地；淤积洼地区，分布在京山铁路以东、北京排污河以西，宜兴埠、小淀、大张庄、西堤头一带，由引洪放淤淤积而成，为北辰区主要产粮区；古河床砂地区，分布在线河以北、双口以西，格子林及安光、青光以南地区，李家房子村北有明显沙岗、沙垅、风痕构造，系古河道，两侧堤埝及古河床经风力吹积而成，为北辰区水果和油料主要产地。2010 年，境内有 16 条一级、二级河道，128 条镇村骨干渠道纵横交错。

三、地质

区境属华北平原沉陷带中沧县隆起与冀中坳陷交界部位，次一级构造为武清凹陷和双窑凸起的过渡地带，以华夏和新华夏系构造为主。境内及邻近地区主要断裂有：天津北断裂，位于区境东部，从东堤头穿过，走向北东，倾向北西，长逾 40 千米，第四纪有活动，其两端活动较弱，中段活动较强；汉沟断裂，位于区境中北部，胜芳-北仓（汉沟）断裂呈反扭运动；潘庄北断裂和梅厂断裂，处于区境北部，走向北东，两者平行展布，第四纪以来有不同程度的活动；海河断裂，西起天津北断裂，东至塘沽入海，基本沿海河展布，走向北西，倾向南，第四纪以来有活动。

由于第四纪全新世海浸及之后黄河改道造陆、永定河水系数次泛滥淤积，境内地层为第四系近期松散沉积物所覆盖，钻孔剖面（赵家店地层柱状剖面）150 米深度以内主要为亚黏土、黏土及细砂等组成。以地表耕作层以下层位为依据，境内沉积物水平分布以亚砂土、亚黏土为主，一般西部较粗向东变细。按粒级由粗到细，其水平分布情况如下：细砂主要分布于西部安光、青光西南一线，多为植物所固着，常以高于地表 0.5～1.5 米沙丘形态出现。亚砂土主要分布于北运河以西地区及新引河。北运河、永定河、新开河两侧作带状分布，唯新引河两岸因受放淤影响呈大片状分布。亚黏土绝大部分分布在东部小诸庄、大诸庄一线以东大片地区，零星出露于京山铁路及京津公路间之狭长地带。棕红色黏土分布于区境中部，以近似于中空的菱形环绕新引河两岸的亚砂土分布，其东为黑色亚黏土，西为亚砂土，向东逐渐失灭，向西则渐次隐伏楔入于亚砂土层内。

北辰区处于燕山沉降带南翼，北部为武清凹陷。区内除天津北断裂呈南西至北东方向从东堤头穿过外，其他地区断裂，凸起凹陷均不发育。第四系沉积物主要受燕山南翼倾斜，海陆两相沉积形成多层叠加，具有承压水性质的水文地层结构。

北辰区属于平原松散地层，松散地层孔隙地下水主要分布在平原和山间盆地，由于受含水砂层发育程度、空间展布的影响，在地下水补给、径流和排泄条件上表现出较大差异，其富水性普遍较好。

四、气象

北辰区主要受季风环流影响，属暖温带半湿润大陆性季风气候。四季分明，冬夏季长，春秋季短。春季干旱多风，冷暖多变；夏季温高湿重，降水集中，雨热同季；秋季秋高气爽，风和日丽，冷暖适中；冬季寒冷干燥，雨雪稀少。区内气候资源丰富，年均日照 2730 小时、太阳辐射 129.5 千卡每平方厘米，平均气温 12.7℃，降水 500.27 毫米，年最高蓄水量 4100 万立方米。

（一）气温

北辰区年均气温 12.7℃，最冷月平均气温零下 3.8℃，最热月平均气温 26.5℃。极端最高气温 40.5℃，出现在 2000 年 7 月 1 日；极端最低气温零下 18.8℃，出现在 1997 年 1 月 7 日。1991—2010 年北辰区各月及年平均气温情况见表 1-1-1。

表 1-1-1　　　**1991—2010 年北辰区各月及年平均气温情况表**　　　　单位：℃

月份 年份	1	2	3	4	5	6	7	8	9	10	11	12	年均
1991	−3.1	−0.8	3.8	13.7	19.4	24.2	25.7	26.6	20.7	13.3	4.4	−2.5	12.1
1992	−2.6	0.5	5.9	15.4	20.2	23.0	26.6	24.7	20.6	11.7	2.9	−1.2	12.3
1993	−4.6	0.6	7.4	13.5	20.9	24.4	24.9	25.1	20.8	13.3	3.1	−1.7	12.3
1994	−2.6	−0.5	4.6	16.1	20.1	25.9	27.8	26.5	20.1	13.0	5.9	−2.2	12.9
1995	−2.4	0.3	6.8	14.5	19.2	23.7	25.4	24.9	18.8	13.9	6.4	−1.4	12.5
1996	−3.6	−1.4	5.4	13.6	20.8	24.6	25.3	23.7	20.1	12.8	3.8	−0.5	12.1
1997	−5.5	0.3	7.7	14.7	19.7	24.5	28.5	27.2	18.9	13.5	5.3	−1.9	12.7
1998	−4.5	1.5	7.5	15.7	20.3	24.0	26.8	25.1	22.7	14.9	4.9	−0.7	13.2
1999	−2.2	1.6	5.1	14.8	19.8	25.5	27.4	25.9	21.4	12.8	5.2	−1.0	13.0
2000	−7.0	−2.1	7.8	14.9	20.4	26.3	28.8	25.8	21.4	12.6	3.3	−0.9	12.6
2001	−5.6	−1.6	7.5	14.5	23.4	25.8	27.0	25.8	20.8	14.2	4.7	−2.9	12.8
2002	−0.4	3.6	9.7	14.4	21.5	23.7	27.0	25.8	20.6	10.6	2.8	−2.9	13.0
2003	−3.4	0.5	6.3	15.9	21.5	24.3	26.3	25.7	20.7	12.8	3.6	−0.5	12.8
2004	−3.4	2.1	7.7	15.8	19.9	24.5	25.7	24.1	20.5	13.2	5.8	−1.2	12.9
2005	−3.5	−3.1	5.9	16.3	19.9	25.3	27.5	25.3	21.2	14.6	6.5	−3.3	12.7
2006	−3.0	−1.3	7.7	13.1	20.5	26.2	25.6	26.0	20.8	15.5	5.9	−2.3	12.9
2007	−2.9	3.0	5.5	14.5	21.6	25.6	27.0	25.5	21.4	12.6	4.3	−0.8	13.1
2008	−4.2	−0.8	8.2	15.5	20.1	23.1	26.8	26.0	21.0	14.0	5.7	−1.7	12.8
2009	−4.3	0.4	6.7	15.7	22.8	25.3	26.7	25.1	20.9	14.2	1.4	−3.3	12.6
2010	−6.2	−1.8	4.5	11.3	21.2	24.3	28.2	25.7	20.5	13.1	5.0	−2.0	12.0

（二）降水

据北仓站 1991—2010 年降水资料统计计算，年均降水量 500.27 毫米。北辰区大雨日

（日降水量不小于 25 毫米）年均 6.3 天，最多 10 天（1994 年）。1 日最大降水量 120.5 毫米，亦出现在 1994 年。北辰区年降水量特征值、1991—2010 年北辰区 1 日最大降水量和 1991—2010 年北辰区各月降水量情况（北仓站）见表 1-1-2～表 1-1-4。

表 1-1-2   北辰区年降水量特征值情况表

项　　目	均值	50%	75%	95%	面积/公顷
降雨量/毫米	522.00	506.30	407.20	292.30	31.92
降水量/亿立方米	2.50	2.42	1.95	1.40	

表 1-1-3   1991—2010 年北辰区 1 日最大降水量情况表   单位：毫米

年份	降水量	年份	降水量	年份	降水量	年份	降水量
1991	68.1	1996	65.2	2001	60.8	2006	42.6
1992	87.1	1997	33.7	2002	47.3	2007	55.3
1993	81.3	1998	39.5	2003	97.8	2008	63.0
1994	120.5	1999	26.3	2004	45.7	2009	86.1
1995	77.9	2000	55.7	2005	85.3	2010	30.8

表 1-1-4   1991—2010 年北辰区各月降水量情况表（北仓站）   单位：毫米

月份／年份	1	2	3	4	5	6	7	8	9	10	11	12	年总量
1991	0	0	11.60	56.80	44.40	77.70	218.40	37.60	70.60	10.60	1.60	5.20	534.50
1992	4.40	0	1.80	12.50	14.70	69.10	108.80	156.80	13.90	40.40	11.80	0	434.20
1993	4.20	1.50	0.80	14.20	0.50	103.00	172.20	57.20	34.20	4.60	62.00	0	454.20
1994	0	1.10	3.70	12.40	59.20	39.00	297.80	275.90	48.00	8.80	22.30	3.10	771.30
1995	0	0.90	5.50	11.50	55.50	95.70	220.70	238.50	49.80	36.90	3.20	0	718.20
1996	3.20	0	0.20	2.20	37.40	67.30	138.20	184.00	40.00	35.20	3.80	1.20	512.70
1997	8	7.50	12.60	12.90	32.40	40.90	70.40	42.70	61.50	33.70	16.60	8.40	347.60
1998	0.60	27.10	4.30	69.10	72.00	96.90	77.30	108.40	9.80	32.00	2.10	0.10	499.70
1999	0	0	4.40	37.30	51.30	34.50	62.40	22.40	28.70	30.50	23.70	1.30	296.50
2000	10.70	2.30	4.30	13.70	62.90	3.30	107.10	182.90	7.40	19.20	5.50	0.50	419.80
2001	11.90	2.10	0	12.30	2.30	175.00	126.60	121.00	13.60	57.10	14.80	2.20	538.90
2002	0	0	0.10	18.80	12.60	65.80	104.60	83.60	35.50	18.20	2.20	5.60	347.00
2003	1.90	1.30	11.90	5.30	38.80	100.60	102.60	31.80	55.40	145.00	31.20	0.60	526.40
2004	0	10.30	0	37.30	44.80	106.00	110.50	65.80	125.80	17.40	12.50	0.40	530.80

续表

月份 年份	1	2	3	4	5	6	7	8	9	10	11	12	年总量
2005	1.20	9.40	0	12.30	51.50	162.90	136.50	129.60	29.40	2.40	0	1.30	536.50
2006	0.20	6.40	0	4.90	63.40	32.20	143.50	151.40	1.10	10.30	7.00	1.60	422.00
2007	0	0	49.50	1.10	75.40	40.90	70.90	76.40	54.50	72.30	0	4.60	445.60
2008	0.10	0.50	21.90	55.20	23.20	168.60	119.30	65.00	75.40	67.20	0	8.00	604.40
2009	0	15.10	14.90	54.60	14.40	181.60	248.90	82.70	29.70	14.40	8.00	0	664.30
2010	12.40	3.80	7.20	10.60	40.10	34.10	123.70	64.00	63.70	35.90	0.10	1.00	396.50
均值	2.94	4.47	7.73	22.75	39.84	84.76	138.01	108.89	42.40	34.61	11.42	2.26	500.30

（三）蒸发

北辰区年均蒸发量为1467.0毫米。春季占36%，夏季占35%，秋季占20%，冬季占9%。2010年北辰区各月及年蒸发量情况见表1-1-5。

表1-1-5　　　　　　　　**2010年北辰区各月及年蒸发量情况表**　　　　　　单位：毫米

月份	1	2	3	4	5	6	7	8	9	10	11	12	全年
蒸发量	37.9	56.2	118.9	187.1	222.4	202.9	170.0	144.7	131.7	99.4	57.6	38.2	1467.0

五、地下水位变化及地面沉降

（一）地下水位变化

区内地处平原地带，地势平坦，含水砂层颗粒细小，砂层厚度薄、渗透性和导水性差，导致地下水补、径、排条件均不佳，尤其深层淡水，而浅层水和深层水的埋藏条件不同，补、径、排条件也不同。地下水位动态主要受水文地质条件、含水砂层富水性、大气降水、地表水体分布和人类开采地下水等因素控制。潜水层和浅层淡水直接由大气降水及地表水体补给，具有枯水年水位下降，丰水年一次达到基本平衡的特征。第二含水组深层淡水主要接受侧向径流和越流补给。其他各组地下水只有由它上层的越流和极少的侧向补给。每年的水位埋深变化从3月起，由于大量开采而水位逐渐下降，到9月左右出现最低水位。之后，因用水量减少，水位开始缓慢上升，截至次年2—3月达到最高水位，水位变化各含水组不尽相同。

地下水位变化直接受开采强度影响，其变化规律与农业开采地下水、停止灌溉的周期变化一致。但在漏斗区宜兴埠、小淀地区恢复缓慢，甚至在一定时期反复升降，这与工业井大量开采有关。地下水的径流条件，西北部及北部水力坡度较大，含水砂层颗粒较粗，径流条件尚好，流量较大；南部及东南部水力坡度较小，径流条件差，流量较小。根据抽水试验计算结果分析，单井抽水影响半径在 582.9～1094 米，一般在 800 米左右，渗透系数在每昼夜 2.61～46.4 米，一般每昼夜 4 米，由于区域面积小，影响半径无明显区域性变化规律。

1. 浅层水

浅层水直接受大气降水补给，渠系渗漏和田间灌溉入渗补给对其影响较小，主要通过蒸发排泄，故浅层水主要表现为降水入渗蒸发型动态。其动态特征主要受气象影响。丰水期（7—9 月）地下水位较高，枯水期（12 月至次年 3 月）地下水位较低。水位年内变化一般在 1～2 米，多年变化不大，水位埋深 0.5～3.0 米，年平均水位埋深 1.5～2.5 米。

2. 深层承压含水组

深层承压含水组补给条件差，地下水动态受开采状况影响，主要表现为开采型动态。一般在年内 6—9 月，开采量较大，水位相对较低；12 月至次年 3 月，开采量较小，水位相对高。水位变化，各含水组不尽相同。第二含水组补给条件相对好，补给量与开采量基本平衡，水位变化不大。第三、四、五含水组处于长年超采状态，水位下降较快。北辰区深层地下水动态特征情况见表 1-1-6。

表 1-1-6　　　　　　　　**北辰区深层地下水动态特征情况表**

组别＼类别	年内水位动态			多年水位动态	
	高水位期月份	低水位期月份	年水位变幅/米	平均年水位变幅/米每年	多年水位变化趋势
二组	12 月至次年 3 月	6—9	2～8	0 或 0.3	略有下降
三组	1—3	7—9	1～5	1.2	持续下降
四至五组	1—3	6—9	2～4	1.4	持续下降

（二）地面沉降

2010 年，区内沉降量 42 毫米，较 2000—2008 年年均多 2 毫米。大部分地区沉降 30 毫米以上，大于 50 毫米沉降漏斗在中西部。形成宜兴埠小淀地区、双街地区和双口西南部地区 3 个漏斗。宜兴埠小淀地区和双街地区沉降量为 51 毫米，双口西南部地区为 96 毫米。

六、土壤和植被

（一）土壤

区内土壤系在近代河流冲击物上发育并受地下水影响，经过人为耕种熟化而形成。土壤分布规律大致受永定河泛滥影响，自西向东依次以普通潮土、盐化潮土及湿潮土呈现有规律分布。京山铁路西以砂质、砂壤质潮土和轻壤、中壤、重壤质潮土为主。京山铁路以东以盐化潮土、脱水盐化菜园潮土为主，并有部分重质潮土和黏质菜园潮土。

（二）植被

北辰区地带性植被属温暖带落叶阔叶林并混有温性针叶林和次生灌草丛植被。植物区系华北成分为主。种子植物主要以禾本科、菊科、豆科和蔷薇科为主，其次为百合科、莎草科、伞形科、毛茛科、十字科及石竹科，草本植物多于木本植物。隐域植被发育良好。在坑塘、洼淀可见芦苇沼泽植被，在盐渍化荒地可见碱蓬群落和盐地碱蓬。砂质土地有沙生植物，在河坡、堤埝或路边有发育良好的灌草丛，常有荆条、紫穗槐、狗尾草和白茅等植物群，黎科、苋科植物自成群落。水生植被有沉水植物群系的狐尾藻群落、狐尾草、金鱼藻和挺水物群的水葱群落、扁杆、蔗草群落。北辰区历史上无天然森林记载，植被以农业栽培植被为主，属黄河、海河平原栽培植物区。

第二节　河　流　水　系

1991 年，区内有河道 16 条，其中一级河道 8 条，即北运河、永定河、永定新河、北京排污河、子牙河、新开河—金钟河、新引河、永金引河；二级河道 8 条，即丰产河、郎园引河、淀南引河、中泓故道、永青渠、机排河、外环河、郎机渠。1997 年，永金引河不再具有排洪功能，由一级河道降为二级河道。是年，区内有一级河道 7 条、二级河道 9 条。2000 年，北水南调工程"卫河"竣工，区内二级河道增至 10 条；2009 年，郎机渠划归大张庄综合改革试验区。截至 2010 年，区内有河道 16 条，其中一级河道 7 条，总长度 105.4 千米；二级河道 9 条，总长度 139.73 千米。

一、一级河道

（一）北运河

北运河为海河水系的支流，属"北三河"（北运河、潮白河、蓟运河合称"北三河"）之一。北运河在两汉称沽水，在辽代称白河，到金代称潞水，至元代复称白河，之后属京杭运河的一段，至清雍正四年（1726 年）称北运河。北运河始于北京市通州区北关闸，至天津市三岔河口附近入海河干流，地跨北京市中部、河北省香河市及天津市北部。北运河上承温榆河、通惠河及北京城区河、湖，下纳凉水河、龙凤新河。除温榆河上游的山区与其他流域的分水岭比较明确外，平原地区与其他河流的界限则较难准确区分，流域平均宽约 30 千米，若以温榆河为主源，北运河全长约 250 千米（从八达岭关沟计起），流域面积 6166 平方千米，其中山区面积约 1000 平方千米。东北邻潮白河，西南与永定河流域接壤。

北运河贯穿北辰区中部，北起双街镇小街村，南至天穆镇霍嘴村，界内流经 3 镇、32 个村，全长 20.34 千米。河宽 7～100 米，水深 2～4 米，沿河建闸 41 处，大型桥梁 13 座。历史上，过流量 200～400 立方米每秒，流域面积 98.8 平方千米，河道设计防洪标准为 20 年一遇，设计行洪能力 200 立方米每秒。屈家店闸上流量 225 立方米每秒，闸下流量 400 立方米每秒。北运河是漕运重要水道，对流域内的村庄，尤其是北仓码头的繁荣发展起到了重要作用。

（二）子牙河

子牙河为海河水系主要支流之一，又名沿河。《畿辅通志》记载："子牙河者，以太公（姜子牙）游钓得名。"子牙河有两源，一为滹沱河，一为滏阳河，两河在河北省沧州市献县八里庄汇流后称子牙河。子牙河干流河长 175 千米，于天津市大红桥与北运河汇流后入海河干流。子牙河地跨山西、河北两省和天津市。若以滹沱河为上源，则从河源至大红桥长度为 762 千米，流域面积 46868 平方千米。流域西起太行山，东临渤海湾，南邻漳卫南运河，北界大清河，其中山区面积 31248 平方千米，平原面积 15620 平方千米。

北辰区段由双河村向东经过青光镇、天穆镇至刘房子村南西横堤出境，长 11.9 千米。河道设计防洪按 50 年一遇标准，设计流量 800 立方米每秒。内河航运业曾一度发达。

（三）永定河

永定河是海河水系主要支流之一。在西汉以前称治水，东汉至南北朝时期称㶟水，隋至宋代称桑干水，金代称卢沟河，元至明代称卢沟河、浑河，明末清初又称无定河，至清康熙三十七年（1698 年）皇帝赐名"永定"后，称永定河。永定河上有两源，一为桑干河，一为洋河，两河在河北省怀来县夹河村汇合后称永定河，至天津滨海新区北塘镇入海（自屈家店枢纽闸下至入海口段，亦称永定新河）。永定河地跨山西省、内蒙古自治区、河北省、北京市和天津市，河长 747 千米（以桑干河为源），流域面积（到屈家店止）47016 平方千米。永定河西接黄河流域，南界滹沱河、大清河，北邻内陆河、潮白河，东北邻北运河、蓟运河，东濒渤海。

永定河由北辰区双口镇后丁庄村入北辰境至屈家店闸止，长 12 千米，上口宽 90～150 米，河底宽 80 米，流量为 800 立方米每秒。永定河左岸无堤，滩地依泛区与北运河相连，下接北运河右堤；右堤称增产堤。该河是北辰区供水、灌溉、行洪、排沥多功能河道。右堤设计防洪标准为 100 年一遇。

（四）永定新河

永定新河为人工开挖的泄洪河道。永定新河开挖之前，永定河泛区大部分洪水通过新引河进洪闸排向塌河淀漫流入海，其余洪水由屈家店闸下泄入北运河经海河干流入海。1970 年 9 月至 1971 年 7 月，为确保北京、天津及京山铁路安全，缓解海河干流行洪压力，开挖了永定新河。该河全长 65.2 千米，河底宽 130～250 米，主要分泄永定河、北运河汛期洪水，减轻海河泄洪负担。

永定新河流经北辰区中部和东部，由西向东流入渤海，在本区境内自屈家店水利枢纽至东堤头三号桥东，长 26.5 千米。其中屈家店至大张庄闸与新引河为两河三堤，左侧北槽称永定新河，至大张庄闸河长 14.5 千米，上口宽 192 米，河底宽 130 米，河底高程－2.20～－1.31 米（黄海），两堤堤顶高程均为 6.69～5.63 米（黄海），堤顶宽 6 米，堤距 300 米；防洪标准按 50 年一遇设计，流量 1020 立方米每秒，相应进洪闸闸上水位 5.75 米；100 年一遇校核流量 1320 立方米每秒，相应进洪闸闸上水位 6.50 米。自大张庄闸至三号桥东，河长 12 千米，河道上口宽 252 米，河底宽 180～200 米，河底高程－1.31～－2.25 米（黄海），两侧滩地宽 120 米，左堤顶高程 6.65～5.98 米（黄海），右堤顶高程 7.65～6.98 米（黄海），两堤顶宽均为 8 米，堤距 540 米。

（五）新引河

新引河自屈家店水利枢纽至大张庄闸，与永定新河为两河三堤，长 14.01 千米，上口宽 56 米，河底宽 30 米，河底高程－2.20～－1.31 米（黄海）；右堤堤顶高程 7.27～6.77 米（黄海），堤顶宽 8 米，堤距 200 米；防洪标准按 50 年一遇设计，流量 380 立方米每秒，相应进洪闸闸上水位 5.75 米（黄海）；100 年一遇校核流量 480 立方米每秒，相应进洪闸闸上水位 6.50 米（黄海）。1983 年，引滦入津工程通水后，新引河逆向运行经北运河作为向海河补水的通道。

（六）新开河—金钟河

新开河—金钟河位于北辰区东南部，与东丽区相邻。全长 28.56 千米，河道设计流量 400 立方米每秒，水位 5.50 米，防洪标准为 50 年一遇。新开河西起北运河左堤耳闸，东至东丽区南孙庄以东 1 千米，长 13.20 千米；金钟河自南孙庄以东起至永和村金钟河防潮闸止，长 15.36 千米。新开河—金钟河为同一河，以南孙庄两河衔接处为界，以上为新开河，以下称金钟河。区内段长 16 千米。

（七）北京排污河

北京排污河起自北京通州区榆林庄闸，流经大兴、武清、宝坻、宁河和北辰等京津 5 区（县），全长 83 千米。从武清区王三庄村南，由北向南流入北辰区内，分界处为韩盛庄扬水站。河道设计排涝流量 325 立方米每秒（10 年一遇），相应水位 3.90 米（黄海），校核流量 455 立方米每秒（20 年一遇），相应水位 4.45 米（黄海），排污设计流量 50 立方米每秒。区内段长 7.5 千米，右堤长 7.5 千米，分界处起至永定新河左堤北京排污河防潮闸止。

2010 年北辰区一级河道基本情况见表 1－2－7。

表1-2-7　2010年北辰区一级河道基本情况表

河名	长度/千米	设计流量/立方米每秒	河底宽/米	堤防长度/千米		堤顶高程/米	沿河闸/座	沿河水场/座	警戒水位/米	起止地点	流经镇
				左堤	右堤						
北运河	20.34	400	25~42	21.25	8.00	8.89~6.10 6.80~5.80	41	23	5.0~5.5	小街村北至霍嘴村北	双街、北仓、天穆
子牙河	11.90	800	80	11.88	—	9.50~7.70	12	8	5.5	双河村至西横堤区界	双口、青光、天穆
永定河	12.00	800	80	—	7.00	9.5~9.0	5	5	5.5	后丁庄至屈家店闸	双口、双街
永定新河	26.50	1020	大张庄闸以上北河130,大张庄闸以下180~200	26.50	26.50	左堤6.69~5.63	32	14	5.0	屈家店闸至东堤头	双街、北仓、大张庄、西堤头
新引河	14.01	380	30	—	14.10	6.79~6.61	8	3	5.0	屈家店闸至大张庄闸	双街、大张庄
新开河-金钟河	16.00	400	40~60	16.00	—	6.50~5.82	15	10	4.0	二道桥至华北河闸	宜兴埠、小淀、西堤头
北京排污河	7.50	325	25	—	7.50	5.79~5.61	5	5	4.0	韩盛庄扬水站至北京排污河防潮闸	西堤头

二、二级河道

永青渠。位于区内西部，北起双口村东中泓故道闸（增产堤闸），经双口、北仓、青光镇域，南至李家房子村南子牙河小埝，全长 9.35 千米，深 4 米。河道上口宽 46 米，河底宽 5 米，引灌流量 8 立方米每秒，蓄水量 20.31 万立方米，灌溉面积 3000 公顷，排涝面积 5020 公顷，排涝流量 16 立方米每秒。主要用于双口镇、青光镇和北仓镇部分村庄农田灌溉和排涝，流域面积 53.33 平方千米。

郎园引河。位于区内北部，西起永定河前丁庄村东，东穿北运河、京津公路、京山铁路、津蓟铁路、津围公路、机排河、杨北公路，流经郎园、北孙庄、大兴庄、辛侯庄，至北京排污河季庄子村北，全长 23.55 千米，流域面积 133.3 平方千米。河道上口宽 32 米，河底宽 12 米，正常水位 2～3 米，最高水位 4～5 米，设计标准 10 年一遇，流量 20 立方米每秒，系灌排两用河，蓄水量 35 万立方米，控制面积 9540 公顷。

丰产河。位于区内中、东部，西起天穆镇阎街村北运河左岸，东穿京津路、京山铁路、津蓟铁路、津围公路、淀南引河、永金引河、杨北公路，经天穆、宜兴埠、小淀、西堤头，至东堤头村北三号桥扬水站，全长 22.71 千米，受益面积 4667 公顷。正常水位 2 米，最高水位 3～4 米。设计标准 10 年一遇，引灌流量 10 立方米每秒，排水流量 20 立方米每秒，蓄水量 30 万立方米，控制排水面积 9040 公顷。

机排河（图 1-2-1）。位于区内东北部，是承担杨村机场排沥的河道。自武清区杨村第一中学大坑西至铁路货场转向东南，经郎庄子村北向东，由瓦房村南入境，再经小韩庄、仁和营、南王平至永定新河左堤姚庄子泵站，全长 26.3 千米，区内段长 14.05 千米。该河在区内被郎园引河隔为两段：由小韩庄至郎园引河左岸长 9.27 千米；由郎园引河右岸至姚庄子泵站长 4.78 千米。河道上口宽 35 米，河底宽 13 米，蓄水量 40 万立方米。正常水位 2.2 米，设计流量 30 立方米每秒，排涝标准 100 年一遇，以排为主，排涝面积 8000 公顷。

图 1-2-1 机排河（2010 年摄）

中泓故道。原为永定河泛区冲刷而成的河道，是永定河在三角淀内主要古道之一。西起安次县葛渔城，经武清区渔坝口闸入境，至中泓故道闸（增产堤闸）与永定河西支汇流入北运河，西东流向。区内西自双口镇丁庄桥西，东至永定河排水渠道，流经双街、北仓镇，全长 19.4 千米，总流域面积 217.5 平方千米；区内段长 5.4 千米，流域面积 20 平方千米。主要用于永定新河以西地区排涝和灌溉。河道上口宽 40 米，河底宽 6～27 米，正常水位 3.78～5.85 米，排水流量 80 立方米每秒，蓄水量 10 万立方米；设计排涝标准 10 年一遇，排水面积 1860 公顷。

淀南引河。位于区内东部小淀镇域内，西北由新引河右岸堵口堤闸，向东南流经赵庄、小贺庄、刘安庄、小淀，穿津围公路与丰产河汇流。原系 1931 年永定河泛区与金钟河分洪冲刷形成的河道，后经 1957 年、1978 年两次拓宽浚深而成，用于灌溉和排涝。全长 9.25 千米，深 3.3～4.3 米，正常水位 2 米，蓄水量 15 万立方米，流域面积 22.67 平方千米。河道上口宽 30 米，河底宽 6～8 米，设计流量 6.5～8.0 立方米每秒，防洪标准 10 年一遇，排涝面积 793 公顷。

永金引河。自大张庄引水涵闸起，至欢坨大桥金钟河汇流口。流经区内大张庄、小淀、西堤头镇，全长 9.2 千米。该河道经国务院批准，河北省根治海河指挥部组织施工。1970 年 10 月与永定新河工程同时开挖，次年 6 月竣工。永金引河的开挖，沟通了新引河与金钟河，并能蓄水灌溉或行洪冲淤。防洪标准按 50 年一遇设计，设计流量 380 立方米每秒，大张庄闸下相应水位 4.81 米，校核流量 480 立方米每秒，相应水位 5.08 米。河道上口宽 60.4 米，河底宽 55 米，河底高程 0.20～－1.07 米，堤顶高程 8.5～6.5 米，堤顶宽 6 米。1997 年，该河道失去行洪功能，由一级河道改为二级河道（一级管理）。

郎机渠。1976 年开挖。该渠位于区内北部津围公路两侧，因连接郎园引河与机排河而得名。全长 3.58 千米，渠上口宽平均 30 米，渠底宽 5 米，挖深 4 米，正常水位 2 米，设计正常流量 3 立方米每秒，排灌兼用，排灌面积 847 公顷。2009 年年末，改为景观河道。

外环河。1986 年 10 月，天津市委、市政府决定修建外环线。该工程北至引河桥，南至梨园头村，东至张贵庄，西至西姜井村，全长 71 千米。道路外侧挖外环河，河宽 30 米，绿化带宽 8 米。外环河北辰区段长 21.47 千米，宽 30 米，深 3 米。水利配套工程穿越公路涵洞 14 座，泵站 3 座。该河属市管河道，区内段由北辰区水务局代管。

卫河。1999 年 12 月开挖，2000 年 7 月竣工，全长 73 千米，设计流量 30 立方米每秒。北辰区内段途经双口、青光镇，在北辰区界内河道长 24.75 千米，其中新开挖段 8.9 千米。该河属市管河道，区内段由北辰区水务局代管。

2010 年北辰区区属二级河道基本情况见表 1－2－8。

表 1-2-8　　　　　**2010 年北辰区区属二级河道基本情况表**

名称	长度/千米	流量/立方米每秒	河底宽/米	河底高程/米	上限水位/米	功能	水质	起止地点	管理单位
永青渠	9.35	16	5	1.00	5	灌排	一般	中泓堤至子牙河	二级河道所
郎园引河	23.55	20	12	1.20~1.00	4~5	灌排	一般	永定河左岸前丁庄村东至北京排污河季庄子村北	二级河道所
丰产河	22.71	20	10	−0.50	3~4	灌排	一般	北运河阎街至三号桥	二级河道所
机排河	14.05	30	13	−1.00~−3.50	无堤	灌排	一般	小韩庄至姚庄泵站	二级河道所
中泓故道	5.40	80	6~27	3.50~1.00	9.5	灌排	一般	渔坝口区界至增产堤	二级河道所
淀南引河	9.25	6.5~8.0	6~8	−0.50~0.50	无堤	灌排	一般	堵口堤闸至丰产河	二级河道所
永金引河	9.20	380	55	0.20~−1.07	6.5~8.5	排灌	一般	大张庄闸至金钟河	一级河道所
郎机渠	3.58	3	5	—	—	排灌	一般	郎园引河至机排河	二级河道所

第三节　自　然　灾　害

北辰区自然灾害以洪涝灾、旱灾和雹灾为主，其他自然灾害发生较少。

一、洪涝灾

1991—2010 年，区内因洪涝致灾 5 次。其中 1994 年涝灾 4626.7 公顷；1995 年涝灾 1240 公顷；1996 年涝灾 1620 公顷；2008 年 6 月 27 日，北仓、双街、双口和大张庄等镇均在 24 小时内出现超过 100 毫米大暴雨，区内永定河支线下游排水闸站出现间歇性停电，造成灌溉用的一条支线河水位上涨，出现漫堤险情；2009 年，青光、双口、西堤头、天穆、北仓 5 个镇 25 个村遭受暴雨（24 小时降水量超过 100 毫米）袭击，受灾面积 1716.67 公顷，经济损失 3551 万元。

二、旱灾

1991—2010 年，北辰区春旱概率 40%，春旱连夏旱时有发生，影响春播，造成夏收作物减产，给夏种带来困难。

1992 年春旱，春播完成 59.2%；初夏旱，粮食产量比 1991 年减产 40%。1993 年春旱，春播完成 50%，2666.67 公顷；春旱转夏旱；秋旱，影响小麦播种。1994 年初夏旱重，2666.67 公顷夏播任务无法进行，春播作物受到严重威胁。1996 年干旱受灾面积 386.67 公顷。1997 年干旱受灾面积 2986.67 公顷。1999 年，区内干旱受灾面积 1.18 万公顷，其中大张庄、南王平、上河头 3 镇旱情最重。

2000 年，全区干旱受灾面积 1.65 万公顷。2001 年，春旱严重，作物受灾 4333 公顷，726.6 公顷绝收，58 个村人畜饮水困难。2002 年干旱，受旱灾面积 4560 公顷，成灾 4000 公顷。2003 年，受旱灾面积 3866.67 公顷，成灾 3533.33 公顷。2006 年，区内出现旱情。2010 年，主汛期降水仅 13.8 毫米，其中 7 月下旬降水 1.2 毫米，8 月上旬降水 12.6 毫米，出现汛期干旱现象。

三、雹灾

1991—2010 年，区内共发生雹灾 20 次，其中 1995 年因雹灾直接经济损失 8000 万元，1998 年损失逾 1.15 亿元，2000 年损失 1.13 亿元。1991—2010 年北辰区雹灾情况见表 1 - 3 - 9。

表 1 - 3 - 9　　　　　　　　　　**1991—2010 年北辰区雹灾情况表**

时　间		灾　　情
1991 年 6 月 24 日		西堤头、霍庄子、南王平降雹，受灾面积 3560 公顷，成灾 2813 公顷，直接经济损失 1543 万元
1992 年 8 月 15 日		青光镇，铁锅店降雹 87 公顷农田受灾
1993 年 8 月 19 日		北仓、双街、青光降雹，受灾面积 1333 公顷，双街乡 200 公顷大白菜毁种
1994 年 6 月 7 日		青光、双口、双街降雹，受灾面积 113 公顷
1995 年 6 月 22 日		上河头、青光、双口、天穆、北仓降雹，受灾面积 9867 公顷，直接经济损失 8000 万元
1998 年		小淀、青光、双口、上河头等 9 个乡镇连遭雹灾，直接经济损失逾 1.15 亿元。其中 6 月 16 日 16 时 47 分至 17 时 23 分、6 月 17 日夜 2 次降雹，除上河头、西堤头镇外，其余 10 个乡镇均有降雹，受灾村 76 个。全区受灾面积 2923 公顷，绝收面积 297 公顷，经济损失 9716 万元
1999 年	4 月 19 日	西部双口至东部西堤头有 6 个镇降雹，受灾面积 3407 公顷，其中 733 公顷绝收，经济损失 6000 万余元
	7 月 17 日	霍庄子镇 3 个村 140 公顷大豆受灾

时　间		灾　情
2000 年	5 月 17 日	除天穆镇外 11 个乡镇受雹灾，面积 4680 公顷，直接经济损失 8626 万元
	10 月 5 日	小淀、双街、双口等 6 个镇遇雹灾，面积 2440 公顷，直接经济损失 2650 万元
2001 年 6 月 27 日		青光、双口、双街、大张庄、南王平、小淀、天穆、北仓、宜兴埠 9 镇均遭受狂风冰雹袭击，冰雹直径 5～30 毫米，阵风 9～10 级，受灾面积 4346 公顷，造成直接经济损失近 5600 万元
2002 年 5 月 11 日		小淀、大张庄 2 个镇受狂风和冰雹袭击，阵风 9～10 级，果树、蔬菜、小麦等受灾面积 2600 公顷，经济损失 3209.7 万元
2005 年 7 月 10 日		全区有 6 个镇降雹，最大直径 20～30 毫米，密度 200～1200 个每平方米，粮食、经济作物、果树、瓜类均遭雹灾，受灾村 37 个，受灾面积 2267 公顷，经济损失 4724.5 万元
2006 年 6 月 25 日		天穆、宜兴埠、小淀、西堤头、青光 5 个镇降雹，粮、菜、瓜、果等农作物受灾 867 公顷，经济损失 753 万元
2007 年 7 月 11 日		大张庄、西堤头 2 个镇 10 个村庄出现降雹。受灾面积 1680 公顷，绝收 87 公顷，经济损失 187 万元
2008 年 5 月 17 日		大张庄、双街 2 个镇 9 个村出现降雹。造成棉花、瓜类等受灾，受灾面积 775 公顷，经济损失 2037 万元
2009 年	4 月 13 日	西堤头、大张庄、小淀镇出现降雹。受灾面积 247 公顷，经济损失 83 万元
	7 月 22 日	7 月 22 日 18 时至 7 月 23 日 7 时 30 分，青光、双口、西堤头、天穆、北仓 5 个镇 25 个村遭受暴雨、冰雹袭击，降雹持续时间 30 分钟，密度 50 粒每平方米。受灾面积达 1720 公顷；西堤头镇大棚塑料、帘、结构受损，青储饲料被淹泡；天穆镇刘家房子花卉园艺场 5.70 万盆花全部受淹泡。共造成经济损失 3551 万元

第四节　社　会　经　济

一、行政区划和人口

1991 年，全区辖 9 个乡（双街、双口、青光、上河头、小淀、大张庄、南王平、西堤头、霍庄子）、3 个镇（北仓、天穆、宜兴埠）、2 个街道办事处（果园新村街、集贤里街）、127 个村民委员会（含渔业队）、54 个居民委员会，全区常住人口 306616 人。常住人口中，农业人口 207175 人，非农业人口 99441 人。人口出生率 11.31‰，人口自然增长率为 6.88‰。

1992 年 2 月 12 日，国家民政部下发文件批复天津市北郊区更名为天津市北辰区。

1995 年 8 月，双街乡改镇。1995 年 11 月，双口、青光、小淀、西堤头乡改镇。1997 年 6 月，霍庄子乡改镇；12 月，大张庄、南王平乡改镇。1999 年 3 月，上河头乡改镇。至此全区设 12 镇 2 街，辖 127 个行政村（街）和 70 个居委会。

2001 年，根据天津市民政局《关于同意北辰区调整建制镇行政区划的批复》文件，撤销南王平镇并入大张庄镇，撤销上河头镇并入双口镇，撤销霍庄子镇并入西堤头镇，至此，北辰区 12 个镇撤并为 9 个镇。2003 年 5 月，设普东街。2005 年 8 月设佳荣里街，2007 年 7 月更名为瑞景街。至 2009 年，区划为 9 个镇、4 个街、126 个行政村（街）和 84 个社区居委会。

2010 年，全区辖 9 个镇、4 个街道办事处、126 个村民委员会、85 个社区居民委员会。经第六次人口普查，全区总人口 860284 人，其中户籍人口 365018 人。户籍人口中，农业人口 197163 人，非农业人口 167855 人。人口出生率 6.55‰，人口自然增长率 1.89‰。

二、区域经济

1991 年，全区实现社会总产值 28.567 亿元，比上年增长 20.5％。农村社会总产值 27.2482 亿元，比上年增长 20.8％。工农业总产值（1990 年数据）25.6991 亿元。城镇职工年均工资 2294 元，比上年增长 8.5％。农村居民人均纯收入 1113 元，比上年增长 11.9％。

2010 年，全区实现生产总值 377.9 亿元，比上年增长 20.3％。其中第一产业实现增加值 8.6 亿元，第二产业实现增加值 257.7 亿元，第三产业实现增加值 111.6 亿元，人民生活质量和生活水平明显提高。城镇单位（不含乡镇企业）从业人口人均劳动报酬 44811 元，其中区属城镇单位从业人员人均劳动报酬 42507 元。据 2010 年农村居民住户调查资料显示：农村居民人均纯收入 14265 元，人均可支配收入 12930 元。从纯收入来源分析，工资性收入 8380 元，占人均纯收入的 58.7％；家庭经营性收入 3777 元，占人均纯收入的 26.5％；转移性和财产性收入 2108 元，占人均纯收入的 14.8％。

第二章

水资源

20 世纪 90 年代后，针对区内用水量增加，以及区内持续干旱，北辰区水务局积极采取措施，增建蓄水设施，疏浚河道水库，通过采取汛前蓄水、跨区调水等方式，解决区内水资源供需不平衡问题。进入 21 世纪，随着地下水压采及禁采，水资源总量减少，区水务局积极引导企业改进技术，增加水循环利用次数；在科技园区污水处理厂内增设再生水生产设施，浅处理的再生水用于农田灌溉和生态用水，深处理的再生水用于居民、企事业单位非生活用水。

第一节　水　资　源　组　成

水资源由地表水和地下水两部分组成。大气降水落到地面后，一部分蒸发，一部分被植物截流，一部分下渗土壤成为地下水，一部分由当地地表径流蓄入区内水利工程，剩余部分则经河流等流到区外。

一、地表水

（一）降水

北辰区属于半干旱地区，年降水量小，且分配不均，年际变化大。据北仓站 1991—2010 年降水资料统计，年均降水量 500.27 毫米，其中汛期（6—9 月）年均降水 374.06 毫米，占总降水量 74.76%；冬季（12 月至次年 2 月）年均降水 9.67 毫米，占总降水量 1.93%。最大年降水 771.3 毫米（1994 年），最小年降水 296.5 毫米（1999 年），最大与最小之比为 6∶2。年内降水量分配不均，每年平均各月降水呈单峰形变化。

（二）地表径流

根据 1991—2010 年历年汛期平均 1 日降水量资料，全区多年平均地表径流量为 3400 万立方米，50%、75%、95% 保证率径流量分别为 3000 万立方米、1900 万立方米、900 万立方米。

二、地下水

区内第四系地层沉积厚度 500～650 米，总趋势是北运河以西薄，北运河以东厚，由浅到深划分为 1 个咸水组和 5 个淡水组。

（一）咸水组

底板埋深 60～70 米。北运河以西 10～15 米储存浅层淡水，面积 1.87 万公顷，北运河以东为咸水。浅层淡水属潜水——弱承压含水层组，含水沙层以灰、黄色粉沙为主，厚度在 2～6 米变化。子牙河、北运河、永定河沿岸，储存黏土裂隙水，水位埋深 0.5～2 米。咸水层含盐量 2～10 克每升，水量充沛，具有承压水性质，未开发利用。

（二）淡水组（承压水）

在咸水层下为第一含水组，底板埋深 90～100 米，部分地区埋深 60～120 米，为深层淡水，岩性以粉细砂、粉砂为主，西北部有细砂和中细砂，单层厚 3～5 米，个别达 20 米，累计厚度 10～20 米，最厚达 49 米。含盐量小于 1 克每升，为碳酸氢钠型水；氟含量较高，一般为 2～4 毫克。水量较大，水位稳定。

第二含水组底板埋深 200～220 米，顶板埋深 90～100 米，厚度 120～200 米，是集中开采利用的深层淡水。含水沙层以粉细沙、中细沙为主，累计厚度 40～70 米，略有补给条件；受其他区县开采影响，水位埋深变化较大，经过测量一般在 50 米左右，水质较好，含盐量小于 1 克每升，但碱度过大，为碳酸氢钠型水。该层含水组是北辰区重点开采地层，分布规律为东西走向，呈带状分布。双口、双街、北仓、南王平、霍庄子、东堤头一带沙层厚度 50～70 米；双口北部、汉沟、小淀、刘快庄村以西沙层含水较为丰富，厚度 40～50 米；岔房子、青光、西堤头、东堤头村以南沙层累计厚度 30～40 米，成井条件差，如砂层集中也可成井开采。

第三含水组底板埋深 320 米上下，含水沙层顶板埋深 200～220 米，地层厚度 100～120 米，以粉细砂为主，底部有少量细砂，含水沙层累计厚度 30～50 米，但单层厚度小且分散，成井条件差。水位埋深 65 米上下，含水层以细砂为主，水质较好，但总碱度与含氟量均高。

第四含水组底板埋深 405 米上下，顶板埋深 320 米，地层厚度 85 米，含水砂层以细砂为主，夹有少量中砂，厚度 20～30 米，水位埋深 72 米上下，单层厚度大，补给来源差，水质好，含氟量高。

第五含水组底板埋深 550～650 米，顶板埋深 405 米，地层厚度 150～250 米，含砂层以细砂、中砂为主，夹有粗砂，砾石累计厚度 40～80 米，但砂层分布不一，单层厚薄相差较大，水质一般，是第四纪地层最下部的承压水，不能自流，水位埋深一般在 76 米上下。

区内水文地质为多层次沉积砂层，层次多，厚薄不均。含水砂层以粉细砂为主，渗透系数日均 2.80～6.50 米，影响半径 680～900 米。绝大部分地区开采淡水成井深度

200 米，每小时每眼井出水 60～80 立方米，井距控制在 1200 米以上，抽水时水位（动水位）下降深度 20～25 米。由于大量开采地下水，开采条件逐年减弱。

北辰区第四系地层含水组划分情况见表 2-1-10。

表 2-1-10　　　　　　北辰区第四系地层含水组划分情况表　　　　　单位：米

地质分层			含水组名称	含水组板底深度	岩性	砂层厚度
年代	符号	层底深度				
全新统	Q4	10～25	浅层淡水及黏土隙缝水咸水体 第一含水组深层淡水	10～25	—	2～6
				60～100	—	—
上更新统	Q3	200～220		90～100	—	—
			第二含水组深层淡水	200～220	粉细砂、中细纱	40～70
中更新统	Q2	380～410	第三含水组深层淡水	320	粉细砂	30～50
			第四含水组深层淡水	405	细砂、大中砂	20～30
下更新统	Q1	550～650	第五含水组深层淡水	500～650	细砂、中砂	40～80

三、水资源总量

地下水和河道、水库等水利工程蓄水组成了区内的水资源总量。

北辰区所开采的地下水除少量浅层地下水外，其余均为深层地下水。区地下水淡水组最优水位条件下可采资源量为 2154.16 万立方米。

1991 年后，由于地表水供给不足，有些年地下开采超过可开采量，因此造成地下水位迅速下降、地面不同程度沉降，地下水补给量为 1946 万立方米，可开采量为 1362.5 万立方米。

2010 年，地下水可开采量为 900 万立方米。是年，南水北调实施后，根据天津市规划新四区地下水禁采方案，北辰区地下水全面禁采。原城市工业采用地下水的，改由市自来水公司供水。天津市下达市直管用水户指标量 561.9 万立方米，区管用水户地下水开采指标量 1253.8 万立方米，合计 1815.7 万立方米。北辰区地下水可开采量情况表见 2-1-11。

表 2 - 1 - 11　　　　　　　　　北辰区地下水可开采量情况表　　　　　　　单位：万立方米

乡镇	第一含水组	第二含水组	第三含水组	第四、五含水组	总计
西堤头	40.65	239.70	42.52	28.44	351.31
小淀	25.70	155.22	15.83	14.30	211.05
宜兴埠	24.12	98.27	7.46	11.79	141.64
大张庄	57.12	304.45	16.86	42.72	421.15
天穆	24.34	86.45	13.26	13.58	137.63
北仓	16.35	137.04	7.53	14.68	175.60
双街	26.65	165.46	13.62	15.99	221.72
双口	48.21	224.00	20.28	43.69	336.18
青光	36.86	87.23	7.43	26.36	157.88
合计	300.00	1497.82	144.79	211.55	2154.16

北辰区内一级河道年蓄水容量 5700 万立方米，其中北运河 700 万立方米、永定河 500 万立方米、永定新河 2000 万立方米、北京排污河 1500 万立方米、子牙河 500 万立方米、金钟河 500 万立方米。二级河道年蓄水容量 190 万立方米，其中淀南引河 15 万立方米、机排河 40 万立方米、永金引河 40 万立方米、郎园引河 35 万立方米、丰产河 30 万立方米、中泓故道河 10 万立方米、永青渠 20 万立方米。大兴水库、永金水库和华北河废段水库，总库容量 1906 万立方米。永定新河深槽蓄水容量 1600 万立方米。

第二节　水资源开发利用

北辰区内水资源的开发利用，除涉及区内产生的天然水资源外，还包括上游来水、跨区调水和经处理的再生水及部分非常规水。

一、地表水开发利用

地表径流、上游来水和跨区调水蓄入区内河道、水库、沟渠和水柜等水利设施，主要用于农业灌溉,灌溉农田面积 3033 公顷。屈家店水利枢纽以防洪为主,同时兼有灌溉、排涝、挡潮和供水等功能。永定新河深槽蓄水工程可蓄北京排污河水,用于旱期农田灌溉。

2000 年,通过降雨产水蓄存水量 1610 万立方米,这些水量经过蒸发渗漏用于供给农业;永定新河深槽蓄水中用于农业灌溉的净水量为 1000 万立方米。2002 年全年可供水量为 6880 万立方米,用于农业灌溉水量为 6280 万立方米,而每年农业需水量为 16013 万立方米,供需之差为 9733 万立方米。

2010 年,全区河道蓄水 950 万立方米,水库蓄水 880 万立方米,地上引蓄水 1830 万立方米,共计 3660 万立方米,主要用于农田灌溉。

二、地下水开发利用

北辰区内地下水主要用于农业灌溉、居民生活用水和乡镇企业生产用水。1991—1994 年,全区地下水年开采量为 2400 万立方米。1997 年,地下水开采总量为 1192 万立方米。1997 年,供给农田灌溉 470 万立方米,园田灌溉 200 万立方米,生活饮用水 480 万立方米,乡镇企业用水 42 万立方米。71 个市属工矿企业与驻津部队,由自备水井供给,共开采约 1000 万立方米,供生产、生活用水。

2006 年,外环线以外有 7 个镇使用地下水,人口 26.64 万人,年供水能力 5457.48 万立方米;年开采量为 1595 万立方米,其中农业用水 945 万立方米,生活用水 620 万立方米,企业用水 30 万立方米。

2009 年,区内地下水共开采 1200 万立方米,其中农村生活用水 600 万立方米,农业生产用水 500 万立方米,区属企业用水 100 万立方米。

2010 年,区内有效灌溉面积 3678 公顷,其中菜田 2150 公顷、旱田 1528 公顷。由于地表水供水不足,每年地下水开采均属超量开采,造成地下水位下降,地面不同程度沉降。全区地下水补给量 1946 万立方米,地下水开采量为 1100 万立方米(不含区内市属企业自备井地下水开采量)。1991—2010 年北辰区地下水开采情况见表 2-2-12。

表 2-2-12　　　　**1991—2010 年北辰区地下水开采情况表**　　　　单位:万立方米

年份	农村生活开采量	农业生产开采量	企业生产开采量	总开采量
1991	421.00	612.00	97.00	1130.00
1992	625.00	432.00	96.00	1153.00
1993	400.00	665.00	50.00	1115.00

年份	农村生活开采量	农业生产开采量	企业生产开采量	总开采量
1994	441.00	759.00	50.00	1250.00
1995	460.00	650.00	50.00	1160.00
1996	412.00	609.00	59.00	1080.00
1997	480.00	670.00	42.00	1192.00
1998	480.00	680.00	56.00	1216.00
1999	520.00	712.00	43.00	1275.00
2000	580.00	870.00	41.00	1491.00
2001	600.00	960.00	38.00	1598.00
2002	718.61	855.99	38.09	1612.69
2003	615.00	950.00	31.00	1596.00
2004	615.00	944.60	37.09	1596.69
2005	615.00	938.60	37.09	1590.69
2006	620.00	945.00	30.00	1595.00
2007	600.00	800.00	39.00	1439.00
2008	600.00	600.00	101.19	1301.19
2009	600.00	500.00	100.00	1200.00
2010	507.00	490.00	103.00	1100.00
合计	10909.61	14643.19	1138.46	26691.26

注　该表不含市属工矿企业与驻津部队自备井地下水开采量。

三、地热资源

北辰区内地热资源丰富。1991 年，区内有地热井 2 眼。截至 2010 年，区内有地热井 10 眼，均为开采井，其中停采 2 眼、未启用 2 眼。2010 年北辰区地热资源利用状况见表 2 - 2 - 13。

表 2-2-13　　　　　　　**2010 年北辰区地热资源利用状况表**

井编号	地热井名称	开采指标/立方米每年	成井日期	成井温度/℃	深度/米	用途
BC-01	津围公路 8 号内地热井	停采	1997 年 8 月 1 日	45	1400.0	—
BC-02	双发温泉花园小区内地热井	100000	1997 年 1 月 1 日	50	1403.0	生活热水
BC-03	宜兴埠驾校新开河桥旁地热井	50000	1999 年 4 月 22 日	50.5	1430.0	康乐洗浴
BC-04	津榆公路地热井	150000	2000 年 3 月 1 日	18.5	1570.7	生活热水
BC-05	方舟温泉花园内地热井	停采	1999 年 8 月 5 日	49	1286.0	—
BC-06	双街镇龙顺道万源龙顺度假庄园地热井	150000	2006 年 1 月 16 日	58	1469.8	供热、生活热水
BC-07	延吉道内地热井	150000	2002 年 6 月 1 日	48	1360.0	生活热水
—	果园新村街新华里地热井	未启用	1987 年	51	1300.0	—
—	双发温泉花园小区内地热井	—	1998 年	63	1300.0	生活热水
—	西堤头镇辛侯庄村地热井	未启用	1989 年	72	1840.0	—

注　井编号为该地热井在天津市国土资源和房屋管理局地热处所登记的编号。

四、非常规水开发利用

（一）污水

2005 年前，北辰区内南王平乡、霍庄子乡、大张庄乡一些村因离河较远，不能引河水灌溉。2005 年，改引北京排污河水灌溉农田，平均每年使用污水量 300 万立方米。由于没有净化处理措施，所用污水不考虑正常可供水量。之后，随着北辰污水处理厂和大张庄科技园区污水处理厂的建立，污水经处理后应用于农田灌溉。

（二）再生水

21 世纪初，北辰区相继在北辰污水处理厂和大张庄科技园区污水处理厂内建立再生水设施（截至 2010 年，北辰污水处理厂内再生水设施未投入使用），日处理再生水 2 万～3 万吨，浅处理的再生水用于农田灌溉和生态用水，深处理的再生水供区内部分新建办公楼、写字楼和住宅非生活用水使用。

五、供水用水总量

（一）供水总量

北辰区供水不足，影响农业生产，市农业供水规划安排给水 8090 万立方米。1996 年，永定新河深槽蓄水工程竣工，增加河道蓄水量。1997 年，响应政府号召，保护水资源，地下水开采量减少。随着自来水工程建设不断完善，直接取井水逐年减少。同时，由于水资源匮乏，水田逐年减少，农业灌溉供水量减少。21 世纪初，停止使用引滦水，水利工程供水量增加。2010 年，全区农村建成的饮水工程年供水能力 3.24 亿立方米。是年，全区水库、河道和坑塘等地表水蓄水能力 5362.93 立方米，地下水年开采量 1200 万立方米，中心城区自来水供水 3300 万立方米。1996—2003 年北辰区供水量情况见表 2-2-14。

表 2-2-14   **1996—2003 年北辰区供水量情况表**   单位：万立方米

年份	地表水供水量		地下水供水量		其他水源供水	总供水量	非常规水重复利用
	引滦水	其他蓄水	浅层淡水	深层承压水	市自来水		
1996	585	5333	10	2420	1362	9710	1597
1997	181	6590	11	2564	1656	11002	1250
1998	400	6018	12	2510	1891	10831	1736
1999	450	5786	9	2294	2120	10659	2049
2000	314	5949	8	2408	2426	11105	1478
2001	—	4420	6	2484	2751	9661	1144
2002	—	4518	4	2549	3395	10466	1259
2003	—	4301	2	2336	4081	10720	1384

注   2003 年后数据无考。

（二）用水总量

20 世纪 90 年代初，区内用水除居民生活用水外，主要集中于农业灌溉和鱼塘补水，其中第一产业用水量占全区用水总量的 70% 以上。进入 21 世纪后，随着区内耕地减少，工业逐渐兴盛，农业用水减少，城镇工业用水呈递增态势。2003 年，区内第一产业用水量已降为全区用水总量的 57%。截至 2010 年，区内用水量（包括非常规用水）稳定在 1.2 亿立方米左右。1995—2003 年北辰区生产、生活用水情况见表 2-2-15。

表2-2-15　　1995—2003年北辰区生产、生活用水情况表

单位：万立方米

年份	居民生活用水 用水量	居民生活用水 用水来源 自来水	居民生活用水 用水来源 井水	第一产业用水 用水量 浇灌	第一产业用水 用水量 鱼塘	第一产业用水 用水量 牲畜	第一产业用水 用水来源 河水	第一产业用水 用水来源 井水	第一产业用水 用水来源 非常规水重复利用	第一产业用水 总用水量	第二产业用水 用水量 工业 城镇企业	第二产业用水 用水量 工业 市属企业	第二产业用水 用水量 建筑业	第二产业用水 用水来源 自来水	第二产业用水 用水来源 井水	第二产业用水 总用水量	第三产业用水 用水量 商饮服务业	第三产业用水 用水来源 自来水	第三产业用水 总用水量	生产生活总用水量
1995	1022	555	467	6234	1620	133	5800	783	1414	7997	551	1097	32	553	1127	1680	132	132	132	10831
1996	1005	529	476	6510	1647	134	5900	794	1597	8291	612	1130	44	626	1160	1786	207	207	207	11289
1997	1024	527	497	7064	1627	146	6771	816	1250	8837	869	1206	66	879	1262	2141	250	250	250	12252
1998	996	509	487	7100	1733	167	6417	847	1736	9000	1073	1133	76	1093	1189	2282	289	289	289	12567
1999	1003	519	484	7280	1773	168	6236	936	2049	9221	1163	832	137	1249	883	2132	352	352	352	12708
2000	1024	545	479	6802	1827	197	6263	1085	1478	8826	1438	806	116	1508	852	2360	373	373	373	12583
2001	1037	556	481	4684	1840	236	4420	1196	1144	6760	1723	775	89	1774	813	2587	421	421	421	10805
2002	1230	737	493	4880	1867	270	4518	1220	1259	6997	2014	802	174	2150	840	2990	508	508	508	11725
2003	1241	900	341	4643	1993	315	4301	1266	1384	6951	2452	700	159	2580	731	3311	601	601	601	12104

注　1. 生产、生活用水总量含非常规水重复利用量。

　　2. 2003年后数据无考。

第三节 水 资 源 管 理

　　1989 年 5 月，北辰区政府明确区水利局为水行政主管部门，成立地下水资源管理办公室，负责地下水利用规划、开采、资源费征收及机井管理。是年 12 月，水利局水政监察科负责水资源管理。1997 年，水利局水政监察科更名为水政科。2009 年，规定水资源费属于行政事业性收费，纳入财政预算，实行"收支两条线"管理，收费时使用财政部门统一印制的行政事业性收费票据。

一、水资源费征收

　　1991 年，应征水费 58.90 万元，实际征收 34.41 万元，收回历年欠缴水费 3.57 万元。1994 年，征收水资源费 43 万元，征收比例为 64%。是年，征收区所辖外环线以外应征收地下水费的 53 个工矿企业、11 个驻津部队地下水资源费 97.78 万元。1996 年起，逐渐细化地下水资源费征收，全年征收地下水资源费 4.04 万元。

　　2007 年，市自来水公司供非居民用水价格中的水资源费每立方米由 0.7 元调整为 1.03 元，供居民用水价格中的水资源费每立方米由原来的 0.22 元调整为 0.25 元。但居民用水价格水平仍维持 3.4 元不变。对在江河、水库取水的用水消耗水资源费征收标准由 0.06 元每立方米调整到 0.1 元每立方米，用于循环使用的水资源费征收标准仍为 0.02 元每立方米。是年，北辰区地下水资源费提高 0.7 元每立方米，即城市供水范围内的地下水资源费由 1.9 元调整为 2.6 元；城市供水范围外的地下水资源费由 1.3 元调整为 2 元，以地下水为水源的城市公共自来水厂，其水费按 0.1 元每立方米缴纳水资源费。2009 年，北辰区地下水资源费征收标准提高 0.8 元每立方米，即城市供水范围内的地下水资源费由 2.6 元调整为 3.4 元；城市供水范围外的地下水资源费由 2 元调整为 2.8 元；农村中的农民生活用水免收水资源费，亦暂不征收南水北调工程基金。是年，征收地下水资源费 320 万元。

　　2010 年，北辰区地下水资源费征收标准每立方米提高 1.2 元，即城市供水范围内的地下水资源费由 3.4 元调整为 4.6 元；城市供水范围外的地下水资源费由 2.8 元调整为 4.0 元。

二、取水许可制度

地下水资源管理部门执行地下水开采申报和取水许可制度，严格控制地下水开采量。1996年，对区内各乡镇企业地下水开采量进行全面核查，并发放取水许可证，严格审批用水量。2009年，执行取水许可制度、用水指标审批制度，推动水源转换，压缩45个双水源企业地下水开采指标100万立方米，实际压采量为计划压采量的1%。

三、凿井审批及废井回填

加强机井普查工作，对全区机井使用性质核实分类，鉴定后对报废井组织人员回填和封存，防止地下水污染，保护水资源。1998年报废机井5眼。截至2009年8月底，回填报废机井560眼。2010年，严格新机井审批手续，实行取水许可证、用水指标审批和地下水征收水资源费制度。

四、地面沉降监控与地下水位监测

北辰区水务局每年编制《北辰区地下水资源动态年鉴》，保存完整地下水动态数据，为地下水开采管理规划提供科学依据。

2005—2009年，投资327.86万元（市级投资131.86万元，北辰区水利局投资196万元），打观测井18眼；按照水利部国家级自动监测井标准，建设4组观测井群；完成远程自动化数据传输，实现科学化管理。2009年，编制《北辰区2009年控沉工作计划》，普查全区93个控沉观测点，利用自动观测井监测水位变化，为地下水开采和管理提供科学依据。是年，全区有地下水位监测井20眼。2010年，区内75个水准基点完成照相、GPS定位、标图，在东部地区新打自动监测井2组10眼，自动监测井群达7处33眼，在全市率先实现地下水自动监测井全覆盖。

五、排灌水费征收

区水利局排灌管理站负责北辰区排灌水费征收。该管理站为自收自支事业单位，实行企业管理，所征收排灌水费为排灌管理站主要经费来源。1992年，制定《北辰区1992年国营排灌站水费征收使用管理办法》，规范国营排灌站的水费征收。

2000 年，区内农业灌溉水费按地表水、地下水及污水利用 3 部分征收。区内地表水灌溉农田多采用引滦水和污水，部分镇村采取村为主体的管护组织和独立主体的服务公司两种形式征收灌溉水费。其一成立相应的水利工程管护组织，管护人员多由村委会成员担任，配有管电和放水员等专职人员。管护组织制定管护措施和服务标准，接受村民监督，收费以用电量核算出用水量（30 立方米每千瓦时），收费标准由村民讨论民主制定，收费方式采用一次性按亩预交一年水费，收取的费用用于电费支出和统一购买引滦水费用及节水工程每年维护费用；其二只有青光镇青光村和双街镇汉沟村试行，成立经营服务型水利服务公司，公司主要领导由村委会领导兼任，实行承包责任制，接受村委会和村民监督，进行简单的水费成本核算，制定能让村民接受的水费价格，所收水费用于公司的正常运转和水利工程的维修养护，不足部分村委会按一定比例给予服务公司适量补贴。

区西部土壤沙质存蓄能力差，农业用水多采用地下水灌溉。打井投资渠道形式、层次多样，即个人、集体、市或区补贴，新打井实行产权改革，其产权和使用权归农户所有，由地下水资源管理办公室统一发放产权证和使用证，农户可以有偿向周边无井户提供服务。上级水管部门以适当、合理的价格向拥有井的用户收取水费，实现水的商品化。

2006 年，泵站排水费征收标准全民事业单位 20 元每亩每年，农业分为鱼池、稻田 10 元每亩每年，其他耕地为 5～6 元每亩每年。2008 年，国务院实施减免农业税政策，随之涉农排灌水费全部减免。2010 年 2 月，排灌管理站由自收自支改为财政拨款单位，区内工矿、企事业单位排灌水费基本减免。

六、节约用水

（一）节水宣传

2005 年起，在"世界水日""中国水周""城市节水宣传周"和区"科技周""四下乡"等活动期间，利用广播电台、电视台、《天津日报·北辰之声》、区内环保宣传电子屏幕等媒体，向群众宣传节水常识、日常生活"一水多用"方法、节水型器具与非节水型器具区别；播放节水专题片并宣传节水法规及节水实例，倡导珍惜水、爱护水、保护水；组织街道、社区开展节水文艺专场演出。2007 年，普东街万科社区举办"节水在我身边、共建美好家园"社区节水专场文艺演出活动，宣传一水多用实例。是年，组织开展淘汰非节水型器具宣传与落实工作。12 月 9 日，中央电视台录制该节水专题节目，作为天津市节水宣传系列内容之一，在中央电视台播放。2009 年，瑞景街举办"共创和谐"节水专场文艺演出活动。区水利局组织学校开展争当"节水小模范""节水小能手""小手拉大手、节水知识进万家"、创建节水型校园等活动，并在全区范围内开展节水技术宣传。

（二）用水考核

按照 2002 年市政府颁发的《天津市节约用水条例》要求和市水利局拟定的《天津市超计划用水累进加价费征收管理规定的通知》，规定每年年底申报下年度全区用水指标计划，年初及时将市下达年度用水指标分解到各考核用水户。对自来水用水户考核，实施日指标、月考核管理，超计划用水累进加价。帮助用水户分析超水原因，指导超计划用水户制定具体节水措施，把因人为造成的浪费水现象减少到最低程度，促使区域内各用水户合理用水、节约用水，使全区年实际用水量控制在计划用水指标的范围内。

（三）节水型社会建设

20 世纪 90 年代，对使用自来水、地下水的企业和行政事业单位实行用水日指标、月考核办法，指导用水户制定具体节水措施，帮助用水户查找超用水原因，对超计划用水户征收用水累进加价费，控制水资源浪费。1994 年始，采取有效节水措施，开展城市节水工作。1997 年，在南王平和大吕庄村为乡镇企业建节水工程 1 处，全年节约地下水 20 万立方米，节电 5 万千瓦时。

2003 年，在双街镇双街村艾格生化有限公司新建节水工程 1 处，投资 42.19 万元，年节水 15.33 万立方米。是年，投资 118 万元，在宜兴埠长捷化工有限公司和南麻疙瘩万发化工有限公司新建节水工程各 1 处，年节水 124 万立方米。2004 年，区水利局成立节约用水办公室，负责行政区内节约用水工作，编制年度供水计划，根据供水计划和用水定额，对非生活用水户提出用水计划指标予以核定，业务上受天津市节约用水办公室指导。11 月 12 日，经区政府常务会研究决定，成立"北辰区建设节水型社会规划编制工作领导小组"，副区长张金锁任组长，区水利局局长赵凤祥任副组长，区发展计划委员会、区建设管理委员会、环保局、统计局、水利局、市政工程局（北辰）和自来水公司（北辰）等为成员单位。办公室设在区水利局，副局长齐占军任办公室主任。是年，在霍庄子发酵厂建节水工程 1 处，年节水 2 万～10 万立方米，节省电费 4.09 万元；在天穆镇刘房子村建节水工程 1 处。

2007 年，成立北辰区节水型社会建设领导小组，开展创建节水型社会活动，淘汰非节水型器具。是年 4 月，经区节水型社会建设领导小组研究，制定《北辰区节水型社会建设实施方案（2006—2008 年)》，建立三级节水管理网络，开展典型试点单位专项检查，总结各阶段工作进展情况，完成节水型城市复查自查评估报告。在创建节水型社会的过程中，实行用水管理，按照"先生活、后生产，先工业、后农业，先城市、后农村"的原则，依据全区生活、生产、生态、服务行业等实际用水情况，制订计划用水指标，实行用水许可、节水档案和法人责任管理体系，推进高新技术节水，合理开发、利用、保护水资源。2008—2010 年，北辰区华辰学校、南仓中学、第四十七中学、中医医院、房管局等 9 个单位和瑞景街燕宇社区、奥林匹克花园社区、翡翠城社区等 6 个居民小区，分别被评为市级"节水型单位"和"节水型小区"称号。

第三章

河道整治

　　1990 年前，北辰区对域内河道、堤防及桥等设施多次整治、维修。1991—2010 年，区政府加大一级、二级河道整治力度，以复堤、加高、护岸、拓宽、清淤为主要工程，提升排涝能力，促进农业生产发展，营造水清、岸绿、景美的生态环境，实现人与自然协调发展。

第一节　永定河、永定新河治理

一、永定河治理

　　1992—1993 年永定河泛区左堤加固工程。根据水利部天津勘测设计院编制的《永定河泛区左堤加固工程初步设计修改说明》和天津市水利局《关于下达永定河泛区左堤加固工程 1992 年第一次投资计划通知》《关于下达永定河泛区左堤加固工程 1992 年市筹计划的通知》《关于下达 1993 年永定河泛区左堤加固工程市投资计划的通知》等文件，实施永定河泛区左堤加固工程。北辰区段工程总投资 522.94 万元，其中 1992 年年底工程投资 333.60 万元；1993 年工程投资 88.84 万元；材料差价、防浪墙增加、民房拆迁、堤顶简易路面等增加投资 100.50 万元。

　　1992 年应急工程，从小街村至屈家店闸全长 8639 米，主要工程有：防浪墙全长 5140 米，砌石量 7800 立方米，挖槽土方 11543 立方米，回填土方 6214 立方米；挡土墙全长 1200 米，砌石量 1267 立方米，挖槽土方 3285 立方米，回填土方 3364 立方米；浆砌石护坡，护坝全长 760 米，砌石量 8537 立方米，碎石垫层 3220 立方米，挖土 8509 立方米，回填土 7658 米；郎园倒虹通气孔安装闸门一套及郎园引河首闸换闸板三孔，干砌石护坡 68 立方米；施工工期由 1992 年 10 月 10 日至 11 月 15 日。1993 年，拆迁民房 36 间，修堤顶简易路面，全长 8639 米，防浪墙加长 630 米，砌石量 100 立方米，挖槽土方 480 立方米，回填土 358 立方米；施工工期由 1993 年 3 月 15 日至 6 月 15 日。以上工程总用工 6.45 万工日，运用各种运输车辆 6500 台班，用水泥 2300 吨、块石 2.45 万立方米、碎石 3340 立方米、粗砂 7345 立方米。

　　1994 年，投资 4.16 万元，完成永定河右堤北辰区段桩号 0＋000～4＋000 度汛应急工程，灌浆 2.8 千米。1996 年，完成永定河右堤桩号 0＋000～3＋000 段岁修施工，动土方 4500 立方米；完成桩号 1＋000～2＋000 段灌浆工程，灌浆土方 1000 立方米。1998 年，完成永定河泛区右堤加固工程。由南遥堤至武清县界（桩号 0＋000～4＋968），长 4.96 千米，完成筑堤土方 28.88 万立方米，清基土方 3.37 万立方米，打拆坝垫土方 4.21 万立方米；穿堤建筑物改扩建 14 项，更换闸门、启闭机 6 台套，接长混凝土管 80 米，接长钢筋混凝土方涵 24 米。完成浆砌石 871 立方米，混凝土 203 立方米，开挖土方 1729 立方米，回填土方 724 立方米。该工程于是年 10 月 26 日动工，12 月 3 日竣工。有 8 个施工队参与施工。

二、永定新河治理

1991 年，由市水务局组织完成永定新河桩号 18＋160～28＋350 段清淤工程，全长 10.19 千米。北辰区河道管理所组织圈排泥场 6 个，围埝总土方 70 万立方米，征地 186.67 公顷，投资 456 万元。1992 年，完成永定新河 6 处防汛加固工程：永定新河清淤修排泥场、围埝 3 个，占地面积 26 公顷，动土方 37 万立方米；建溢流堰 1 座，浆砌片石 830 立方米，打坝土石方 4.35 万立方米，打桩 376 根，铺设土织布 8800 平方米；建 3 孔水闸 1 座，建防洪口门 1 处，全长 220 米，动土方 5.5 万立方米；完成永定新河左堤加固，浆砌片石 5000 立方米，清挖土方 6500 立方米；完成永定新河右堤大张庄闸至东堤大桥 11.7 千米复堤，动土方 14.47 万立方米；建桩桥 1 座。是年 5 月 4 日至 6 月 2 日，市水利局拨款实施永定新河分洪口门桩号 28＋000～28＋220 段工程，为分流永定新河洪水而准备的预备工程，原堤顶保留 11 米宽，口门方向坡比 1：3，堤坡脚以外滩地高程 2 米，动土方共 2.5 万立方米。6 月 30 日，完成永定新河桩号 28＋350 段挡潮堰及低水闸工程，土坝长 187 米，顶宽 10 米，坝底平均高程 2.27 米，土工布 300 米，坝两侧打桩 376 根，铅丝笼抛石 3500 立方米，动土方 2000 立方米。低水闸为 3 孔，流量 20 立方米每秒，每孔净宽 2.8 米，两边孔底高程 1 米，中孔底高程 0.00 米，为平板闸门，动土 200 立方米，砌石 600 立方米。

1993 年 3 月 20 日至 10 月 20 日，总投资 215 万元，完成京九铁路桥永定新河筑拆坝工程，共动土方 5.4 万立方米，打圆木桩 400 根，由区水利局河道管理所组织施工。是年，完成永定新河左堤东堤头大桥下段 1650 米复堤工程，动土 1.33 万立方米。为确保天津北部防线汛期安全，实施永定新河右堤应急加固工程，工程总长 38 千米。北辰区承担 26.2 千米施工任务，投资 1438.09 万元。完成混凝土浇筑 1.46 万立方米，浆砌石 2.23 万立方米，土方开挖 4.12 万立方米，土方回填 8360 立方米；钢筋混凝土防洪墙 11.31 千米，浆砌石防洪墙 13.89 千米，浆砌石护坡长 2566 米；永定新河左堤桩号 13＋100～14＋500 段，长 1.4 千米，浆砌石 480 立方米。

　　1997年，投资18.3万元，实施永定新河右堤桩号14＋950～15＋100段獾洞处理，完成土方7.86万立方米。

　　1998年4—9月，实施引河桥至霍庄桥应急加固工程，为桩号2＋100～21＋600，全长19.5千米。复堤土方6.58万立方米，铺土石屑1.02万立方米，安侧石13.96千米，现浇水簸箕混凝土476.4立方米，浇筑钢筋混凝土路障23.38立方米。该应急加固工程后，碎石路面被不同程度损坏，又重新维修，更换被压坏侧石2000米，整修变形路牙8100米，重新铺土石屑3283立方米，在堤顶背河堤肩修防冲刷土埝10.1千米。是年，完成永定新河岁修及防汛抢险工程，永定新河右堤桩号21＋600～26＋500，长4.9千米，该段堤顶坑洼不平，垫土方3000立方米；永定新河左堤桩号16＋000～26＋000，长10千米，在堤肩修筑1条土埝，填土1.58万立方米；永定新河右堤桩号0＋000～14＋500防浪墙维修，长14.5千米；投资202.34万元，其中市拨维护费109.26万元，自筹资金（义务工款）93.08万元，完成永定新河右堤及石屑路面工程，由堵口堤闸至大张庄桥，桩号2＋100～4＋600及桩号5＋500～13＋100，全长10.09千米，复堤顶宽8米，高程达7.5～7.4米，铺碎石路面宽4米，完成土方6.57万立方米，铺碎石0.61万立方米，浇筑混凝土303立方米。投资324.725万元，完成永定新河北仓排污口清淤，完成滩地围埝土方2.4万立方米，清淤22.45万立方米。

　　1999年，投资27万元，完成永定新河左堤从东堤头大桥往东1300米石屑路工程，清基土方2080立方米，筑堤土方9207立方米，土石屑路面铺筑1916立方米，该工程5月10日开工，5月15日竣工。

　　2000年，完成永定新河左堤砌石防浪墙工程，长4250米，开槽土方9516立方米，还槽土方50万立方米，砌石7831立方米，平整土方2415立方米，浇筑混凝土432立方米，投资230万元。

　　2001年，完成永定新河大堤平整，长11.5千米；右堤灌浆工程长5450米，挖土方8005.9立方米；平整永定新河右堤石屑路面1.3万米。

　　2002年，实施永定新河左堤治理工程，全长14.5千米，拆迁占地赔偿150万元。3月20日开工，6月底竣工。完成筑堤土方4.6万立方米，砌石650立方米。泥结石路面长4千米，总投资256.34万元。

　　2004年5月18日，完成永定新河右堤桩号17＋600处废弃方涵治理工程，开挖土方1.42万立方米，筑堤土方1.60万立方米，浆砌石墙及恢复115立方米，拆除砌石盖板涵洞255立方米，泥结碎石英路面660立方米。11月15日，完成永定新河左堤应急度汛加固工程，拆除桩号11＋900处废弃圆涵，灌浆土方1.44万立方米，开挖土方4700立方米，回填土方5360立方米。是年，投资60万元，完成永定新河左堤桩号2＋100～6＋200处灌浆加固工程，沿河道纵向布孔4排、孔距2米，横向行距1.5～2米，呈梅花形布孔，灌浆孔径 3.2 厘米，孔深 6.5 米，采用黏土充填式灌浆，并对废弃圆涵进行拆除及复堤。共开挖土方 4700 立方米，回填土方 1.97 万立方米。

第二节　北运河、北京排污河治理

一、北运河治理

1993 年，完成北运河左堤小街村至屈家店 5450 米加固工程、西赵庄段 700 米护坡工程、屈家店至李嘴段 1000 米维修工程，总砌石 1.7 万立方米，动土方 4.02 万立方米。1994 年，完成北运河左堤小街村至屈店村和中泓故道屈家店闸至双口浆砌石工程，全长 17.5 千米。1998 年，维修北运河左堤防浪墙，由小街村至屈家店闸，全长 8700 米，砌石 350 万立方米。

2000—2002 年，实施北运河防洪综合治理工程。该工程为天津市海河流域防洪重点治理工程一部分，被列为 2001 年天津市改善人民生活 20 件实事之一。此次治理范围为北运河自屈店闸至子牙河与北运河汇流口，河道全长 15.017 千米，两岸堤距达 120 米，实现河道行洪标准 400 立方米每秒，满足防汛和引滦输水要求，同时还进行沿岸绿化和筑路，彻底清除河内垃圾，拆迁河滩地区民宅、厂房等建筑物，使河道畅通。沿河新建 3 座桥梁、1 座橡胶坝和船闸。治理堤防 30.032 千米、排水口门 25 座、码头 17 个、道路 27.055 千米、护栏 23.851 千米。两岸新建 4 座主题公园，即滦水园、北洋园、御河园（图 3-2-2）和怡水园，并以此为中心沿河实施带状绿化，增强城市环境、休闲、人文景观特色。2000 年年底组织工程测量、拆迁等前期工作，12 月 20 日奠基，2001 年 9 月 28 日竣工，总投资近 4.7 亿元。北辰区投资 1.2 亿元，完成北运河两侧王秦庄、桃花寺和王庄等 8 套口门工程，动土方 2.21 万立方米，浆砌石 1687 立方米，浇筑混凝土 1204 立方米。北运河综合治理工程实施期间，先后接待被拆迁来访者数百人，送达拆迁告知书、拆迁决定书等 100 余份，组织联合执法拆迁 7 次。

图 3-2-2　御河园（2008 年拍摄）

2004 年，完成北运河左堤桩号 40＋200～50＋200 浆砌石护坡。2005—2006 年，完成北运河左堤桩号 50＋200～51＋

200、右堤汉沟段护坡防浪墙维修工程。

2010 年 9 月 10 日至 11 月 30 日，完成北运河勤俭桥至屈家店河段截污主体工程，全长 11.5 千米。经多年治理，北运河形成防洪、供水、旅游、景观、交通诸项功能，成为一条防洪保安带、便捷交通带和文化风景带。

二、北京排污河治理

1996 年，完成北京排污河长 5.6 千米复堤工程，加高堤顶 0.8～1 米，顶宽 5 米；完成韩盛庄扬水站段 215 米护坡，动土方 4 万立方米、石方 1220 立方米、混凝土 20 立方米。是年 4—6 月，投资 135 万元，完成北京排污河从武清界至华北河闸复堤工程，长 7.5 千米。复堤土方 4.5 万立方米，砌石护坡长 215 米。1997 年，完成北京排污河护坡工程，挖槽土方 1.2 万立方米，浆砌石 856 立方米，石垫层 103 立方米，抹墙顶面 428 平方米，墙体勾缝 1.98 万平方米，投资 31.3 万元；完成韩盛庄扬水站闸井工程，该工程位于北京排污河右堤韩盛庄扬水站院内，砌筑砖石 120 立方米，浇筑钢筋混凝土 53 立方米，挖填土方 1500 立方米，投资 33.5 万元。

1998 年，完成北京排污河 7.5 千米右堤平整工程。2001 年，完成 6200 米堤顶平整维修，桩号 0＋000～3＋500 除险加固工程。2003 年，完成北京排污河右堤桩号 71＋600～79＋100 复堤加固工程，全长 7500 米。

2004 年、2007 年、2008 年共投资 341 万元，完成北京排污河东赵庄段除险加固及右堤堤防应急度汛工程，共 3 段。东赵庄段长 1200 米，砌石 7166 立方米，开挖土方 1.28 万立方米；桩号 4＋700～5＋700，砌石 3300 立方米，动土方 1.3 万立方米；桩号 2＋900～3＋500，砌石 2480 立方米，动土方 1.25 万立方米；桩号 5＋720～6＋100，砌石 1248 立方米，动土方 8750 立方米。截至 2009 年，完成北京排污河右堤 3.6 千米防浪墙工程。

第三节　子牙河、新开河—金钟河治理

一、子牙河治理

1997 年，完成子牙河左岸刘家码头险段治理工程，全长 252 米。是年，投资 109.42 万元，完成子牙河护坡工程，动土方 17 万立方米，砌石 2158 立方米，钢筋混凝土 146 立方米，打桩 54 立方米，由区水利局河道所组织施工。

2002 年，实施子牙河左堤治理 12.89 千米。3 月初全线开工，7 月 15 日完成主体工程。动土方 50 万立方米，筑穿堤口门 30 座。北辰区完成二标段、三标段 5.2 千米施工任务，复堤土方 15 万立方米，砌石 6000 立方米，穿堤口门 11 座，共动迁居民 180 户，拆迁面积 1.3 万平方米。2006—2010 年，子牙河无专项治理工程。

二、新开河—金钟河治理

1994 年 4 月 25 日至 6 月 1 日，完成新开河—金钟河度汛工程。该项工程包括老机排河口门、温家房子口门改造，修整加固及复堤 263 米，完成土方 5970 立方米，砌石 190 立方米，混凝土 51 立方米。1999 年，投资 24 万元，完成金钟河左堤温家房子至西堤头桩号 6＋600～14＋800，长 8.2 千米复堤整修工程，复堤土方 1.64 万立方米。2001 年，完成金钟河 500 米左堤平整工程，动土方 8000 立方米。2007 年，投资 31 万元，完成新开河左堤桩号 6＋100～7＋100 大堤灌浆，动土方 6000 立方米。

第四节 涵 桥 修 建

1991 年初，区内一级河道上有涵桥 31 座。是年 9 月 10 日，重新修建永定新河李辛庄漫水桥，于次年 4 月 24 日完工。该桥位于永定新河深槽，桩号为 16＋000 处，桥长 216 米，共 27 孔，56 根灌注桩，井柱桩直径 80 厘米，跨度 8 米，桥宽 5 米，净宽 4.5 米，井柱桩底高程－17.2 米，设计河底高程－1.5 米，为井柱板梁结构。设计荷载为汽-10 级标准。工程量为混凝土及钢筋混凝土 907 立方米，土方 512 立方米，浆砌石 43 立方米，投资 914.37 万元。是年，建东安驾校桥（跨金钟河）。

1993 年，相继修建 3 座跨北运河、永定新河、永定河京九铁路桥。是年，投资 130 万元，建北运河郭辛庄桥。该桥设计标准为设计荷载汽-10 级农用桥，桥长 105 米，桥面净宽 5.5 米，跨度 8 米，钢筋混凝土灌注桩，钢筋混凝土预制板面板厚 40 厘米。翌年 1 月竣工。1994 年，建欢坨桥（跨金钟河）。1997 年，投资 15 万元，在郎园引河为刘马庄建 1 座农用桥，该桥主体长 26 米，宽 4.5 米，分 4 孔，每孔间距 6.5 米，总工程量 2011 立方米。该桥为刘马庄及周围村庄群众生产、生活及交通运输提供便利条件。

1995 年，天津市水利局在永定河泛区安全建设项目上予以补助，在原庞嘴村桥北侧 300 米处建新桥。该桥设计级别为"汽 15 吨"钢筋混凝土结构桥，桥总跨度 60 米，分 4 孔，桥面宽 7 米，桥面高程 8.5 米，底梁高程 7.7 米。新桥由天津市水利勘测设计院设计，建设单位为庞嘴村，总投资 100 万元。1999 年，建跨北运河庞嘴桥。

2002 年，投资 14.8 万元，改造双口镇中河头农用桥 1 座。2003 年，投资 40 万元，重建铁东路拱桥（跨郎园引河），完成土方 600 立方米，浇筑混凝土 120 立方米，浆砌石 200 立方米。是年，投资 911 万元，完成 3 项外环河贯通整治工程，其中涉及宜兴埠立交桥涵、北仓道口桥涵维修。完成土方 6.6 万立方米、混凝土 1964 立方米、浆砌石 2318 立方米，维修水泵 4 台，更换电机 4 台，更换 1.5 米×1.5 米闸门及 5 吨启闭机 4 台套，更换 2 米×2 米闸门及 8 吨启闭机 8 台套，新建涵闸 3 处，铺设直径 2 米钢管 250 米，铺设直径 2 米水泥管 200 米。

2005 年 10—11 月，投资 50 万元，建刘安庄农用桥，桥长 40 米，桥宽 8 米，2 米×3 米方涵 2 孔。2008 年，完成 12 座桥涵闸维修改造工程：双口镇安光养殖小区涵桥、安光三道坝涵桥、安光北支涵闸、线河二村涵桥、西堤头镇刘快庄涵闸、东赵庄涵桥、大张庄镇喜高路涵桥、南韩路涵桥、青光镇韩家墅涵闸、农产品批发市场 2 座涵桥和小淀镇小淀涵闸。共完成土石方 1.57 万立方米，改善灌排面积 1100 公顷。2009 年，建农用涵桥 8 座。2010 年，区一级河道有跨河涵桥 38 座。2010 年北辰区一级河道跨河涵桥情况见表 3-4-16。

表 3-4-16　　**2010 年北辰区一级河道跨河涵桥情况表**

河道名称	桥梁涵闸	桩　号		建成年份	管理单位
		左	右		
永定新河	麻疙瘩漫水桥	8＋450	8＋450	1969	北辰水利局
	小杨庄漫水桥	11＋750	11＋750	1969	北辰水利局
	大张庄桥	13＋000	13＋000	1983	市桥梁管理处
	大张庄涵闸	14＋100	14＋100	1969	市水利局
	李辛庄漫水桥	16＋250	16＋250	1969	北辰水利局
	霍庄子大桥	21＋100	21＋100	1969	市桥梁管理处
	东堤头大桥	26＋600	26＋600	1985	市桥梁管理处
	引河桥	2＋000	2＋000	1969	市桥梁管理处
	京九铁路桥	4＋330	4＋330	1993	北京铁路局
	京山铁路桥	4＋340	4＋340	1935	北京铁路局
	京津塘高速公路桥	6＋900	6＋900	1986	京津塘高速管理处
北京排污河	东赵庄漫水桥	—	75＋800	1979	霍庄子镇

河道名称	桥梁涵闸	桩　号		建成年份	管理单位
		左	右		
北运河	庞嘴桥	49＋650		1999	庞嘴村
		50＋210		1974	庞嘴村
	京九铁路桥	51＋370		1993	京九铁路局
	上蒲口桥	52＋380		1973	上蒲口村
	下蒲口桥	54＋400		1977	下蒲口村
	下辛庄桥	55＋850		1980	下辛庄村
	屈家店闸桥	57＋000		1932	海河下游管理局
	吊桥	10＋750	1＋100	1967	市政
	南曹铁路桥	12＋400	2＋450	1987	铁路系统
	外环线桥	12＋900	2＋980	1986	公路局
	北仓桥	14＋000	4＋400	1965	市政
	王庄桥	16＋300	6＋300	1975	市政
	郭辛庄桥	17＋400	7＋600	1994	郭辛庄
永定河	京九铁路桥	—	25＋630	1993	北京铁路局
	部队铁桥	—	28＋120	—	杨村部队
	王庆坨闸桥	—	29＋100	1989	市桥梁管理处
子牙河	双河桥	0＋100	—	1984	市公路桥梁处
	铁锅店大桥			1970	—
	铁路桥			1986	北京铁路局
	外环线桥			1983	外环线管理处
新开河—金钟河	金钟河桥	5＋740	—	1983	外环线管理处
	高速公路桥	5＋920	—	1986	京津塘管理处
	铁路桥	7＋210	—	1974	北京铁路局
	温家房子吊桥	10＋580	—	1969	—
	东安驾校桥	13＋070	—	1991	东安驾校
	欢坨桥	14＋780	—	1994	公路桥梁处
	老华北河吊桥	20＋430	—	1969	—

第四章

防汛抗旱

北辰区地处永定河、北运河、子牙河末端，地势低洼易涝。1991—2010 年，区水务局把防洪除涝作为重要工作，加大河道治理和蓄滞洪区工程建设，提高抵御洪涝灾害能力。区政府每年 5 月调整充实防汛抗旱指挥部成员，部署年度防汛工作，制定防汛工程计划，做好防汛工作准备，组织相关人员检查防汛设施，排除各类隐患，确保汛期安全。同时，坚持防汛抗旱两手抓，每年投入资金用于抗旱。1997 年后，区内连续 7 年干旱，区防汛抗旱指挥部采取措施，适时调水、蓄水，保障农业用水和居民生活用水。

第一节　防　洪　工　程

一、行洪河道

北辰区内 7 条一级河道均为行洪河道，由天津市水利局管理。

1991 年，北运河行洪能力 100 立方米每秒（设计流量 400 立方米每秒），永定河行洪能力 800 立方米每秒（设计流量 1800 立方米每秒），永定新河行洪能力 800 立方米每秒（设计流量 1020 立方米每秒），北京排污河行洪能力 325 立方米每秒（设计流量 325 立方米每秒），新开河—金钟河行洪能力 70 立方米每秒（设计流量 400 立方米每秒），子牙河行洪能力 800 立方米每秒（设计流量 800 立方米每秒），永金引河和新引河原设计流量均为 380 立方米每秒。北京排污河、子牙河行洪能力达到设计标准。

经河道清淤、筑堤、修筑防浪墙等工程治理，区内行洪河道行洪能力增强。截至 2010 年，永定河行洪能力 800 立方米每秒；永定新河行洪能力 1020 立方米每秒；北运河、北京排污河、新开河—金钟河、子牙河及新引河行洪能力达到设计标准。

二、蓄滞洪区

北辰区蓄滞洪区分为永定河泛区、三角淀分洪区和淀北分洪区，区内总面积 166 平方千米，涉及 5 个镇、49 个自然村、30 多个大型企业。永定河泛区设计为 50 年一遇，三角淀分洪区设计为 100 年一遇，淀北分洪区设计为 100 年以上特大洪水。

（一）永定河泛区

永定河泛区（图 4-1-3）位于永定河下游，西起北京大兴县梁各庄，东至天津屈

图 4-1-3 永定河泛区滩地（2009 年摄）

家店水利枢纽，地跨北京市、河北省及天津市，泛区总面积 460 平方千米，蓄水量为 4 亿立方米；其中天津市区域面积 113.55 平方千米，蓄水量为 2.851 亿立方米，蓄滞洪水位 8 米（大沽）。

北辰区域泛区为北运河以西（含北运河）、中泓堤以北、增产堤以东双街镇蒲口洼地域，洼地平均地面高程 6.00 米，淹没水深 2.0 米。当上游来水超过 800 立方米每秒，屈家店闸上水位超过 7.0 米时自然分洪。泛区东有北运河左堤，标准为 50 年一遇，堤长 8.7 千米，堤顶高程 8.89～6.10 米，堤顶宽 8～10 米，设计水位 6.12 米。西有永定河右堤，50 年一遇，堤长 7.36 千米，堤顶高程 9.50 米，堤顶宽 6 米，设计水位 6.15 米。

北辰区内泛区总面积 16.94 平方千米，含庞嘴、上蒲口、下蒲口、下辛庄村，共 1981 户、6702 人，房屋 7924 间，村台高程 6.50 米（大沽、下同）。有避水房 70 处，救生船 7 只，撤退路 4 条，分别是庞嘴、上蒲口、下蒲口、下辛庄桥，退水口门是屈家店闸。该泛区耕地面积 700 公顷，粮食年产量 1590 吨，其中夏粮 610 吨、秋粮 980 吨，农业产值 1640 万元；乡镇企业 15 个，固定资产 1192 万元。

（二）三角淀分洪区

三角淀分洪区是永定河分洪放淤区，属海河流域永定河水系，位于永定河下游津永公路以北、增产堤以西、南遥堤以北、陈嘴二支渠以东武清、北辰界内，总面积 59.8 平方千米，蓄洪量为 1.01 亿立方米；分洪区内地面高程 7.00～6.50 米，设计蓄洪水位 8.65 米。

该分洪区在北辰域内位于津永公路北、增产堤以西地区，总面积 16.33 平方千米，耕地面积 1300 公顷。含双口镇前丁庄、后丁庄、平安庄村以及国有立新园林场，共 1323 户、6307 人，房屋 5196 间；国有企业 1 个，固定资产 500 万元；乡镇企业 15 个，固定资产 179 万元；工农业总产值 1931 万元。粮食总产量 1620 吨，其中夏粮 370 吨、秋粮 1250 吨。村台高程 7.00 米，前丁庄、后丁庄、平安庄村共有避水房 17 处。后丁庄、平安庄村有救生台 2 处，台顶高程 9.50 米；撤退路 3 条，长 5.1 千米。设计滞洪水位 8.5 米，蓄洪量为 0.3366 亿立方米，淹没水深 2 米；分洪口门在武清区大旺村，必要时爆破破堤分洪；退水口门在王庆坨闸，退水流量为 50 立方米每秒。当永定河上游下泄流量 2500 立方米每秒，屈家店闸上洪峰流量大于 1800 立方米每秒，闸上水位超过 8.0 米时，采取爆破分洪。分洪区南有中泓堤长 5.2 千米，堤顶宽 8 米，堤顶高程 9.50 米，东有永定河右堤；设计水位 7.01 米。

（三）淀北分洪区

淀北分洪区是古时永定河塌河淀一带放淤区。中华人民共和国成立后，由于上游洪水下泄减少，连年干旱，停止放淤，淀内各村原有护村埝不复存在。分洪区内地势西北高、东南低，地面高程 4.20～2.50 米，历史上为沉沙放淤之地，总面积 214.65 平方千米，设计蓄滞洪水位 5.65 米（大沽），蓄洪量为 4.12 亿立方米，平均淹没水深 2.5 米。

淀北分洪区在北辰区域内位于北运河以东、永定新河以北、北京排污河以西，总面积 133 平方千米，耕地 7873.33 公顷，地面平均高程 4.00～3.00 米，含双街、大张庄、西堤头镇 42 个自然村，共 1.75 万户、5.93 万人，房屋 7 万间。京津公路、京山铁路、京津塘高速公路、津围公路、杨北公路贯穿南北，引滦明渠贯穿东西。有小诸庄 50 万伏、11 万伏超高压变电站 2 处；国有企业 38 个，乡镇企业 210 个。

北辰区内淀北分洪区划分为 3 个区，设计滞蓄洪水位 5 米，淹没水深 1.5～2 米，蓄洪水量为 1.02 亿立方米。北运河以东、京山铁路以西、永定新河以北为一区，面积 15.29 平方千米，含双街镇 11 个村；京山铁路以东、引滦明渠以西、永定新河以北为二区，面积 85.82 平方千米，含大张庄镇 23 个村、西堤头镇 2 个村，共 25 个村；引滦明渠以东、北京排污河以西、永定新河以北为三区，面积 31.5 平方千米，含大张庄镇 2 个村，西堤头镇 4 个村，共 6 个村。

三、泄洪闸

1991—2010 年，北辰区境内有泄洪闸 4 座，分别为永定新河进洪闸、新引河进洪闸、北运河节制闸和大张庄闸，当洪水威胁区内安全时，向下游放水。沿一级河道主要涵闸分别为北运河郎园引河首闸、丰产河首闸、南仓闸、天穆闸、唐家湾闸、新引河堵口堤闸、北仓泵站闸、小南河闸、永定新河双街泵站闸、武清河岔泵站闸、二阎庄泵站闸、大张庄泵站闸、芦新河泵站闸、霍庄大桥东闸、东堤头大桥东闸、三号桥闸、子牙河永青渠津霸公路闸、北京排污河右堤韩盛庄泵站闸、季庄子泵站闸、霍庄子泵站闸、东赵庄泵站闸、三号桥泵站闸、东堤头泵站闸、永定河右堤后丁庄泵站闸、平安庄泵站闸、中泓故道王庆坨闸、新开河—金钟河左堤宜兴埠泵站闸、二十七顷泵站闸、温家房子泵站闸、西堤头泵站闸、东堤头泵站闸。

屈家店枢纽位于永定河与北运河汇流处，距永定新河入海口 62 千米，距北运河勤俭桥处出境 11.75 千米。屈家店枢纽设计按 50 年一遇，行洪能力为 1800 立方米每秒；校核按 100 年一遇，行洪能力为 2200 立方米每秒。枢纽包括北运河节制闸、新引河进洪闸和永定新河进洪闸。枢纽工程以防洪为主，担负北运河、永定河泄洪任务，直接保护天津市和京津公路、京山铁路安全，同时兼有灌溉、排涝、挡潮和供水等综合效益。

2010 年北辰区泄洪闸情况见表 4-1-17。

表 4-1-17　　　　　　　　　　**2010 年北辰区泄洪闸情况表**

闸　　名	永定新河进洪闸	新引河进洪闸	北运河节制闸	大张庄闸
所在地点	屈家店	屈家店	屈家店	大张庄
所在河流	永定新河	新引河	北运河	新引河
用途	泄洪挡潮	泄洪	调洪泄洪	输水泄洪
设计流量/立方米每秒	1020	380	400	输水 30 泄洪 380
闸底高程/米	+0.30	-0.20	+0.30	-1.10 +0.30 +1.80
闸顶高程/米	5.50	5.60	7.30	3.60
孔数/个	11	6	6	13
闸门结构形式	升卧式平板钢闸门	平板式钢闸门	平面定轮钢闸门	平面钢闸门
闸孔宽×高/(米×米)	0.40×5.20	6.30×5.80	5.80×6.50	8.90×4.70 9.00×3.30 9.00×1.80
启闭机　形式	电动固定卷扬	电动卷扬式	液压启闭机	柱塞式液压
台数	11	6	6	13

第二节　防　汛　准　备

　　北辰区的防汛工作分为防洪、城区排水和农村排涝等 3 个方面，每年均根据上游雨情、水情相应制定和修改各种防汛工作预案。汛期来临之前，区、镇工程管理单位均对行洪排涝河道、堤防、闸涵、泵站和通信设备等进行严格检查，保证直属泵站设备完好率在 90% 以上。1995 年，修改完善蓄滞洪区群众安全转移预案、汛期车辆保证预案、抢险物资储备预案和通信联络预案等 7 个预案。1997 年，制定洪水灾害预案、堤防抢险预案、通信联络预案、物资储备预案、卫生防疫预案。1998 年，分别制定农田排涝预案、行洪河道抢险预案、小水库安全度汛预案、蓄滞洪区梯次运用方案、蓄滞洪区阻水堤埝扒除预案等 12 个防汛、除涝预案。1999 年，重新修订北辰区行洪河道防汛抢险预案、北辰区防汛职责区分及防汛抢险责任制、北辰区蓄滞洪区防洪预案、永定新河右堤 6＋000～14＋000 段抢险预案、天津市北部防洪第二道防线预案等 9 个预案。2010 年，制定防汛抢险预案、物资储备预案、通信联络预案、机排河防汛抢险预案及防汛预警应急响应规程。

一、防汛组织

1991—2010 年，北辰区防汛抗旱指挥部为常设临时机构。指挥部领导由区长、副区长、武装部长、水利局长、建委主任等兼任；区长任指挥，其他领导任副指挥。汛期上岗，汛后日常工作由水利局承担。镇、村也相应建立防汛指挥机构。防汛指挥部成员每年变更调整一次，实行防汛行政首长责任制，层层签订责任书，履行防汛责任人行政管理职责。区、镇（街）防汛组织机构和工程管理部门要深入落实岗位责任制和工作负责制，定岗定责，分解任务，将责任落实到河道、堤防、水库、蓄滞洪区、闸涵和泵站等关键部位，将工作落实到具体人员、具体环节，有效保障全区防汛安全。

区防汛指挥部下设办公室，办公室设主任、副主任，由区水利部门主要领导人兼任，办公地点设在区水利局，办公室日常业务工作由区水利局的水利科担负。根据每年不同情况设置综合组、防洪除涝组、工程组、物资供应组。

每年根据区领导及有关成员单位人事调整变动情况，及时调整充实北辰区防汛抗旱指挥部组成人员，落实以行政首长负责制为核心的区、镇、村三级防汛责任制，搞好区域分工，明确责任，落实任务。1991—2010 年北辰区防汛抗旱指挥部领导见表 4-2-18。

表 4-2-18　　**1991—2010 年北辰区防汛抗旱指挥部领导**

年份	职务	姓名	所在单位及职务	办公室	
				职务	姓名
1991	指挥	郭醒民	区长	主任	杨树云
	副指挥	赵万里	副区长	副主任	张佩良 曹玉清
	副指挥	张新景	副区长		
	副指挥	赵学敏	水利局局长		
	副指挥	刘书强	建委主任		
	副指挥	肖秉章	武装部长		
	副指挥	郭万海	预备役二团		

年份	职务	姓名	所在单位及职务	办公室	
				职务	姓名
1992	指挥	郭醒民	区长	主任	杨树云
	副指挥	赵万里	副区长	副主任	张佩良 曹玉清
	副指挥	张新景	副区长		
	副指挥	赵学敏	水利局局长		
	副指挥	刘书强	建委主任		
	副指挥	肖秉章	武装部长		
	副指挥	郭万海	预备役二团		
1993	指挥	魏秀山	区长	主任	赵学敏
	副指挥	杨学忠	副区长	副主任	张佩良 曹玉清
	副指挥	张新景	副区长		
	副指挥	赵学敏	水利局局长		
	副指挥	刘书强	建委主任		
	副指挥	肖秉章	武装部长		
	副指挥	郭万海	预备役二团		
1994	指挥	魏秀山	区长	主任	赵学敏
	副指挥	杨学忠	副区长	副主任	董新生 曹玉清
	副指挥	张新景	副区长		
	副指挥	赵学敏	水利局局长		
	副指挥	李少仁	建委主任		
	副指挥	肖秉章	武装部长		
	副指挥	郭万海	预备役二团		
1995	指挥	宋联洪	区长	主任	赵学敏
	副指挥	杨学忠	副区长	副主任	董新生 曹玉清 李金友
	副指挥	张新景	副区长		
	副指挥	赵学敏	水利局局长		
	副指挥	李少仁	建委主任		
	副指挥	郝随亮	武装部长		
	副指挥	郭万海	预备役二团		

续表

年份	职务	姓名	所在单位及职务	办公室	
				职务	姓名
1996	指挥	宋联洪	区长	主任	赵学敏
	副指挥	杨学忠	副区长	副主任	董新生 曹玉清 李金友
	副指挥	张新景	副区长		
	副指挥	赵学敏	水利局局长		
	副指挥	李少仁	建委主任		
	副指挥	郝随亮	武装部长		
	副指挥	吴玉友	预备役二团		
1997	指挥	宋联洪	区长	主任	赵学敏
	副指挥	杨学忠	副区长	副主任	董新生 曹玉清
	副指挥	张新景	副区长		
	副指挥	赵学敏	水利局局长		
	副指挥	李少仁	建委主任		
	副指挥	夏加坡	武装部长		
	副指挥	吴玉友	预备役二团		
1998	指挥	李文喜	区长	主任	赵学敏
	副指挥	李澍田	副区长		
	副指挥	刘立容	副区长		
	副指挥	夏加坡	武装部长		
	副指挥	赵学敏	水利局局长		
1999	指挥	李文喜	区长	主任	赵学敏
	副指挥	李澍田	副区长		
	副指挥	刘立容	副区长		
	副指挥	夏加坡	武装部长		
	副指挥	赵学敏	水利局局长		
2000	指挥	李文喜	区长	主任	赵学敏
	副指挥	李澍田	副区长	副主任	董新生 曹玉清
	副指挥	刘立容	副区长		
	副指挥	李有波	武装部长		
	副指挥	赵学敏	水利局局长		

续表

年份	职务	姓名	所在单位及职务	办公室	
				职务	姓名
2001	指挥	李文喜	区长	主任	赵学敏
	副指挥	袁树谦	副区长	副主任	王本勇 曹玉清
	副指挥	鞠连喜	副区长		
	副指挥	李有波	武装部长		
	副指挥	赵学敏	水利局局长		
2002	指挥	李文喜	区长	主任	赵学敏
	副指挥	袁树谦	副区长	副主任	王本勇 朱德海
	副指挥	鞠连喜	副区长		
	副指挥	李有波	武装部长		
	副指挥	赵学敏	水利局局长		
2003	指挥	张桂祥	区长	主任	赵学敏
	副指挥	张金锁	副区长	副主任	王本勇 朱德海
	副指挥	鞠连喜	副区长		
	副指挥	李有波	武装部长		
	副指挥	赵学敏	水利局局长		
2004	指挥	张桂祥	区长	主任	赵凤祥
	副指挥	张金锁	副区长		
	副指挥	鞠连喜	副区长		
	副指挥	谭坤源	武装部长		
	副指挥	赵凤祥	水利局局长		
2005	指挥	张桂祥	区长	主任	赵凤祥
	副指挥	张金锁	副区长		
	副指挥	鞠连喜	副区长		
	副指挥	谭坤源	武装部长		
	副指挥	赵凤祥	水利局局长		
2006	指挥	张桂祥	区长	主任	赵凤祥
	副指挥	张金锁	副区长	副主任	齐占军 赵学利 王本勇 朱德海
	副指挥	鞠连喜	副区长		
	副指挥	谭坤源	武装部长		
	副指挥	赵凤祥	水利局局长		
	副指挥	张子明	建委主任		

年份	职务	姓名	所在单位及职务	办公室	
				职务	姓名
2007	指挥	袁树谦	区长	主任	赵凤祥
	副指挥	张金锁	副区长	副主任	齐占军 赵学利 王本勇
	副指挥	张家明	副区长		
	副指挥	钟纪发	武装部长		
	副指挥	赵凤祥	水利局局长		
	副指挥	张子明	建委主任		
2008	指挥	马明基	区长	主任	张文涛
	副指挥	张金锁	常务副区长	副主任	齐占军
	副指挥	张家明	副区长		
	副指挥	朱子民	武装部长		
	副指挥	张文涛	水利局局长		
	副指挥	张子明	建委主任		
2009	指挥	马明基	区长	主任	张文涛
	副指挥	张金锁	常务副区长	副主任	齐占军
	副指挥	张家明	副区长		
	副指挥	朱子民	武装部长		
	副指挥	张文涛	水利局局长		
	副指挥	张子明	建委主任		
2010	指挥	李宝锟	区长	主任	张文涛
	副指挥	张金锁	常务副区长	副主任	王振同
	副指挥	张家明	副区长		
	副指挥	朱子民	武装部长		
	副指挥	张文涛	水务局局长		

二、防汛队伍

1991—2010 年，每年与区武装部组建以民兵为骨干的 3 万人的防汛抢险队伍，水利局机关、河道所组织专业抢险队（30 人），卫生局编成 60 人的医疗防疫队等。汛前组织抗洪抢险演习，培训防汛工作骨干。在重点防汛堤段搭设汛铺，派出巡堤员，昼夜巡逻，严防死守，当洪水超过警戒水位或出现险情，抢险队接指令立即上堤抗洪抢险。

1991 年，抢险队伍主要部署在北运河左堤屈家店至小街段，长 8.74 千米，防守重点是西赵庄 1500 米地段和下辛庄桥口、上蒲口、下蒲口桥口及庞嘴桥口；永定河泛区右堤双口公路段 5.5 千米，重点是屈家店闸至永青渠首闸 2.5 千米段；永定新河右堤屈家店闸至大张庄闸 14.5 千米段，防守重点是上游 7 千米段。

1992 年，成立水利局机关防汛梯队，重点防范北运河左堤、永定新河右堤和中泓堤段。7 河 5 片实行防汛排涝责任制，每个河片由区、委局、乡领导负责。建立专业抢险队 1 个，25 人；医疗抢险队 1 个，60 人；机动抢险营 1 个，150 人；公安治安队 1 个，80 人；交通指挥队 1 个，10 人。组织抢险民兵 3 万人，部署在北运河、永定河、永定新河。

2004 年，将堤防、蓄滞洪区、水库、闸涵及险工险段落实到具体单位和个人，组织防汛抢险队伍 3.11 万人。

2005 年，为提高防汛抢险能力，加强防汛抢险队伍管理，规范工作程序，提高防汛突发事件的应对处理能力，制定北辰区防汛抢险队工作预案。

2007 年 5 月，区防汛抗旱办公室成立防汛抢险专业队，组织防汛抢险专业技术人员 35 人，负责实施防汛应急抢险及防汛抢险技术指导。区水利局、武装部组织抢险人员 500 人，设防汛抢险组、防汛抢险专业技术组、后勤保障组。

2010 年汛前，组建防汛抢险队伍 3 万人，抢险专业队 150 人。

三、防汛预案

（一）防汛抢险预案

防汛预案是防御各类洪涝灾害的应急方案，是防汛各部门、各单位实施指挥调度和抢险救灾的依据。

1991 年，确定永定河、北运河、永定新河和北京排污河等堤岸为重点段，之后每年根据河道防洪工程情况制定修改河道防洪抢险预案。

1995 年，制定北辰区段行洪河道防汛抢险预案。其内容为北运河屈家店闸以上 3.7 千米，对整个防洪大坝做防浪墙、护砌和堤顶修建柏油路面工程，以抵御 20 年一遇洪水威胁；根据郎园倒虹闸存在的险情和小街、汉沟、郎园、柴楼、双街、沙庄 6 处堤后大坑，易造成大堤在高水位时不安全，对 7 处险段做临时抢险预案；维修和更新坐落在永定新河双街、武清河岔、二阎庄、李辛庄、三号桥和霍庄子等处水场防洪闸门，加高分水场出水池；对北京排污河北辰段右堤 7.5 千米处做复堤工程，为沿河 5 处水场涵闸做更新闸门处理；子牙河北辰段左堤李家房子、铁锅店和刘家码头等 5 处过堤道口亏土亦在汛中做抢险准备。是年，金钟河北辰区段左堤、老机排河及老欢坨大闸为险段。

1996 年、1998 年，防汛抗旱指挥部在汛前制定行洪河道抢险预案，其抢险预案情况分别见表 4-2-19 和表 4-2-20。1999 年，北辰区防汛抗旱指挥部制定《行洪河道防汛抢险预案》。因北运河屈家店闸上段郎园引河首闸建于 1976 年，三孔木闸板车年久失修，不能抗御 50 年一遇洪水，预案规定如泛区滞洪则列为抢险地段，抢险封堵任务由双街镇负责，届时出动民工 2000 人，备用草袋 1 万条、土方 1500 立方米。由于北运河屈家店闸下北仓段、天穆段共 5440 米，堤顶高度不够，比 10 年一遇排涝标准低 0.5 米，如超过 10 年一遇降雨时，应修筑防洪堤埝，需民工 5000 人、动土方 4300 立方米、草袋 5 万条，抢修任务由北仓镇、天穆镇负责完成。子牙河左堤铁锅店与李家房子交接处为交通道口，堤顶不够高，达不到 10 年一遇排水标准，如遇 10 年一遇降雨时，将发生满溢，应修筑临时子埝，需民工 4000 人、土方 3600 立方米、草袋 3000 条，抢险任务由青光镇负责。子牙河左堤刘家码头村东 800 米是老千里堤，因多年取土，已不成堤形，与

表 4-2-19　　**1996 年北辰区行洪河道防洪抢险预案情况表**

项　目		北运河	永定新河		北京排污河		
岸别		左	右		右		
险工险段名称		郎园引河倒虹闸	霍庄子泵站穿堤涵	东堤头泵站穿堤涵	堤高不足		
长度/米		50	30	30	1840	2330	1830
险工性质		倒虹闸漏水	防洪井内无闸门	防洪井内无闸门	堤顶低 0.8～1.2 米	堤顶低 0.8～1.2 米	堤顶低 0.8～1.2 米
险工地点	乡（镇）	双街	霍庄子	西堤头	霍庄子	南王平	大张庄
	村	郎园	霍庄子	东堤头	霍庄子	南王平	大张庄
抢险人数/人		200	100	100	100	2000	—
抢险方式		人工、机械					
桩木（4～6 米）	数量/根	50	100		50		
	存放地点	区河道所					
	运输方式	机械		—			
编织袋（草袋）	数量/条	1500	7000		15000		
	存放地点	包装厂					
	运输方式	机械					
石料	数量/立方米	20	30		50		
	存放地点	汉沟料场					
	运输方式	机械					
其他物资	名称及数量	—	—		绳子 1 吨、铁锹 500 把		
	存放地点	—	—		宜兴埠		
取土	地点	就地					
	运输方式	人工、机械					

表 4-2-20   **1998 年北辰区行洪河道防洪抢险预案情况表**

项　　目		北运河	永定新河	郎园引河	机排河霍庄子段
岸别		左	右	右	—
险工险段名称		南仓老河湾调直段	堵口堤险闸	郎园引河前闸	霍赵季排干闸
长度/米		1500	100	50	50
险工性质		堤身单薄、堤顶高程不足	病险涵闸	病险涵闸	病险涵闸
险工地点		天穆镇	小淀镇	双街镇	霍庄子镇
抢险人数/人		2550	4310	2000	3150
抢险方式		加高培厚	封堵		
桩木 （4～6 米）	数量/根	—	50	50	—
	存放地点	—	一级河道所		—
	运输方式	—	汽车		
编织袋 （草袋）	数量/条	20000	18000	10000	2000
	存放地点	民政包装厂			
	运输方式	汽车			
取土	地点	附近			
	运输方式	汽车			

津霸公路连接不上，发生 10 年一遇降水满溢需临时抢险筑堤，任务由青光镇负责，届时需出动民工 8000 人，动用草袋 1 万条、土方 2 万立方米。

由于永定河右堤 6＋000～14＋000 大堤基础以下为流沙层，如永定新河出现高水位，有发生管涌的危险，遂制定该河段抢险预案。其内容为新引河过流量控制在 200 立方米每秒内，水位不能超过 6.0 米（大沽），由屈家店闸控制，以防高水位发生管涌；如发生 50 年一遇大洪水，水位过高，可启用分洪区分洪，降低洪水水位，保证右堤安全；新引河水位超过 5 米（大沽），开始上堤查险。查险范围为大堤至大堤外坡以外 200 米，查险分 4 个梯队进行；当新引河水位超过 6.0 米时，抢险人员上堤备战，人员为 1000 人每千米，抢险物料上堤准备；当堤后发现管涌，按渗水管涌抢险方案处理，打围井做导渗或搭月牙坝做养水盆，提高背水坡水压力；物料准备计划为麻袋及编织袋 10 万条、反滤料砂子 1000 吨、石子 1000 吨。

区防汛抗旱指挥部本着"防大汛、抗大洪"的指导思想，每年编制完善年度防汛预案，并根据每年对河道汛前检查情况，有针对性地制定行洪河道抢险预案。2001—2010 年，制订完善的预案包括《北辰区行洪河道防洪抢险预案》《北辰区水库防汛抢险预案》等。其中 2001 年北辰区行洪河道防洪抢险预案情况见表 4-2-21，2009 年北辰区行洪河道、水库防洪抢险预案情况见表4-2-22。

表4-2-21 **2001年北辰区行洪河道防洪抢险预案情况表**

项 目		子牙河	
岸别		左	
险工险段名称		铁锅店村东道口	—
长度/米		300	800
险工性质		交通路口堤顶不够高	无堤防
险工地点		铁锅店村	刘家码头村
抢险人数/人		4000	8000
抢险方式		草袋封堵	土方筑堤
编织袋（草袋）	数量/条	3000	10000
	存放地点	农资公司	农资公司
	运输方式	汽车	汽车
其他物资	名称及数量	土方3600立方米	土方20000立方米
	存放地点	—	—
取土	地点	附近	附近
	方式	自卸车	自卸车

表4-2-22 **2009年北辰区行洪河道、水库防洪抢险预案情况表**

项 目	北京排污河	北运河	永金水库	大兴水库
岸别	右	左	—	—
险工险段名称	桩号77+300～78+300段	小街村至屈家店闸	堤身单薄	水库东南侧
长度/千米	1	9.15	—	1.6
险工性质	堤身单薄	64个口门的封堵	—	风浪、冰凌冲击形成陡坡，水库进水闸门锈蚀漏水
抢险人数/人	5000	2000	小淀镇民兵	大张庄、西堤头镇民兵
抢险方式			封堵	
桩木/根	2000	1000	—	—
编织袋、麻袋/千条	5	5.5	—	—
挖掘机/台	5	5	—	—
推土机/台	10	5	—	—
其他	自卸车50辆	铁锹1000把，救生衣200件，运输车辆50辆	水库负责提供抢险用土源，永金水库所长负责技术指导	水库负责提供抢险用土源，大兴水库所长负责技术指导

（二）蓄滞洪区安全转移预案

1991年，防汛抗旱指挥部制定蓄滞洪区安全转移预案，若遇到永定河特大洪水，运用三角淀和淀北分洪蓄洪，一旦下令分洪，洼淀内群众就要转移到安全地带。若永定河上游来水超过1000立方米每秒，永定河泛区、蒲口洼滞洪水位将达到8米，双街镇蒲口洼内庞嘴、下辛庄、上蒲口、下蒲口村群众安全转移到北运河东侧内各村避险，部分群众利用各村防汛避险、安全房避险。当上游来洪超过2500立方米每秒，永定河分洪区水位超过9米，此时要向三角淀地区分洪。双口镇前丁庄、后丁庄、平安庄、立新园林场群众转移到双口公路以南避险，部分群众利用后丁庄、平安庄村6000平方米安全台避险。三角淀分洪后，上游仍有特大洪峰威胁天津市时，采取向淀北分洪措施，分洪口选在北运河左堤、郎园村南处。采取炸破口门方式，将洪水导入淀北地区。一旦使用淀北区分洪，朱唐庄、双街、霍庄子及南王平乡共42个村庄的居民及33个国有企业及职工需转移到永定新河以南。

1994年，修订蓄滞洪区安全转移预案，当三角淀分洪后，上游仍有特大洪峰威胁天津安全时，启用永定新河左堤分洪口，将洪水导入七里海。如遇特大洪水，在北运河左堤郎园口门分洪，将洪水导入淀北区，分洪区内双街、大张庄（原称朱唐庄乡，1992年5月更名）、霍庄子及南王平乡42个自然村及区内37个国有大厂将转出，转移方案按1991年方案执行。

1999年，区防汛抗旱指挥部确定分洪区运用及转移方案。当永定河上游来水达5～10年一遇，泛区行洪，屈家店闸上水位超过6.5米时，泛区蒲口洼4村应做好群众转移一切准备，接转移令后12小时内转移到本镇北运河东相关村庄。当屈家店闸上水位超过7米时，三角淀分洪区、淀北分洪区应做好群众转移一切准备，待令转移；三角淀分洪区接转移令后66小时内完成转移任务，淀北分洪区接转移令后72小时内完成转移任务。当永定河发生100年一遇洪水时，在永定河泛区、七里海分洪区、三角淀分洪区充分运用后，水势仍威胁天津市区时，将启用永定新河左堤口门向淀北分洪区Ⅲ区霍庄子镇界杨北公路以东分洪；如水势继续上涨，将启用永定新河左堤口门向淀北分洪区Ⅱ区分洪。当永定河发生特大洪水时，屈家店闸上水位超标，口门运用后，洪水还在威胁市区时，将启用郎园口门向淀北分洪区分洪。

2000年，修改完善永定河泛区群众安全转移预案、三角淀分洪区群众安全转移预案、淀北分洪区群众安全转移预案。永定河泛区运用标准50年一遇，永定河上游遇洪水若达4000立方米每秒，经卢沟桥分洪1500立方米每秒入小清河、2500立方米每秒入永定河泛区下泄。经泛区滞洪调蓄后由屈家店闸下泄1800立方米每秒，余量积存闸上。若屈家店闸上水位超8米时，向三角淀分洪。永定河泛区北辰界内地势低洼（位于泛区底部），上游来水即有威胁。若遇3～5年一遇中小型洪水，屈家店闸上水位可达6米，泛区平均地面标高 6 米（大沽），当洪水达到 6.5 米时，即应做好群众转移准备，接令后 12 小时将人员转移。泛区内 1 万余平方米安全房只供 3500 人暂避，除留守人员外，泛区人口需全部转移。根据上游水情转移方案，分为两个措施，一是在淀北不分洪情况下，向北运河以东本乡镇内转移；二是在淀北也同时分洪时，向北仓镇转移。对口转移安置由镇长、村委会主任负责。

三角淀分洪区群众安全转移预案启用标准 50 年一遇。当永定河上游下泄 2500 立方米每秒洪水时，经屈家店闸下泄 1800 立方米每秒，当水位超过 8 米时，在大旺村破口分洪。分洪区内有安全房、安全台供暂避，一旦决定分洪，除留守人员外，分洪区内人员全部转移。当屈家店闸上水位超过 7 米时，区防汛指挥部做转移准备。当决定破口分洪时，下令开始转移，并于 66 小时内完成。

淀北分洪区群众安全转移预案启用标准 50 年一遇。当永定河洪水达到或超过屈家店闸上水位 7.5 米时，群众在 48 小时内转移。淀北 4 个镇、42 个自然村转移人员由北仓镇、小淀镇、西堤头镇负责接收。37 个国有大厂、院校、仓库（其中 3 个变电站留守）由木材五厂、工业泵集团、发电设备总厂、汽车桥厂、天津重型机械厂和区教育局等单位负责接收。2008 年，修改制定《北辰区蓄滞洪区群众安全转移预案》，与 2000 年相比，因淀北分洪区国有企业均不存在，故转移地点发生改变。2008 年北辰区蓄滞洪区群众安全转移预案详情见表 4-2-23。

表 4-2-23　**2008 年北辰区蓄滞洪区群众安全转移预案情况表**

蓄滞洪区名称	乡镇名称	人口	转移人员数量	接收单位	留守人员数量
永定河泛区	双街镇	26489	24083	小街、郎园、张湾、柴楼、双街、西赵庄、常庄、汉沟、桃寺、延吉道小学、董新房、周庄、桃口、三义村、刘园、屈店、李嘴、阎庄、王秦庄、丁赵	200
三角淀分洪区	双口镇	5655	5455	双口一村、双口二村、双口三村	220
淀北分洪（Ⅰ区）	双街镇	19635	17429	桃寺、延吉道小学、董新房、周庄、桃口、三义村、刘园、屈店、李嘴、阎庄、王秦庄、丁赵	1100
淀北分洪（Ⅱ区）	大张庄镇	10779	10179	朱唐庄中学、朱唐庄、小孟庄、小杨庄、南麻疙瘩、张献庄	600
	西堤头镇	3802	3602	东堤头、刘快庄	200
	大张庄镇	9725	8475	小淀村、小淀中学、小贺庄、赵庄、刘安庄、温家房子	1250
淀北分洪（Ⅲ区）	大张庄镇	2586	2386	北麻疙瘩	200
	西堤头镇	8347	7547	刘快庄、西堤头、东堤头	800

2010 年，修改制定蓄滞洪区群众转移预案，淀北分洪区转移安置分为 4 部分，即镇村群众转移，北仓镇接收双街镇政府及有关村，小淀镇接收大张庄镇政府及有关村，西堤头镇接收本镇有关村；区教育局负责转移安置淀北区内的学校，第四十七中学接收大张庄中学，小淀中学接收南王平中学，西堤头中学接收霍庄子中学；北辰开发区管委会负责自己区内人员转移安置，开发区北区内人员可向南区转移安置；国有工矿企业转移安置由其上级主管部门负责。

（三）分洪口及堤埝扒除预案

1997 年 7 月，北辰区防汛抗旱指挥部制定了淀北分洪区运用预案和淀北分洪区启用分洪口扒口预案。其中淀北分洪区分洪口扒口预案确定分洪口门设置在永定河左岸 22＋200、左岸 7＋100 处，北运河分洪口在北运河左岸郎园口门处。预案要求接到市指挥部扒口命令后，立即调运链轨大挖掘机 2 部，2 小时内到达现场，由口门中心线相对开口倒退，按预定规格一次开挖成功，开口大小按市指挥部下达分洪水量而定。

1999 年，北辰区防汛抗旱指挥部制定北辰蓄滞洪区口门扒除预案和淀北分洪区隔埝扒除预案。是年，永定河泛区和三角淀分洪区在区内没有分洪口门，并且在分洪区内也不存在隔埝。淀北分洪区在区内有 3 个分洪口门，这 3 个口门的扒除方式均采用挖掘机扒口。具体操作为：从口门中心线开始，每侧两台挖掘机倒退开挖，扒口宽度均为 100 米，由北辰区一级河道管理所负责组织机械设备，并派工程技术人员到现场指挥操作。警戒任务由分洪口门所在管界内派出所负责。如果在夜间扒口，照明均采用发电设备，架用临时线路照明。

淀北分洪区分为Ⅰ区、Ⅱ区、Ⅲ区，上述 3 个分洪口门分别布置在这 3 个小区内，Ⅱ区、Ⅲ区无隔埝，但是当启用郎园分洪口门往Ⅱ区、Ⅲ区分洪时，就需扒除Ⅰ区与Ⅱ区的隔埝，即京山铁路。京山铁路线为 6 道铁轨，宽 70 米。如果要扒除，应安排天津警备区采用爆破拆除，需用炸药 10 吨。警戒任务由公安北辰分局负责，照明由铁路部门提供。负责人为警备区首长，由北辰区配合。在淀北分洪区内，郎园引河大部分河段无堤防，而郎园引河南侧的郎辛公路地面高 0.5 米，不能作为隔埝使用。

2000—2010 年继续使用上述扒口预案。

四、防汛物资

自 1991 年，每年有计划地储备防汛物资。常备物料有桩木、草袋、片石、砂子、碎石、铅丝、苇席、水泥、绳索、爆破材料、照明设备、备用电源、挖掘工具和运输工具等。代储单位设有仓库，汛前组织货源并清查物料登记造册、冻结，报区防汛指挥部备案，遇有险情由区防汛指挥部统一调配。

1991年，储备抗洪抢险物资2500吨、草袋8万条、麻袋2万条、苇席1000片、铅丝2吨、铁锹1万把、木桩20立方米，粮食局储备充足口粮。

1997年，储备麻袋5万条、木桩200根、片石800吨、编织袋2万条、草袋5万条、铅丝20吨、麻绳20吨、钢材（槽钢、角钢等）50吨、工具3000套。

1998年，物资储备有麻袋5万条、木桩200根、片石800吨、编织袋2万条、铅丝20吨、钢材50吨、麻绳20吨和抢险用铁锹等工具5000套。

1999年，按照区政府指定地点和临时号料相结合的办法储备防汛物资。区政府出资20万元作为物料储备基金，按指定地点储备麻袋5万条、编织袋2万条、草袋1万条、木桩900根、铅丝20吨、钢材50吨、麻绳20吨和铁锹等工具5000套。按指定专门单位储备防汛专项物资有木桩50立方米、铅丝5吨、铁锹3000把、麻袋2万条、编织袋2万条、救生衣200件和应急灯具10件。

2000年，储备防汛物资有麻袋2万条、编织袋2万条、木桩50立方米、铅丝20吨、麻绳20吨、片石5000吨、钢材50吨、铁锹3000把、救生衣200件和应急灯具10件。

2007年后，按照《天津市防汛物资储备定额》规定，逐年增加区防汛抢险物资储备。原库存的防汛物资储备有编织袋10万条、麻袋1.81万条、铅丝9.8吨、铁锹7000把、救生衣240套、抢险应急灯2架、绳类500千克、大锤20把、板斧20把、木锯5把、土工布1362平方米、铅丝100千克。区政府拨款10.8万元，增加防汛物资储备，购买编织袋4万条、土工布2000平方米、防汛抢险工作灯2架、便携式工作灯6个、绳类500千克、大锤40把、带锯5把、油锯2把。为满足防大汛、抗大洪的需要，加强防汛号料工作，准确掌握防汛物资的数量和存放地点。防汛号料有铅丝10吨、编织袋30万条、草袋子5500条、铁锹6000把、麻袋10万条、4米木桩7000根、4～6米木桩1000根、砂子7万吨、石子6万吨、钢管5000吨、编织布6吨、救生衣1000件和土工布20吨。

2008年，储备抢险物资有编织袋10万条、麻袋5000条、土方20000立方米、木桩2000根、铁锹1000把、救生衣200件。2009年，投入20.2万元，准备发电机2台、编织袋5万条、木板材10立方米及各种防汛工具。

2010年，制定防汛物资储备及车辆调配预案，储备木桩50根、麻袋1.8万条、编织袋10.5万条、铅丝9.8吨、铁锹6810把、救生衣240件、土工布3362平方米、绳子1500千克、大锤60把、板斧20把、带锯5把、油锯3把、木锯5把、抢险应急灯2架。2010年北辰区防汛抢险队机械车辆情况见表4-2-24。

表 4 - 2 - 24　　　**2010 年北辰区防汛抢险队机械车辆情况表**

所在镇（单位）	挖掘机/台	推土机/台	自卸汽车/辆	运输车辆/辆	装载机/台
天穆镇	2	8	12	6	2
北仓镇	2	8	12	6	2
双街镇	2	8	12	6	2
双口镇	2	8	12	6	2
青光镇	2	8	12	6	2
宜兴埠镇	2	8	12	6	2
小淀镇	2	8	12	6	2
大张庄镇	2	8	12	6	2
西堤头镇	2	8	12	6	2
水务局	2	8	—	—	1
合计	20	80	108	54	19

五、防汛通信

北辰区防汛通讯系统始建于 20 世纪 80 年代，主要用于区防汛指挥部及三角淀分洪区、永定河泛区、淀北分洪区的通讯联络。区防汛指挥部、武装部、人民防空办公室、公安分局、广播站和各乡镇，通过在汛期安装的有线和无线电话进行通讯联络。汛前对通讯站网设施进行检查、调试、维修并加强保养，保证通讯畅通。汛期坚持昼夜值班，保证水情、雨情通报和调度指令传达，遇到紧急情况，武装部、人民防空办公室、公安分局及广播站的无线电话同时启用。

截至 1996 年，区防汛办公室配备的通讯器材，有对市防汛指挥部一级网电台 1 部（400 兆瓦），对乡镇二级网电台 1 部（150 兆瓦）、专用电话 1 部；在永定河三角淀、永定河泛区各设置警报接收器 5 部、电话 1 部；在淀北分洪区安装专用电话 3 部，双街、大张庄、南王平、霍庄子、西堤头镇和韩盛庄扬水站各安装电话 1 部，其他乡镇单位均设有专用电话。1998 年，市对区设有一级网，区对乡镇设有二级网。2000 年，修建通讯塔（高 50 米），并在防汛办公室配备计算机，逐步实现指挥系统网络化。截至 2002 年，更新电台 5 部、车载电台 1 部、对讲机 8 对、传真机 1 台、应急灯 10 台、电喇叭 5 个。

2002—2006 年，北辰区防汛抗旱指挥部每年修订防汛通讯预案。区与市防汛指挥部联系组成一级网，双功 400 兆赫；区与有分滞洪任务的乡镇，前沿指挥部及有关单位组成无线电二级网，单功 160 兆赫；区与有分滞洪任务的村（三角淀、永定河泛区）架设报警系统。区指挥部与市、区人民防空办公室有专线电话；区、乡、村都有市程控自动电话，保证有线通讯联系畅通。

2007 年，汛前检修调试 800 兆数字集群电台、无线电台、电话和传真。区防办设防汛值班室，张贴相关单位电话表，保证雨情、汛情、灾情的及时测报，保证区防办、市防办及镇村之间的通讯联系，保证防汛指令传达到位，基层情况能及时上报，为防汛指挥决策提供可靠依据。

2009 年，投资 8.76 万元，区防汛办与区气象局协商，建立气象信息平台，通过气象局信息平台联网及时掌握全区降雨情况和天气变化趋势，由通讯网络逐渐向通信网络发展，提高了防汛信息化建设水平，提高了防汛决策指挥能力。

2010 年，制定防汛通信预案，通过 800 兆微波电台，与市级一级网络联络，直拨上网呼叫。区、镇通信设二级网，区防汛办设基地电台 1 部，有线直拨电话 1 部。在永定河泛区，双街水利站设联络电台 1 部，庞嘴、上蒲村、下蒲口、下辛庄 4 个村由双街镇联络指挥。在三角淀分洪区，双口镇水利站设联络电台 1 部，联络指挥由双口镇政府负责；在淀北分洪区，大张庄镇水利站设联络电台 1 部，西堤头镇水利站设联络电台 1 部。在特殊情况下，启用机动车辆，包括汽车、摩托车执行通信任务。2010 年防汛通信设施如图 4-2-4 所示。

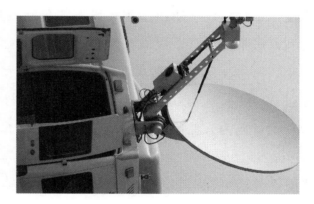

图 4-2-4 2010 年防汛通信设施

六、防汛抢险、转移安置演习

1991—2010 年，区防汛抗旱指挥部每年均举行防汛抢险、转移安置演习，其中规模较大的有 6 次。

1999 年 6 月 7 日、6 月 26 日，按照防汛抢险技术规范举行两次演练。组织区、镇防汛指挥员、民兵干部参加漫溢和管涌险情抢险技术培训，共 450 人次。是年 7 月 19 日，落实市防汛指挥部一号令，组织民兵第三次抗洪抢险演习，天津警备区、市水利局领导莅临观看此次抢险演习。

2004 年 6 月 23 日，市防汛指挥部在永定新河右堤桩号 21+400 处举行防汛综合演习，参加演习的有副市长、市防汛指挥部副指挥孙海麟及市防汛指挥部成员单位主要负责人，北辰区区委书记李文喜、区防汛指挥部副指挥张金锁、赵凤祥以及各区县分管防汛工作的区长、县长和水利局局长。

2005 年 7 月 26 日，在双街镇政府举行永定河泛区群众转移安置组织指挥演习，区防汛指挥部领导、23 个成员单位及 9 个镇的主要领导参加。2007 年 6 月 15 日，北辰区防汛指挥部在双街镇上蒲口村举行永定河泛区群众转移安置演习。

第三节　度汛加固及水毁修复工程

一、度汛加固工程

1991—2010 年，为有效预防汛期洪水灾害，每年均实施规模不等、内容不同的防汛度汛工程建设和防汛设施、设备的更新改造和维修。20 年间，汛期洪沥水对农业生产和人民生活没有造成危害。

1991 年，永定河洪水对北辰区威胁较大，河系堤防虽经治理，但抗御洪水标准未超过 20 年一遇。北运河左堤从常庄到双街村 2500 米尚未护砌，西赵庄村西 700 米段堤身单薄，成为天然险段；永定新河右堤从屈家店枢纽闸至大张庄段，虽做防浪墙，但 10 处过堤涵管、闸板长期潜在水下，年久失修，钢板锈蚀严重，并且防洪井下沉，行洪时有外溢可能；北仓老稻田地泵站段大堤 250 米，因大堤顶面狭窄，修防浪墙后未复堤，堤顶高程低于设计 2.5 米，成为险段。金钟河老机排河口一字墙断裂。针对上述情况实施 5 处防汛工程，分别是永定河大堤灌浆、永定新河高速线大桥护岸、北运河柴楼段复堤、郎园引河延长段打坝和蒲口洼修围村埝，共动土方 8000 立方米。

1992 年，度汛工程有 11 处，其中永定新河 8 处、北运河 2 处、金钟河 1 处。5 月 4 日，永定新河分洪口门（28＋000～28＋220 处）工程开工。该工程为永定新河洪水分流预备工程，原堤顶保留 11 米宽，口门方向坡比为 1∶3，堤坡脚以外滩地高程 2 米，总土方量 2.5 万立方米。6 月 2 日完工。1992 年北辰区度汛工程详情见表 4 - 3 - 25。

1993 年，永定新河左堤东堤头大桥下段 1650 米复堤工程，土方量 1.3263 万立方米；在新复堤堤顶修建长 1592 米、宽 6 米、厚 0.15 米抢险通道，用料 2000 吨。完成永定河泛区左堤小街至屈家店闸加固工程，投资 189.34 万元。

1994 年，实施新开河—金钟河度汛工程。该项工程包括老机排河口门改造，温家房子口门改造，修整加固及复堤 263 米。完成土方 5970 立方米、砌石 190 立方米、混凝土 51 立方米。由西堤头镇水利站负责施工，工期为 4 月 25 日至 6 月 1 日。

表 4 - 3 - 25　　　　　　　　　　　　**1992 年北辰区度汛工程表**

项　目	投资/万元	备　注
北运河西赵庄险段浆砌石护岸	85.60	桩号 7＋000～7＋700，浆砌石 4850 平方米，大堤后戗贴土方 10000 立方米
北运河柴楼段浆砌石护岸	55.29	桩号 5＋700～6＋000，长 300 米，浆砌石 3306 立方米，复堤土方 3500 立方米
金钟河左堤机排河泵站险工段修建工程	26.70	长 70 米，宽 35 米，深 6.5 米，浆砌石 800 立方米，填土 5000 立方米，过堤管 20 米
永定新河穿堤涵闸封堵、加高、新建、维修工程	13.81	封堵 8 处，防洪井加高 3 处，新建闸门 5 处，维修更换闸门 7 处
永定新河华北河大闸下段抛石工程	134.80	长 600 米，工程量 1.8 万立方米
永定新河右堤北仓泵站险段复堤	6.70	桩号 4＋000～4＋160，长 160 米，砌石挡土墙 300 立方米，复堤土方 3500 立方米
永定新河清淤修排泥场	—	围埝 3 个，占地 28 公顷，土方量 37 万立方米
永定新河建溢流堰 1 座	—	浆砌片石 830 立方米，打坝土石方量 4.35 万立方米，打桩 376 棵，铺设土织布 8800 平方米
永定新河建三孔水闸 1 座	—	—
永定新河分洪口门工程	—	桩号 28＋000～28＋220，长 220 米，总土方量 2.5 万立方米
建桩桥 1 座	—	—

1995 年，完成永定新河右堤桩号 14＋500～21＋253、18＋500～18＋820 复堤工程，土方量 2.66 万立方米，投资 74.2 万元。北京排污河北段复堤，完成土方量 4.36 万立方米。是年，区内河段大堤因年久失修，在汛中发生险情 7 处，抢险土石方 2395 立方米，投资 220 万元。

永定新河深槽蓄水工程中，在永定新河三号桥上游 500 米处建橡胶坝。1997 年 4 月 27 日，突然出现中孔坝袋坍落事故，实施橡胶坝中孔坝袋修复安装工程。区水利局紧急调集一级河道管理所、霍庄子镇水利基建施工队于 5 月 15 日开始打坝排水，安装新坝袋并加固原有坝袋。修复工程于当年 6 月 17 日全部竣工，总费用 105 万元。

1997 年汛前工程检查后，区水利局将检查结果上报市水利局防汛办公室，市水利局当即批复 9 项除险加固工程，总投资 419.3 万元，其中群众自筹 64.8 万元。总工程量11.27万立方米，其中土方10.3万立方米，石方0.94万立方米，钢筋混凝土0.03万立方米。工程均于1997年3月15日前后开工，7月10日全部竣工。其中主要完成的工程有：中泓故道右堤复堤工程，投资53.6万元，复堤长350米，堤高4米，堤顶宽5米，内坡比为1∶3，外坡比为1∶2，动土方1.85万立方米，由二级河道管理所组织施工；子牙河刘家码头险工治理工程，投资109.42万元，桩号9＋140～9＋392处，全长252米，土方17万立方米，砌石2158立方米，钢筋混凝土146立方米，打桩54立方米，由一级河道所组织施工；机排河自流闸维修护砌工程，投资34.36万元，护砌面积7200平方米，建消力坎1800平方米，浇筑钢筋混凝土85立方米，浆砌片石406立方米，清淤4400立方米，使原来单一排水闸变成为调排两用闸，由二级河道管理所组织施工；北京排污河韩盛庄泵站闸井工程，投资33.5万元，北京排污河右堤韩盛庄扬水站院内，砌筑砖石120立方米，浇筑钢筋混凝土53立方米，挖填土方1500立方米；永定新河右堤獾洞处理，投资18.3万元，桩号14＋950～15＋100处，土方7.86万立方米；北京排污河防浪墙工程，投资31.3万元，桩号36＋000～36＋856处，全长856米，挖槽土方1.2万立方米，浆砌石856立方米，石垫层103立方米，抹墙面428平方米，墙体勾缝19844平方米；永定新河堤防防洪闸改造加固工程，投资44.9万元，改造加固二阎庄、双街、武清河岔、东堤头闸和金钟河宜兴埠水场闸5处。

1998年，汛前检查发现险工段2处、涵闸2处。北运河左堤南仓老河湾调直段，险工性质为堤身单薄，堤顶高程不足，险段长度1500米，采取临时抢险措施，使用麻袋2万条、土方2万立方米。永定新河右堤、京山铁路东、堵口堤处险段长度100米，实施临时抢险措施，使用麻袋1.8万条、土方1万立方米。北运河右堤郎园引河首闸，设计为三孔木闸门（2.5米×3米一孔），由于多年运行腐蚀严重，年久失修，如遇高水位有崩溃的危险，被列为防汛重点，采取临时抢险措施，使用麻袋1万条、土方1万立方米。霍赵季排干渠闸，位于永定新河左堤、霍庄子大桥东侧，设计为二孔，损坏部位启闸梁列入防汛抢险重点，临时抢险措施使用麻袋2000条，土方1000立方米。是年，采取实施应急度汛工程9项。其中一级河道泵站防洪闸改造、加固8座，永定新河右堤复堤铺设石屑路面1条，更换闸门、启闭机10台套。完成总土方量7.38万立方米、石方量6401立方米、混凝土338立方米。该工程于1998年6月30日完成，其中防洪闸门改造费用47.66万元，复堤与石屑路面工程费用202.34万元。

1998年7月底，天津市政府下达第二号令，要求在一个月内完成永定新河右堤应急加固工程。该工程总长38.59千米，北辰区承担26.2千米施工，其中钢筋混凝土防洪墙11.31千米、浆砌石防洪墙13.89千米、浆砌石护坡长2566米。北辰区成立临时工程指挥部，由区长李文喜任指挥，副区长李澍田、区水利局局长赵学敏任副指挥。组织42个施工队，民工4000人，动用运输车200部，搅拌机55台，发电机5台。区水利局抽调 25 名技术人员负责全线质量监督。7 月 30 日，由市水利局基建处主持召开永定新河右堤应急度汛工程技术交底会议，市水利局副局长赵连铭、张新景，副区长李澍田参加。7 月 31 日施工单位分段进场上堤。引河桥以西由市水利局水利工程公司和振津管道公司承担，引河桥以东由区组织各施工队承担。8 月 31 日工程竣工，投入人工 10 万工日，投资 1438.09 万元。完成混凝土浇筑 1.46 万立方米，浆砌石 2.23 万立方米，土方开挖 4.12 万立方米，土方回填 8360 立方米。

1999 年，实施永定新河应急度汛右堤灌浆工程。该项工程全长 19.5 千米，灌浆土方 7 万立方米，投资 242.1 万元。完成 50 年一遇洪水设计和 100 年一遇校核复堤工程，更换闸门 5 处，堤顶高程 8.90 米，中泓堤闸 8.4 米，大堤顶宽 6 米，迎水坡比 1：3，背水坡 1：4，土方 31 万立方米。1999 年，北辰区除险加固工程详见表 4-3-26。

表 4-3-26　　　　　　　**1999 年北辰区除险加固工程表**

名　称	工程内容	土方/立方米	浆砌石/立方米	混凝土/立方米	投资/万元
3 处冰窖整治复堤	填埋冰窖恢复堤防断面设计标准	4000	—	—	10.0
温家房子泵站防洪闸	更新闸门启闭机 4 台套，维修部分设施	2590	80	6	17.6
淀南泵站防洪闸	更新闸门启闭机 2 台套，维修部分设备	1480	85	8	13.5
永定新河右堤	灌浆	36000	—	—	109.1

2000 年，除险加固工程完成北运河左岸郎园引河首闸改造、永青渠泵站防洪闸和宜兴埠泵站防洪闸改造，工程总投资 44.1 万元。配合市水利局完成永定新河右堤防浪墙工程，长 14.5 千米，投资 6000 万元。

2001 年，永定新河左堤 0+550～3+550 险工应急度汛工程，土方开挖 6480 立方米，土方夯实 3456 立方米，混凝土压顶 432 立方米，浆砌石防浪墙 4682 立方米，投资 150 万元。

2002 年，总投资 129.1 万元，完成 4 处闸门更新改造、2 处废闸口门复堤工程，共计土方 3.11 万立方米，砌石 259 立方米，浇筑混凝土 40.5 立方米。

2003 年，北京排污河右堤 0+000～3+500 除险加固工程，完成清基土方 1.53 万立方米，挖土方 9.4 万立方米，填土方 6.09 万立方米，投资 229.7 万元。

2004 年，完成永定新河左堤 2+100～6+200 段灌浆加固工程，沿河道纵向布孔 4 排，孔距 2 米，横向行距 1.5～2 米呈梅花形布孔，灌浆孔径 3.2 厘米，孔深 6.5 米，采用黏土充填式灌浆，并对废弃圆涵进行拆除及复堤。共开挖土方量 4700 立方米，回填土方量 1.97 万立方米，投资 56.95 万元。

2005年5月，修建北京排污河78＋300～79＋100段堤身单薄重点险工段，浆砌石挡水墙，长800米，堤顶为沥青路面，堤肩修建防浪墙，投资190万元。

2006年，新开河左堤7＋100～9＋100段灌浆工程，灌浆土方1.2万立方米，投资60万元。北京排污河右堤东赵庄下游段应急度汛工程，开挖土方7430立方米、回填土方1.1万立方米、砌石3271立方米，投资123万元。

2007年，市水利局投资154万元，完成北京排污河右堤桩号4＋700～5＋700段长1000米应急度汛工程，砌石3300立方米，土方量1.3万立方米。新开河左堤6＋100～7＋100段大堤灌浆，动土6000立方米，投资30万元。

2008—2010年，每年汛期检查防汛工程及设备，未发现隐患，其间没有上述规模的防汛工程。

二、水毁修复工程

水毁修复工程主要由4部分组成，即护坡和防浪墙维修及新建项目、大堤修土石屑路、泵站防洪闸加固改造、复堤工程。

1996年，实施水毁修复工程15项，共动土方、石方5.8万立方米。在永定河、子牙河、北京排污河上游同时来洪水，最高水位6.2米情况下，该工程保证3次洪峰顺利通过北辰。

1997年，在永定河、永定新河、金钟河、北京排污河、子牙河上，实施9项水毁修复工程，总投资256万元。其工程详情见表4-3-27。

表4-3-27　　　　　　**1997年北辰区防洪水毁修复工程表**

河系	工程名称	建设性质	工程内容
永定河	中泓故道复堤	治理	复堤350米，土方量2.29万立方米
	泛区安全建设	维修	维修撤退路1.7千米
	三角淀安全建设	维修	新修撤退路2.5千米，维修撤退路2.5千米，维修安全台3869立方米
永定新河	机排河自流闸护坡	治理	砌石护坡60米，土方3000立方米，石方681立方米
	右堤獾洞处理	治理	15＋500处100米开膛处理，土方量16066立方米
金钟河	五处防洪闸更新	维修	双街、二阎庄、武清河岔、东堤头、宜兴埠5处更新铸铁闸（9孔）
北京排污河	韩盛庄防洪闸井更新	维修	重做防洪井，更新2孔铸铁闸门
	防浪墙	治理	856米作砌石防浪墙，土石方量1291立方米
子牙河	刘家码头砌石护岸	治理	250米塌坡段作砌石护岸，土石方量16890立方米

1998年，基于对所属河系工程情况的检查，对20处水毁工程进行修复，共挖土方32.22万立方米，砌石3.78万立方米，浇筑混凝土286立方米。其工程详情见表4-3-28。其中泛区安全建设有3处，包括中泓堤屈家店至京福公路防浪墙维修、新建中泓永定河堤永青渠至京福公路段护坡。为便于永定新河的防汛抢险，在永定新河右堤修土石屑路3处（屈家店闸至京山铁路、堵口堤至大张庄桥、霍庄子桥至橡胶坝），顶宽5米，厚20厘米，总长14.5千米。泵站防洪闸加固改造8处，其中北运河1处、永定新河3处、金钟河1处、北京排污河3处，均处在主要行洪河道上，闸底高程均在-1米左右。因木闸门、钢板闸门年久失修，污水浸泡，锈损剥落，止水效果差，难以承受高水位行洪，换成铸铁门以保证安全。实施北京排污河复堤，使顶宽达到6米，边坡1∶3。金钟河刘快庄废排水闸、欢坨废闸和华北河废闸，闸门严重破损，经鉴定已经作废。实施复堤以防行洪出现危险，欢坨废闸闸门很高，充当大堤使用，危险性很大，复堤后排除险情。

1999—2010年，没有专项的水毁修复工程纳入河道治理、泵站改造等工程中。

表4-3-28　　　　　　　**1998年北辰区水毁修复工程表**

工程位置	工程项目	规　模	土方/立方米	砌石/立方米	混凝土/立方米	投资/万元
北运河右堤	唐家湾扬水站防洪闸加固改造	2孔2.5米×3米封堵，换闸门1孔2米×2米	2011	120	20	13.2
北运河左堤	北运河大堤护坡及防浪墙维修	砌石及勾缝25000平方米	—	300	—	23
永定新河右堤	北仓新泵站防洪闸加固改造	换铸铁闸门2孔1.2米×1.2米	1170	90	13	10
	小南河扬水站防洪闸加固改造	换铸铁闸门1孔2米×2米	950	10	5	8
	朱唐庄泵站防洪闸加固改造	换铸铁闸门1孔1.5米×1.5米	850	10	5	8
	大堤修土石屑路	屈家店至京山铁路、堵口堤至大张庄桥、霍庄子桥至橡胶坝顶宽5米、厚20厘米	35960	14800（石屑）	—	235
	屈家店至大张庄闸所防浪墙维修	勾缝15平方米及砌石	—	40	—	2.5

工程位置	工程项目	规　模	土方 /立方米	砌石 /立方米	混凝土 /立方米	投资 /万元
北京排污河 右堤	北京排污河复堤	后坡长7500米，顶宽6米，边坡1:3，伐树3万棵	225000	—	—	713
	季庄子泵站防洪闸加固改造	换闸门1孔，直径1.5米，砌八字墙及护坡底80平方米	1400	100	12	12
	霍庄子泵点防洪闸加固改造		1400	100	12	12
	东赵庄泵点防洪闸门加固改造		1400	100	12	12
金钟河左堤	刘快庄泵点防洪闸门加固改造	换闸门2孔，直径1.5米	1500	110	15	15
	刘快庄废排水闸段复堤	长80米，顶宽6米，边坡1:3	13612	—	—	42
	欢坨桥闸外复堤	长80米，顶宽6米，边坡1:3	9900	—	—	31
	华北河废闸段复堤		13000			39
中泓堤	中泓堤屈家店至京福公路护坡防浪墙维修	长6400米，勾缝及砌石	—	40	—	2.5
	新建中泓堤永青渠至京福公路段	长4400米	13000	22000	—	650
蓄滞洪区	淀北分洪区安全房建设	4个乡8000平方米	—	—	—	400
	三角淀分洪区建设	后丁庄救生台2400平方米	—	—	192	8.4
	永定河泛区建设	庞嘴撤退路200米	1120	—	—	4.8

三、蓄滞洪区安全建设

为保障蓄滞洪区人民生命财产安全，市、区两级政府组织避险安全建设，修筑平顶避水安全房和救生台。

1991—1996年，在永定河泛区、三角淀分洪区共投资384.8万元，其中安全房建设4991.21平方米，投资224.6万元；安全台建设3869平方米，投资73.8万元；安全楼建设141.79平方米，投资11.4万元；建撤退路1.5千米，投资75万元。蓄滞洪区撤退路如图 4-3-5 所示。

1996—2000 年实施三角淀泛区建设，庞嘴村撤退路出村通道改线接长 200 米，救生台两处台顶重新打混凝土块及修缮平安庄塌陷台顶面。5 年间共投资 2419 万元，铺撤退路 13.8 千米，建安全房 5200 平方米，维修安全台 4426.9 平方米。2004 年，投资 120 万元，在永定河泛区上蒲口至下辛庄村修建撤退路 1 条，全长 3200 米。2009 年，在永定河泛区、三角淀分洪区修筑平顶避水安全房和救生台，建安全

图 4-3-5 蓄滞洪区撤退路（2009 年摄）

房 2250 平方米，可安置 749 人；修撤退路 4 条，总长度 6.3 千米。泛区内 3 个村各有 1 条撤退路，直通京福公路。

截至 2010 年，泛区建安全房 1.10 万平方米，可安置 3541 人；避水楼 141.79 平方米，可安置 47 人；撤退路 4 条，长 9.1 千米。

第四节 防 汛 抢 险

一、1994 年防汛抢险

1994 年，天津市出现了较为严重的洪涝灾害，其特点是降雨面积广、强度大、水量集中且上游客水多，使北辰区受到洪涝威胁。

7 月 10—12 日，海河流域东北部普降大雨到暴雨，雨量一般为 100～200 毫米，致使潮白河、北运河水系发生不同程度的洪水。11—12 日，天津大范围降雨，海河闸上水位 2.56 米，且居高不下。13 日 10 时，市防汛办公室通知北辰区防办停止向海河排水，同时利用身闸分泄。屈家店闸上水位反复超过警戒线，较大洪峰出现 3 次，永定新河右堤北仓泵站出现堤后渗水险情。区水利局河道管理所组织车辆、人员抢险施工。险工段共长 8365 米，投资 43.85 万元，用工 1.78 万个，抢险 17 处、6 场次，抢险土方量 2.31 万立方米，使用麻袋、草袋 2.65 万条。国有扬水站汛期开车排水共 8730 台时，耗电 89.73 万千瓦时。

二、2008 年防汛抢险

2008 年 6 月 27 日夜，区内普降大到暴雨，降雨量超过 100 毫米，武清地区上游最大降雨量 170 毫米。暴雨造成区内 3533 公顷农田积水，最大积水深度 0.6 米，机排河水位超过汛限水位（1.8 米）1.58 米，沿岸河堤多处漫溢倒灌，大张庄、西堤头两镇部分农田积水严重，双街镇、北仓镇部分居民区、村庄积水，北辰开发区部分企业积水。雷电造成供电网络大面积停电，永定新河以北西堤头镇、大张庄镇、双街镇以及北仓镇部分地区泵站停电。区水利局与驻区部队联系，调集空军某部官兵 200 人，实施防汛抢险自救，加固加高河道堤防，将 11 台潜水泵和 1 台发电机运往双街镇协助排水；调运

编织袋 8 万条、铁锹 140 把，组织民兵 100 人，出动挖掘机 5 部，推土机 10 部，汽车 50 辆，协助西堤头镇抢险；排灌站所属国有泵站昼夜排水，二级河道管理所及时提闸闭闸，确保排水畅通；历时 3 个小时，完成抢险任务，共加高堤防 7 处，全长 650 米，国有泵站排除沥水 1000 万立方米。至 6 月 29 日，沥水基本排除。2008 年机排河抢险现场如图 4-4-6 所示。

图 4-4-6　2008 年机排河抢险现场

三、2009 年防汛抢险

2009 年 6 月两次降雨，区内降水 130 毫米，河道水位上涨，排灌站开启泵站排水，13 座泵站（二阎庄、韩盛庄、双街、宜兴埠、三号桥、武清河岔、芦新河、温家房子、三角地、淀南、科技园区、大张庄、科技园区南区泵站）同时开车，共开车 571 台时，总排水量 319.77 万立方米。全区 9 个镇没有造成大面积积水淹泡，只有北仓镇屈店村 0.66 公顷农田积水。2009 年 7 月 22 日 7 时至 7 月 23 日 7 时，区内普降大暴雨，平均降雨量 80 毫米，最大降雨量在东赵庄，达 129.5 毫米。22 时河道水位迅速上涨，排灌站开启泵站进行排水，14 座泵站同时开车，共开车 267.5 台时，总排水量 144.75 万立方米。暴雨雷电造成北京排污河沿岸一线、韩盛庄泵站、三号桥泵站、温家房子泵站断电。排灌站、水利局领导协调城东供电北辰分公司，组成抢修组，抢修电路。7 月 24 日 13 时 30 分，韩盛庄泵站、三号桥泵站通电开车排水，7 月 25 日 15 时积水基本排除。8 月 16 日、18 日两日降雨 140 毫米，双街、大张庄镇农田积水，区管国有二闫庄、武

清河岔、大张庄、韩盛庄泵站及时排水，农田未出现明显灾情。是年汛期雷雨较多，在7月底一次降雨中，雷电造成芦新河泵站高压熔断器损坏，无法开车，致使机排河水位达到 2.7 米，城东供电公司接到区防汛办求援后，指派专人到供电公司各站点、仓库寻找器件，组织人员抢修，使泵站及时开泵排水。至 9 月，所属泵站共开车 1.10 万台时，总排水 5342 万立方米。

第五节 排 涝

自 1991 年起，北辰区不断实施排涝工程建设和改造、维修排涝设施，根据经济发展布局和城镇给排水需要，因地制宜，以排为主，排蓄结合，综合治涝。1999 年，防汛抗旱指挥部制定管理制度，农田排涝由区水利局负责，排灌站负责组织国有扬水站及时开车排水，二级河道以上排水不畅问题由区水利局负责协调解决。镇、村管泵站由各管辖镇村检修调试，遇雨及时开车排水。二级河道以下骨干、支渠、泵站排水由乡镇负责。斗毛渠及田间排水由村及农户负责。外环线以内城镇排水由区建委负责，包括组织协调坐落在区内各企业厂家排水。每年 6 月下旬，二级河道水位控制在1.8 米以下，国有泵站站前水位控制在 1.6 米以下，大兴、永金水库汛期蓄水不能超过 5.0 米。

截至 2010 年，全区总易涝面积 18.47 千公顷，除涝标准能力 20 年一遇，有 5560公顷除涝能力 30 年一遇，总排涝能力 192.05 立方米每秒。

一、排涝分区

1991 年，全区有 3 个排涝分区，即运西风沙干旱区、永新北低洼易涝区、永新南低洼盐碱区。运西风沙区位于北运河以西，面积 155.4 平方千米，耕地面积 5710 公顷，共有 3 座泵站承担排涝，排水能力 14.5 立方米每秒。除外环线以内市政担负排水面积1333.33 公顷，实际承担 1420 公顷排涝任务，排涝标准不足 3 年一遇。永新北低洼易涝区位于北运河以东、永定新河以北，面积 148.74 平方千米，耕地面积 8000 公顷，有 6座泵站排涝，排水能力 43.2 立方米每秒，排涝标准达 10 年一遇。永新南低洼盐碱区位于北运河以东、永定新河以南地区，面积 174.36 平方千米，耕地面积 4910 公顷，有 8个泵站，排水能力 60 立方米每秒。除外环线以内市政排水面积 2666.67 公顷，实际排水面积为 1480 公顷，排涝标准达 20 年一遇。

　　1998 年，北辰区防汛抗旱指挥部将区内划分为 6 个自然除涝排水区，按照雨水洪水充分利用和就近排水的原则实施排沥。

　　永定河泛区片。面积 16.94 平方千米，无区级扬水站，依靠 4 个村级泵站排水入北运河上段。遇泛区滞洪时放弃排沥。如无洪水，5 年一遇降雨，48 小时排除不成灾。

　　三角淀分洪区。面积 16.33 平方千米，无区级扬水站。排涝由双口镇管及村管泵站负责，总排水能力 5 立方米每秒，片内的立新园林场排水问题自行解决。5 年一遇降雨，两日排除不成灾。在三角淀分洪情况下，此片区放弃排涝。

　　淀北片区。面积 136 平方千米，有区级扬水站 4 座，分别为双街、二阎庄、大张庄和韩盛庄泵站，排水能力 19.3 立方米每秒。乡村泵站排涝能力 5 立方米每秒，另有市管芦新河大泵站，排水能力 30 立方米每秒。由这些泵站把沥水排入永定新河、北京排污河等河道。遇永定新河、北京排污河高水位行洪时，排涝能力为现有的 20%，各沿河水场加固出水池，必要时关闭外河防洪闸门，防止洪水倒灌。当河水水位超过 6 米（大沽）时，停止向外河排涝。

　　淀南区片。面积 129 平方千米，有区级扬水站 7 座，分别为宜兴埠、温家房子、淀南、三号桥、芦新河、三角地和永金泵站，排水能力 59.8 立方米每秒。由于淀南、温家房子泵站机电设备老化，部分泵不能运行，实际排水能力 51.8 立方米每秒，另有乡村泵站排水能力 8 立方米每秒，排水能力达不到 15 年一遇排涝标准。沥水主要排入新开河—金钟河、永金引河。

　　运西片区。面积 108 平方千米，有区级永青渠泵站 1 座，排水能力 10 立方米每秒，乡村泵站排水能力 5 立方米每秒，达不到 3 年一遇排涝标准，如发生超标降雨，除机排河外，启用双口镇的双河自流闸排涝。沥水主要排入子牙河、卫河、中泓故道和永定河等河道。当子牙河禁排时，该片区内沥水无调头排灌站。

　　外环以内片区。面积 64 平方千米，排水泵站 9 座（含市排管处直管 5 座），排水能力 20.473 立方米每秒，达 10 年一遇标准。沥水可排入北运河和子牙河。排水由区建委（城排办）负责。

　　2010 年，区内设有 4 个排涝分区，分别是运西区、淀南区、淀北区和环内城区，总排水能力 192.05 立方米每秒。其中环内城区排水面积 64 平方千米，总排水能力 40.502 立方米每秒；环外 3 区共有排涝泵站 23 座，总排水能力 144.55 立方米每秒。运西区为外环线以外的北运河以西地区，面积 123 平方千米，有排涝泵站 7 座，排水能力 24.3 立方米每秒；淀北区为北运河以东、永定新河以北区，排涝面积 147 平方千米，有排涝泵站 7 座，排水能力 52.3 立方米每秒（含市管芦新河泵站 15 立方米每秒）；淀南区为外环线以东、永定新河以南地区，排涝面积 120 平方千米，有排涝泵站 9 座，排水能力 82.95 立方米每秒。

二、排涝工程

（一）河道

1991年，区内7条二级均为排沥河道，行洪河道亦负责排沥，其中市禁排河道3条。1997年，行洪河道中的永金引河转为排沥河道。2009年，郎机渠改为景观河道。

2004年，子牙河、外环河禁排。由永青渠排入子牙河的沥水，调头向北排放，为解决地面高程和渠底坡降，加宽永青渠，加大机排能力，确保排水畅通。截至2010年，区内有排沥河道7条。

（二）泵站

1991年，以排涝为主的中小型固定站点148座、固定排灌点517座，各级配套排水渠道1016条，封闭洼淀田间沥水，依靠机泵排出，全区易涝面积减少到1.91万公顷。全区有国有泵站17座，总排涝能力120立方米每秒。1991年北辰区镇村泵站排涝能力情况见表4-5-29。2010年，全区总排水能力113.62立方米每秒，全区易涝面积降至1.85万公顷。是年4月，原由建委下属排灌站负责的城区排水，划归区水务局管辖，即环内城区排水。2010年北辰区区管排涝泵站情况见表4-5-30。

表4-5-29　　　**1991年北辰区镇村泵站排涝能力情况表**

区、乡镇	数量/座	能力/立方米每秒	区、乡镇	数量/座	能力/立方米每秒
天穆	27	15.7	上河头	8	3.8
西堤头	19	15.3	霍庄子	17	12.7
南王平	28	17.4	宜兴埠	9	9.6
朱唐庄	16	10.7	北仓	12	6.4
青光	11	6.2	双街	3	3.8
小淀	14	16.9	合计	177	124.0
双口	13	5.5			

表4-5-30　　　**2010年北辰区区管排涝泵站情况表**

名称	始建年份	位置	设计流量/立方米每秒	备注
大兴水库泵站	1986	北何庄村东，机排河右岸	21.0	以蓄代排
大张庄泵站	1984	永定新河左岸，大张庄村东约500米处	3.0	—
淀南泵站	1979	丰产河与永金引河交叉处，永金引河右堤，津榆公路一号桥以南3.5千米处	20.0	—

名称	始建年份	位　　置	设计流量/立方米每秒	备注
二阎庄泵站	1978	永定新河左岸，二阎庄村西南	6.0（改造后）	—
韩盛庄泵站	1976	北京排污河右岸桩号 71＋700	6.3（改造后）	—
芦新河泵站	1977	永金引河左岸，津榆公路以南 2 千米处	4.8	—
三号桥泵站	1977	永定新河右岸桩号 26＋700，丰产河东端	10.0	—
三角地泵站（北机房）	1971	津榆公路一号桥以北，永金引河右堤，包括南机房（3.6）和北机房（4.0）	7.6	—
双街泵站	1964	永定新河左堤，引河桥东 1.5 千米处	4.0	—
温家房子泵站	1959	金钟河左岸，温家房子村西	8.0	—
武清河岔泵站	1964	京津铁路以东，河岔排水总渠以西	6.0	—
宜兴埠泵站	1964	新开河左岸，宜兴埠驾校以西，京津塘高速公路以东 50 米处	6.4	—
永青渠泵站	1975	子牙河北小埝北侧，永青渠南端	10.0	—

三、排涝减灾

（一）1991 年排涝

1991 年 7 月 10 日，永定河中泓故道来水，屈家店闸上水位上涨到 4.09 米，7 月 27 日、28 日全市普降暴雨、局部大暴雨，静海最大过程降水量 120.4 毫米，同时，北京地区也普降大到暴雨，累计降水量 80～100 毫米，致使 7 月 29 日，屈家店闸上水位上涨到 6.13 米，8 月 8 日后回落到 3.49 米。高水位时永定新河进洪闸提启 1～2 孔过流，总计过水量 1000 万立方米。由于永定新河清淤工程在东堤头大桥处筑 1 条拦河坝，以致泄水不畅。26 千米以上河段自 7 月 10 日至 8 月 10 日 30 余天，水位保持 4.6 米以上，滩地长期泡在水中，133.33 公顷河滩农作物全部淹死。1991 年北辰区汛期水库、河道、涵闸水位控制情况和行洪河道排涝片及责任人见表 4－5－31 及表 4－5－32。

（二）1995 年排涝

汛期雨水调和，截至 9 月 15 日，降雨 21 次，全区平均雨量 574.11 毫米，较历年平均值多两成。青光、双口、上河头、南王平各乡雨量超过 600 毫米，上河头乡雨量最大 649.8 毫米，霍庄子乡雨量最小 435.9 毫米。最大一次降雨在 8 月 16 日，全区平均

表 4 - 5 - 31　　**1991 年北辰区汛期水库、河道、涵闸水位控制情况表**　　单位：米

名　称	控制水位	名　称	控制水位
永金水库	5.5	温家房子泵站	1.5
大兴水库	5.5	20 立方米每秒流量泵站	1.5
华北河废段	3.5	宜兴埠泵站	1.5
丰产河	2.0	韩盛庄泵站	1.8
郎园引河	2.2	永青渠泵站	2.5
淀南引河	2.0	三号桥泵站	1.8
永青渠	3.5	姚庄子泵站	1.8
机排河	2.2		

注　水库、河道是年度最高水位（大沽），泵站是站前最高水位（大沽）。

表 4 - 5 - 32　　**1991 年北辰区行洪河道排涝片及责任人表**

河　流	排　涝　片	负　责　人
永定河、永定新河	朱唐庄乡、南王平乡	郭醒民、赵学敏
北运河、永定河泛区	双街乡、双口乡	赵万里、张佩良
金钟河、永金引河	宜兴埠镇、小淀乡、西堤头乡	李春元、杨树云
子牙河	青光乡、上河头乡、天穆镇、北仓镇	张新景、赵建强
华北河	霍庄子乡	宋联洪、刘冠军

降雨 89.6 毫米。是年，汛后积水 6666.67 公顷，积水原因是上游来水量大，海河禁排，机排河排水不畅，水位降得慢。永定河来水超过警戒线 5.5 米，8 月 7 日峰值 6.0 米。北京排污河洪水下泄超过 5 米警戒线，8 月 7 日峰值 5.74 米，历时 22 天。汛期排水 1.2584 万立方米，开车 1.7 万台时，耗电 220.0 万千瓦时，未造成灾害。

（三）2009 年排涝

7 月 22 日 18 时至 7 月 23 日 7 时 30 分，天穆、北仓、青光、双口、西堤头镇 25 个村遭受暴雨（24 小时降水量超过 100 毫米）、冰雹袭击，降雨持续 13 个多小时，风力 7～8 级。8 月 16 日、8 月 18 日，两日降雨 140 毫米，区防汛办公室组织二阎庄、武清河岔、大张庄、韩盛庄等国有扬水站排水，农田未出现灾情。年内国有扬水站共排水 1.033 亿立方米，其中汛期排水 6000 万立方米。

1991—2010 年，区内因洪涝致灾 5 次，共发生雹灾 20 次。其中 1995 年因雹灾直接经济损失 8000 万元，1998 年损失逾 1.15 亿元，2000 年损失 1.13 亿元。1991—2010 年北辰区排涝情况见表 4 - 5 - 33。

表 4-5-33　　　　　　　**1991—2010 年北辰区排涝情况表**　　　　　　　单位：千公顷

年份	易涝耕地面积	除涝面积			除涝面积增减变化		
		合计	3~5 年一遇	5~10 年一遇	上年除涝	本年新增除涝面积	本年减少除涝面积
1991	19.00	17.14	10.16	6.98	17.27	0.01	0.14
1992	18.84	17.14	10.17	6.97	17.12	0.09	0.07
1993	17.55	16.14	9.36	6.78	17.14	—	1.00
1994	17.81	16.13	9.35	6.87	16.14	—	0.01
1995	17.80	15.94	9.17	6.77	16.13	—	0.19
1996	—	—	—	—	—	—	—
1997	18.47	15.91	9.14	6.77	15.94	—	0.03
1998	18.44	15.88	9.11	6.77	15.91	—	0.03
1999	18.44	15.88	9.11	6.77	15.88	—	0.03
2000	18.44	15.88	9.10	6.78	15.88	—	0.03
2001	18.44	15.88	9.10	6.78	15.88	—	0.03
2002	18.44	15.88	9.10	6.78	15.88	—	0.03
2003	18.44	15.88	9.10	6.78	15.88	—	0.03
2004	18.44	15.88	9.10	6.78	15.88	—	0.03
2005	18.44	15.88	9.10	6.78	15.88	—	0.03
2006	18.44	15.88	9.10	6.78	15.88	—	0.03
2007	18.44	15.88	9.10	6.78	15.88	—	0.03
2008	18.44	15.88	9.10	6.78	15.88	—	0.03
2009	18.44	15.88	9.10	6.78	15.88	—	0.03
2010	18.44	15.88	9.10	6.78	15.88	—	0.03

第六节　抗　　旱

一、旱情

1991—2010 年，有 10 年出现不同程度旱情，区内春旱概率 40％，春旱连夏旱时有发生。春旱尤其是又连夏旱的年份，影响春播，造成夏收作物减产，给夏种带来困难。20 年中，1992 年为中度干旱、1997 年为严重干旱、1999 年为特大干旱。

1992 年 1—5 月，降雨 33.4 毫米，是多年平均雨量的 50%。6 月，降雨 69.1 毫米，与历年平均值持平。7 月，降雨 9.5 毫米，是历年平均值的 8%，为 104 年以来 4 次大旱年中的第 2 次大旱年。春播完成 59.2%，2600 公顷春转夏；初夏干旱，春玉米产量比 1991 年减产 40%。

1993 年春旱，春播完成 50%，2666.67 公顷春转夏；秋旱影响小麦播种。1994 年初夏旱情重，春播作物受到严重威胁，2666.67 公顷夏播作物无法播种。1996 年 386 公顷作物受旱灾。1997 年，全年降水 347.6 毫米。永定河、北京排污河未有洪水下泄，汛期成干枯状。旱情严重，春旱连伏旱。

1997—2003 年，连续 7 年干旱。

1999 年，气候异常，气温持续偏高，降水少。6 月，降雨量 34.8 毫米，是多年量的 51%；7 月，降雨量 71.9 毫米，是常年量的 36.5%；8 月，降雨量 26.5 毫米，是常年量的 16%，为北辰百年历史上第三个大旱年。受旱灾面积 1.18 万公顷，成灾面积 7066.67 公顷。其中 4533.33 公顷受灾减产 3~5 成，1533.33 公顷受灾减产 5~8 成，1000 公顷受灾减产 8 成以上。是年 6—8 月，降雨量 119.3 毫米，各类作物因旱凋萎、缺苗、死苗严重，河道干涸。

2000 年气温偏高，降水偏少，汛期总降雨量 240.4 毫米，仅为常年平均降雨量 476 毫米的 50%。6 月始，市停止对菜田供引滦水。汛期上游无来水，河床干涸。受旱灾面积 1.82 万公顷，成灾面积 1.4 万公顷，其中 2600 公顷绝收，夏粮减产 1 成，秋粮减产 6 成。

2001 年春旱严重，河道干涸，地下水位下降，作物出苗率低。汛期总降水量 374.6 毫米，比多年平均降水量少 1/4。

2002 年，整个汛期没有径流，各主要行洪河道均无来水，河道干涸，地下水位下降，水库接近死库容水位。是年，受旱灾面积 4560 公顷，成灾面积 4000 公顷。

2003 年，比常年平均雨量少 40%，各行洪河道无来水，各类蓄水工程蓄水不足。是年，受旱灾面积 3866.67 公顷，成灾面积 3533.33 公顷，1733.33 公顷减产 3~5 成，1200 公顷减产 5~8 成，633.33 公顷减产 8 成以上。2006 年，区内出现旱情。2010 年，盛汛期降水量仅 13.8 毫米。其中 7 月下旬降水量 1.2 毫米，8 月上旬 12.6 毫米，出现盛汛期干旱现象。

二、抗旱措施

1995 年，建立上河头乡、霍庄子乡抗旱服务队。1998 年，打抗旱机井 160 眼，更新机泵 8 台套，其中西部乡镇打浅层水泥管井 153 眼，恢复和增加灌溉 180 公顷。1999年大旱后，加强抗旱监测预报，密切关注雨情、水情及土壤墒情，掌握全区农业用水水源储备情况。因地制宜推广高效节水灌溉技术，利用工程节水措施和田间节水设施提高水源利用率，推广农业技术以及选种优质耐寒农作物。适时利用河道、水库、沟渠、坑塘，在保证汛期安全的前提下，尽可能多为农业生产储备水源。

（一）调水蓄水

调水蓄水是抗旱的主要措施，北辰区每年在汛末适时主动蓄水，以保证农业用水。汛后蓄水主要是永金水库、大兴水库、华北河废段、丰产河、郎园引河、淀南引河、机排河、永青渠、各乡镇骨干渠道及坑塘鱼池。1991—2010 年，河道、水库、深槽和坑塘等累计蓄水 3.95 亿立方米，为缓解区内旱情起到一定作用。

1991—1995 年，全区蓄水保水，各河段、水库适时蓄水，汛末蓄水共计 1.04 亿立方米。截至 1996 年，抗旱使用调蓄水、购买引滦水、漏闸水、可用工业废水、可用生活污水等，共调引水量 2.53 亿立方米，保证了小麦、蔬菜生长及大田作物播种，稻田适时育秧和插秧。

1996 年，北运河改造后增加蓄水量，汛末蓄水量增多。是年，永定新河深槽蓄水1600 万立方米。

1997 年，蓄水 1500 万立方米，蓄水严重不足，自备水源只有 2480 万立方米，其中可用水源 1340 万立方米。从境外和永定新河深槽调水 2300 万立方米，调引滦水 400 万立方米。

1998 年，蓄水 1600 万立方米，从境外调水 1100 万立方米。全区自备水源水量3800 万立方米，购买引滦水 705 万立方米。全年累计降雨 227.5 毫米。完成春灌麦田4667 公顷，冬灌麦田 1.13 万公顷，解决 2667 公顷菜田用水。全区投入抗旱活动 1.22万余人次，开动机井 460 眼、55 个扬水站点调水灌溉。

1999 年特大干旱，蓄水 1200 万立方米，针对蓄水不足、需水有增无减的情况，各有关单位实施抗旱新技术、新产品，狠抓耐旱农作物新品种的推广应用，引进节水灌溉技术。是年，有地表水源水量 1780 万立方米，全年开采地下水 1500 万立方米，合计3280 万立方米。其中可用水量 1850 万立方米，是上年的 70%；一级河道蓄水 1000 万立方米，其中永定新河深槽 800 万立方米为多年污水，氯化物含量高，须经好水冲淡才可利用；华北河废段 50 万立方米，北运河上段 100 万立方米；二级河道有水量 80 万立方米，2 座水库有水量 700 万立方米；全区地下水农用机井 422 眼，全年可提取 1500 万立方米。

2001 年，针对连续干旱，相关部门多次召开专题会议研究。多年干旱使地下水位连年下降，造成全区 9 个镇、36 个村 7.8 万人、5000 多头大牲畜饮水困难。区政府安排部署 36 个委局、公司对口扶持 36 个人畜饮水困难较大的村，区领导和农口委局主要领导分小组到各村帮助解决饮水困难。组建抗旱服务队，设在霍庄子镇，固定人员 7人，有各种型号水泵 100 多台套。2002 年，上年蓄水不足，大田春播需水量较大，大田配水 800 万立方米，调水 400 万立方米；稻田配水 180 万立方米。2006 年，利用泵站和河道工程，春旱期间从机排河、永金引河向郎园引河、永青渠调水 35 万立方米，确保西部干旱农田灌溉。

2008 年，落实抗旱行政首长负责制，完善抗旱责任制和抗旱检查责任制，修订《北辰区小水库调度预案》《北辰区抗旱调水预案》和镇村抗旱预案。组织清淤干支渠 51条，长 73.4 千米，改造扩建水柜 2 处，提高农业蓄水能力。为缓解春季农业水源不足，郎园引河、淀南引河调蓄水 100 万立方米，保障双街、大张庄、小淀、西堤头镇春播春灌及沿岸水产养殖用水。全年投入抗旱人力 1.5 万人，开动机电井 12 眼、临时泵 580 台。

2009 年，春季雨量稀少，为做好抗旱准备，从境外调水 150 万立方米，组织镇村人员、机械全力投入抗旱，确保种植业、养殖业水源供给。

2010 年，春季降雨量适中。从境外调水 250 万立方米，确保种植业、养殖业水源供给。至 2010 年，每年平均蓄水量 1420 万立方米。

1991—2010 年北辰区汛末蓄水见表 4-6-34。

表 4-6-34　　　　　　　**1991—2010 年北辰区汛末蓄水表**　　　　单位：万立方米

年份	汛末蓄水	水库蓄水	河道蓄水	坑塘蓄水	乡村干支渠蓄水	引滦水	北运河上段水	深槽蓄水
1991	2222	1660	297	500	—	—	—	—
1993	1920	1420	200	—	180	—	80	—
1994	2120	1660	160	—	300	—	—	—
1995	2000	—	—	—	—	—	—	—
1996	4020	1450		970		400	—	1600
1997	3400	1500	—		—		—	1500
1998	4180	1600	620	180	180		—	1600
1999	—		1600					1200
2000	—		1920					1200
2005	2780	1400	910		470			
2008	3600	—						
2009	—			2000				
2010	—			3200				

（二）抗旱工程

1992 年，天津市补助抗旱资金 16 万元，北辰区完成抗旱工程共 14 处。其中有泵站、涵闸建设改造、维修，建防渗管道，维修机井。

1992 年北辰区抗旱工程见表 4-6-35。

表 4-6-35　　　　　　　　　　**1992 年北辰区抗旱工程表**

工程项目	所在乡	投资/万元
铁东路泵站改造	天穆镇	1.0
韩盛庄建泵点 1 座	霍庄子乡	3.0
北麻疙瘩修防渗渠道 500 米	大张庄乡	0.5
小贺庄路北建节制闸 1 处	小淀乡	0.9
赵庄子村过路涵洞 1 处	小淀乡	0.6
刘安庄村泵站维修 1 座	小淀乡	1.0
桃寺村修防渗渠道 1 千米	北仓镇	1.0
刘园村修防渗渠道 1 千米	北仓镇	0.8
双口三村建涵闸 2 处	双口乡	1.2
双口一村修防渗渠道 2 千米	双口乡	0.8
东堤村建泵点 1 座，涵闸 5 处	上河头乡	2.0
线河二村修防渗渠道 1 千米	上河头乡	0.4
线河一村修防渗渠道 1 千米	上河头乡	0.4
维修 6 眼机井	全区	2.4
合　　计		16.0

1997 年，北辰区遭遇 50 年来罕见的大旱，为保证引滦供水，在北运河、子牙河段实施防污防倒灌工程。其中包括子牙河刘家房子拆封堵工程，长 35 米，顶宽 1.5 米，高 3.5 米，工程土方量 400 立方米，打坝、拆坝各 1 次，开支 1 万元；北运河王庄大沟拆封堵工程，长 30 米，顶宽 1.5 米，高 4 米，工程土方量 350 立方米，打坝、拆坝各 1 次，开支 1.1 万元；北运河屈家店泵站闸封堵工程，春天拆，秋后封堵，开支 0.5 万元。是年，市拨 10 万元抗旱补助资金，分别在 8 个乡镇修建防渗渠道 1 万米。其详细情况见表 4-6-36。

2000 年，实施北辰区引滦拆堵工程，包括北运河王秦庄、王庄 2 处，子牙河刘房子泵站、刘房子大沟 2 处，新引河堵口堤闸 1 处，土方 2085 立方米，开支 4.43 万元，引滦护水燃料费 1 万元，合计开支 5.43 万元。2002 年，实施引黄济津北辰段沿河封堵工程，共 10 处，开支 9.95 万元。2003—2010 年，无专项抗旱工程，纳入农田水利基本建设中。

表 4-6-36　　　　　**1997 年北辰区修建防渗渠道工程情况表**

地点	渠道类型	渠道长度/米	补助资金/万元	效益面积/公顷
上河头乡	塑料管防渗	2500	1.5	20.00
青光镇		2500	1.5	20.00
大张庄乡李辛庄	明渠防渗	500	1.0	23.33
天穆镇刘家房子		500	0.4	6.67
宜兴埠镇		500	0.4	6.67
霍庄子镇季庄子		1500	2.1	23.33
小淀镇小贺庄		1000	1.7	13.33
南王平乡喜逢台		1000	1.4	10.00
合计		10000	10.0	123.33

三、抗旱减灾

1992 年，北辰区属中度干旱年，区政府投资 300 万元，用于调引水枢纽工程。按照区抗旱会议部署，组成 13 个支农小分队，分赴各乡镇帮助抗旱。全年抗旱蓄水 5080 万立方米，是正常年份的 4 倍。区国有扬水站开车 5530 台时，耗电 300 万千瓦时，保证小麦、蔬菜生长及大田作物播种、1667 公顷稻田适时育秧和插秧。

1997 年，北辰区属严重干旱年，全年降水量 347.6 毫米。雨季无雨，汛期（6—9 月）总降雨量 190.8 毫米，比常年少 2/3。永定河、北京排污河未有洪水下泄，汛期呈干枯状。旱情严重，春旱连伏旱，受灾面积 9333 公顷，大田作物减产 50%，晚茬作物减产 40%。是年蓄水严重不足，自备水源只有 2480 万立方米，其中可用水源 1340 万立方米。从境外和永定新河深槽调水、调引滦水、水库放水、启动区内所有农用机井用于农业灌溉。完成冬灌 13.34 千公顷、春灌 5336 公顷，保证 2801 公顷春播及菜田、1667.5 公顷稻田用水。是年，投入抗旱机械 31 台套，浇麦 67 公顷，大田 40 公顷，果园 80 公顷。

1999 年，北辰区属大干旱年，入汛没有大面积降雨过程，从 7 月 20 日开始转入抗旱阶段，全区受旱面积 1.183 万公顷，其中粮食作物 1.05 万公顷，经济作物 1380 公顷。双口、青光、上河头镇夏旱严重，大田全部受灾。中片双街、天穆、北仓镇有一部分受灾，东片小淀、大张庄、南王平、霍庄子、西堤头镇一半受灾。区投入抗旱资金 12 万元调引水源，开动机井灌溉大田 467 公顷、园田 133 公顷。

第五章

农村水利

自 1991 年始，北辰区大力实施农村水利工程建设，逐年加大农田水利建设投入，实施河道、水库、永定新河深槽等蓄水工程，拓宽疏浚河道、开挖沟渠，改造更新泵站设备，加强排灌网络、涵闸和灌区建设。配合水土保持，治理沙碱，至 2010 年，区内盐碱地基本得到控制。

进入 21 世纪，相继实施农村饮水安全、管网入户改造、人畜饮水解困和除氟改水工程，农村饮水条件得到改善。

至 2010 年，区内河道通畅、堤防坚固，水利设施完善，泵站陈旧设备逐步更新，排灌能力增强。自备水源体系基本建成，初步实现以蓄代排、排蓄并重，旱涝兼治。

第一节　农田水利基本建设

1991 年后，农田水利以抗旱工程为重点，旱涝兼治，以蓄为主，实施调水枢纽工程和深渠河网化建设；以建设节水型效益农业为目标，围绕中低产田进行综合改造或新建水利设施。2001 年后，连续几年少雨干旱，按照区内农业结构调整计划，确定农田基本建设思路为开源节流并重，抗旱除涝并举，以提升开发水资源和增强抗御旱涝灾害能力。

1991 年后，小型农田水利工程根据"八五"规划，结合农田水利基本建设及全区发展情况，以农田配套、维修、恢复、改造水利设施、建设节水工程为主，重点实施中低产田改造及开发性节水工程建设。同时因地制宜连片治理，实施田间配套工程，对农田基本建设条件好的地块和水利条件较差但乡、村资金自筹能力较强的项目优先实施。工程项目有新建泵站（点）、涵洞、涵闸、防渗渠道，维修泵站（点）、涵洞、涵闸、机井。至 2010 年，小型农田水利工程以蓄为主，深渠河网化，节水型、效益型农业规模化，小型水利工程实现建设高产稳产田的目标。

一、河道清淤疏浚工程

1991 年，区投资 100 万元，完成机排河清淤工程，从小韩庄至芦新河泵站全长

13.2 千米，清淤土方 5 万立方米，南王平、霍庄子乡组织施工。

1992 年，区水利局投资 40 万元，完成丰产河杨北公路至三号桥 3.47 千米清淤工程，清淤土方 11 万立方米，平底，底高程 0 米，由二级河道管理所组织施工。为给霍庄子、南王平、大张庄镇部分村调引永定新河水灌溉农田，1997 年 6 月 25 日至 7 月 15 日，投资 34.36 万元，实施机排河自流闸维修护砌工程，由二级河道管理所组织施工。护砌面积 7200 平方米，建消力坎 1800 平方米，浇筑钢筋混凝土 85 立方米，浆砌片石 406 立方米，清淤 4400 立方米，使原单一排水闸变为调排兼用闸。

2003 年，完成丰产河 9.7 千米（从 1～4 闸到淀南扬水站）河道清淤、加宽工程，平均清淤 1.5 米，底加宽 5 米，共动土方 41.3 万立方米，整治后河道底宽 15 米，上口宽 34 米。完成淀南引河清淤，长度 7.1 千米（堵口堤至津围公路）河道加宽，平均清淤深度 1.3 米，底加宽 9 米，共动土方 40.6 万立方米，整治后河道底宽 18 米，上口宽 44 米。

2004 年，投资 120 万元，完成郎园引河清淤工程，全长 10.6 千米，西起京津公路，东至机排河，清淤土方 35 万立方米，增加蓄水能力 35 万立方米。2005 年，完成郎园引河北运河东至京津公路、杨北公路至韩盛庄段共长 5.2 千米河道拓宽、清淤工程，清挖土方 7.5 万立方米；完成郎机渠郎园引河至高庄桥段 3.58 千米清淤、拓宽工程，共动土 7.5 万立方米。2006 年，区投资 35 万元，疏浚丰产河从淀南水场往西 900 米，动土方 4.7 万立方米；淀南引河明胶厂向西清淤 512 米，土方 3.8 万立方米。

2009 年，实施丰产河京津路至京津塘高速公路 9.32 千米河道扩挖、清淤、护砌及河坡绿化等综合治理工程；铺设截污管线 12 千米、道路 8 千米，景点绿化 2.6 千米，河道正常水位提升至 2.5 米，最高水位 3 米，水环境明显改善，成为区内一条靓丽风景线。

2010 年，投资 1.4 亿元，完成郎园引河综合治理。其中 6.4 千米长的河道拓宽 10 米，河道清淤长 2.6 千米，砌石护坡，铺设双排直径 2 米管线 1.6 千米，沿河新建 2 座 3 孔 3 米×3 米节制闸；河道拓宽动土 69.3 万立方米，河底清淤 17 万立方米，填筑土方 14 万立方米，砌石 9.5 万立方米。

二、沟渠清挖疏浚工程

1991 年，共清挖疏浚区级重点渠道 8 条，有上河头乡杨家河引水渠北段疏浚蓄水和东大堤清淤土方工程、大张庄乡小南河清淤扩宽土方工程、小淀乡淀南引河上段清淤工程、双口乡安光引水渠蓄水清淤工程、南王平乡下殷庄东大渠和郎机渠北段清淤工程和霍庄子乡机排河废段清淤工程。

1992 年，实施上河头、青光乡部分干支渠清淤疏浚及配套工程 5 项，共投资 100 万元。上河头乡东支渠清淤长 2.6 千米，土方 3.4 万立方米；杨家河引水渠北段开挖水柜 1 处，动土 5 万立方米。疏浚永青渠支渠长 4500 米，动土 8 万立方米，建涵闸 2 处，防渗渠道 7.5 千米，配套反水井 15 个。

1993 年，在汉沟大洼开挖干渠 1 条，土方 14.9 万立方米，清淤排水支渠 2 条，长 5 千米，土方 1.5 万立方米。

1996 年，清挖双口至屈家店引水渠等区级骨干渠道 5 条，长 17.61 千米；清挖干渠 116 条，长 140.14 千米；清挖支渠 494 条，长 377.52 千米；疏浚清挖斗毛渠面积 0.85 万公顷，土方 219 万立方米。

1998 年，河渠工程以二级河道为纽带，注重调、引、蓄、排为一体的配套工程建设。完成 3 条区重点骨干渠道清挖，全长 8.17 千米，总土方 31 万立方米；清挖干渠 8 条，长 6 千米；清挖支渠 41 条，长 26 千米，土方 26.04 万立方米。

1999 年，清挖干渠 8 条，长 8.67 千米；清挖支渠 77 条，长 41.74 千米；平整土地、清挖斗毛渠面积 2067 公顷，新挖坑塘 4 个。

2000 年，清挖干渠 7 条，长 6 千米；清挖支渠 44 条，长 37.8 千米。是年，随着深渠河网化逐步形成体系，新建支渠以上配套建筑物 18 处，维修 5 处。

2001 年，按照田、林、路、渠综合治理原则，实施骨干渠道配套工程。全区清挖干渠 19 条，长 21.36 千米；清淤支渠 58 条，长 61.51 千米；平整土地、清挖斗毛渠面积 630 公顷；改造中低产田 670 公顷。

2002 年，清挖干渠 93 条，长 265.6 千米；清挖支渠 69 条，长 49.13 千米；清挖斗毛渠面积 1050 公顷。

2003 年，清挖干渠 23 条，长 35.6 千米；清挖支渠 36 条，长 28.58 千米；清挖斗毛渠，动土 9.5 万立方米。

2004 年冬至 2005 年，清挖干支渠 198 条，其中双口镇 6 条、青光镇 6 条、北仓镇 5 条、天穆镇 4 条、宜兴埠镇 1 条、小淀镇 3 条、大张庄镇 152 条、西堤头镇 21 条。

2006 年，清淤镇村重点骨干渠道 19 条，长 15.4 千米；清淤干支渠 20 条，长 46.8 千米，清挖农田沟渠 30 千米。

2007 年，清淤干支渠 43 条，长 36.3 千米，有高庄子村排干、小淀村津榆公路南排干、东赵庄村西排干及季庄子干渠等。

2008 年冬至 2009 年春，完成清淤干支渠 50 条，长 48.56 千米。大张庄闸排干渠如图 5-1-7 所示。

图 5-1-7　大张庄闸排干渠（2009 年摄）

2010 年，完成清淤干支渠 10 条，长 15.7 千米；清淤斗毛渠 235 条，长 62.8 千米。截至 2010 年年底，全区农田排灌自如，水位衔接流畅，排灌能力达 10 年一遇。

三、农田改造配套工程

1990 年以后，农田水利配套工程以一个中心、两条主线（即紧紧抓住节水抗旱这个中心，为结构调整做好水利配套，为高效农业增产增收搞好节水工程）作为农田水利建设的指导思想，逐步由工程水利向水资源可持续利用、水环境保护有机结合转移。通过水利工程配套、节水工程建设，建成青光镇青光村葡萄种植基地、大张村镇小诸庄村、大昌庄村等近万亩防渗明渠及大口径管灌工程；以万亩低产田改造、万亩农业综合开发、万亩节水示范田改造为重点，建成双口镇、双街镇、大张庄镇、西堤头镇 4 万亩节水改造示范工程；建成刘家房子、龙顺庄园、韩家墅蔬菜园区、青水源种植园区等节水型、效益型、观赏型设施农业。

1991 年，开挖干渠，增大蓄水能力，完成土方 164.96 万立方米，配套工程 326 项，效益面积 5333 公顷。连片改造农田 15 块，面积 1433 公顷，其中朱唐庄乡 5 块，面积 467 公顷；南王平乡 3 块，面积 200 公顷；西堤头乡 1 块，面积 100 公顷；上河头乡 4 块，面积 533 公顷；霍庄子乡 2 块，面积 133 公顷。实施北韩路南 47 公顷低产田改造，开挖斗毛渠 78 条，土方 3.9 万立方米，完成过路涵洞 30 座。联村连片治理面积 2.04 千公顷。新建泵站（点）19 座，维修泵站 10 座，新建涵闸 88 座，维修涵闸 11 座，新修防渗渠道 11.96 千米，顶管工程 1 处，有效灌溉面积 1000 公顷，改良盐碱地面积 1000 公顷，恢复改善面积 3000 公顷，增加蓄水 40 万立方米。中低产田改造和麦田开发，实行区域治理、连片治理、配套治理和综合治理。

北辰区水利局在天津市 1990—1991 年度农田水利建设"大禹杯"竞赛活动中，取得郊区第三名，获得以奖金代补资金 5 万元。此项资金全部用于中低产田改造配套工程。

1992 年，根据 1991 年粮食专项资金实施计划的报告，确定朱唐庄、南王平乡为"八五"（1991—1995 年）第一年粮食生产专项资金实施区，配套工程投资 229.3 万元，其中国家补助 111.9 万元、自筹 117.4 万元。建泵站（点）8 座、涵洞 22 座、涵闸 13 座、防渗渠道 2.76 万米，维修泵站（点）14 座、涵洞 3 座、涵闸 9 座、机井 15 眼，工程效益面积 3.23 千公顷。是年，投资 174.5 万元，完成上河头乡 400 公顷、西堤头乡 153 公顷、青光乡 1000 公顷中低产田连片改造，土方量 8.31 万立方米；建配套涵洞、涵闸和泵站等水利设施 100 余处。青光乡铁锅店村改造 166.67 公顷低产田，开挖干渠 1 条、土方 5 万立方米，支渠 3 条、土方 0.49 万立方米，可蓄水 5 万立方米；新建涵闸 6

处，植树 1.3 万株，投资 20 万元。青光村开发 467 公顷稻田，建泵站 1 座，修防渗渠道 2.44 千米，涵洞 6 处，投资 10 万元。上河头乡双河村北 100 公顷耕地和果园内挖干渠 1 条、土方 3.4 万立方米，新建流量为 0.4 立方米每秒的泵点 1 座，修防渗渠道 3 千米，建节制闸 3 处，扩大灌溉面积 80 公顷，改善灌溉面积 113 公顷，投资 15 万元。

1993 年，以田间配套、维修节水型工程为主，连片治理地块田间配套工程。改造二阎庄村、大张庄村、青光村、上河头乡东支渠两侧等低产田，修防渗渠道 2.28 万米，节水工程 2 处，打坝 3 处，打井 2 眼，改造后地块具备灌溉条件。

1994 年，根据区委、区政府关于发展"一优两高"农业 3 年安排意见，实施深渠河网建设及节水型效益农业。投资 170 万元，建设 76 项小型工程，其中投资 20 万元，维修机井 20 眼。投资 206 万元，修建防渗渠道 2.1 千米，涵闸 1 处，分水闸 20 处。

1995 年，完成低产田改造面积约 947 公顷，其中小淀乡 133 公顷，霍庄子乡 200 公顷，南王平乡 140 公顷，大张庄乡 473 公顷。维修 4 座泵站，建 5 座泵点，架设低压线路 1.5 千米，建涵洞及闸 55 座、斗门 241 处、防渗渠道 6.4 千米。是年，连片治理面积 2.4 千公顷，建泵站（点）9 处、斗门 293 处，架低压线路 1.7 千米，达到灌溉标准。增加稻田 120 公顷，增产 30％。

1997 年，淀洼实施连片治理、低产田改造，包括霍庄子、南王平、双街和双口等乡镇土地面积 700 公顷。新建泵点 12 处，涵闸 71 处、渡槽 4 处、斗门 211 处，架低压线 1.8 千米，修建防渗渠道 3.26 千米，连片治理后的中低产田面积 667 公顷，播种小麦面积 647 公顷，每年一季变两季，增加复种指数，提高粮食单产和总产。

1998 年，连片治理、改造中低产田面积 667 公顷，平整土地面积 177 公顷，修建节水防渗渠道 40 千米，新建坑塘增加蓄水 20 万立方米，打浅井 100 眼，维修深井 8 眼，改善灌溉面积 533 公顷，增加节水面积 467 公顷，新建、维修支渠以上水利设施 18 处。

1999 年，治理汉沟、大吕庄和西堤头等村低产田、荒地面积 720 公顷，清挖沟渠，平整土地，增加稻田面积 160 公顷、麦田面积 213 公顷。启动国家计划经济委员会批准立项的商品粮基地建设项目，全区商品粮种植面积总计 4533 公顷，其中高标准示范田面积 2533 公顷，中低产田改造面积 2000 公顷。是年，张献庄 33 公顷麦田进行低产田改造，修建 1300 米干渠防渗，田间全部实行条灌和畦灌，田间亩次灌溉水量由 400 立方米减少到 140 立方米，同时节省大量人力、物力和时间。

2000 年，平整土地 667 公顷，改造中低产田 667 公顷。结合市重点项目按规划调整 120 公顷大田渠系，修建三级防渗明渠 9.17 千米。

2002 年，投资 655.29 万元，在城市周边 6 条高速公路两侧各建设 500 米绿化带，北辰段全长 15.2 千米，涉及大张庄、小淀、宜兴埠镇，水利配套工程修防渗明渠 12.85 千米，打机井 9 眼，修过道涵 3 座，共动土方 201 万立方米。完成霍庄子乡 667 公顷中低产田改造，其中建泵站 3 座，打机井 2 眼，维修机井 2 眼，清挖支渠 26 条（长 5 千米），修建防渗明渠 17.67 千米，铺设塑料管道 3 千米，平整土地 0.67 千公顷，植树 1.5 万株。

2003 年，针对连续 7 年干旱严重缺水状况，确定以节水工程为主，实施农田水利基本建设，修建防渗明渠 20 千米，铺设地下塑料管道 15 千米，平整土地 867 公顷，清淤治理干支渠 26 条、长 46.48 千米，新增灌溉面积 133 公顷，改善除涝面积 667 公顷，增加蓄水能力 60 万立方米。

2004 年，完成双口、双街镇中低产田改造 2000 公顷，打机井 12 眼，建泵站 3 座、涵闸 51 座，维修涵闸 4 座，铺设塑料管道 42.6 千米，修建防渗明渠 13 千米，安装变压器 9 台，架设高低压线路 7.45 千米，修建农田路 29 千米，植树 5300 株。

2005—2006 年，农田水利配套工程清挖干渠 21.36 千米、支渠 61.51 千米，斗毛渠清淤面积 540 公顷，平整土地 87 公顷。2010 年，投资 760 万元，完成西堤头镇东堤头、西堤头村 668 公顷中低产田改造，修建防渗渠道 32 千米、泵点 7 座，打机井 4 眼。

四、盐碱地治理

北辰区属于半干旱性气候，年蒸发量为降水量的 2 倍，土壤水分除 7 月、8 月均为上行。地下水在毛细管作用下补给土壤水分，水分蒸发后，盐分随之上升，且大量留积土壤表层，形成盐碱地。

（一）盐碱地分布

20 世纪 90 年代初，区内盐碱地主要分布在京山铁路以东，永定新河以南，朱唐庄、小淀、宜兴埠和东堤头地区盐碱危害严重，北运河以西有次生盐碱地块。1999 年，区内有未改良盐碱地 1940 公顷。截至 2010 年，经治理区内基本没有盐碱地。1999 年北辰区盐碱地分布情况见表 5-1-37。

（二）盐碱治理

盐碱是北辰区东部地区农业生产的主要灾害。针对盐碱地具体情况，在冬春农田水利建设中采取开挖渠道，深翻土地，推广台田、条田等措施；完善各项水利工程配套设施，通过疏浚排灌渠道和农田整治，达到田、林、路、渠综合治理。

1991 年，投资 25 万元，完成 106.67 公顷菜田暗管排碱工程。1992 年，改造盐碱地 66.67 公顷，动土 2.2 万立方米。1996 年，盐碱耕地改良面积 15.08 千公顷，占盐碱耕地面积的 88.55%。1997 年，盐碱耕地改良面积 14.79 千公顷，占盐碱耕地面积的 88.2%。1999 年，盐碱耕地改良面积 14.69 千公顷，占盐碱耕地面积的 88.33%。2000 年后，每年改良盐碱地 14.77 千公顷。至 2010 年，盐碱地改良面积 16.256 千公顷，盐碱地改良率 100%。

表 5 - 1 - 37　　　　　　**1999 年北辰区盐碱地分布情况表**　　　　　单位：公顷

乡镇	盐碱地面积	已改良面积	未改良面积
天穆	446.67	446.67	—
北仓	913.33	740.00	173.33
双街	1360.00	1213.33	146.67
双口	1986.67	1986.67	—
青光	1740.00	1260.00	480.00
上河头	1740.00	1220.00	520.00
宜兴埠	366.67	366.67	—
小淀	1566.67	1266.67	300.00
大张庄	1946.67	1946.67	—
南王平	1940.00	1640.00	300.00
霍庄子	1640.00	1620.00	20.00
西堤头	980.00	980.00	—
合计	16626.68	14686.68	1940.00

第二节　泵站、涵闸、机井维修

一、泵站维修

1991 年，区内国有泵站绝大部分建于 20 世纪 60—70 年代，设施老化，功能减退。1991—2000 年，泵站逐年维修或大修，更换水泵、机电设备等。随着农村产业结构调整，城郊结合部第二、第三产业的发展壮大，科技园区建设和发展步伐加快，排蓄水能力不能适应经济、社会发展要求。2000 年后，市、区逐步加大国有和镇村泵站改造力度，每年针对泵站损坏程度，实施维修改造。至 2010 年，维修改造国有泵站 11 座、镇村泵站 50 余座，泵站有效排灌功能得到提升。

1991 年，全区有固定机电排灌站 148 处，配套电机 355 台，装机容量 26.44 万千瓦，其中，乡村泵站 129 座，配套电机 264 台，装机容量 15.64 千瓦，水泵口径在 300 毫米以上的泵站 88 座，提水能力 116.80 立方米每秒。2010 年，全区固定机电排灌站

148 座，装机容量 2.6445 万千瓦。

（一）国有区管泵站

国有泵站由国家投资兴建，隶属区排灌站管理，是区内排涝、灌溉主要设施，控制灌溉面积 8 千公顷，排水面积 23.2 千公顷。

1991 年，北郊区国有区管泵站共 21 座，其中代市水利局管理泵站 2 座（子牙河泵站、北运河泵站），总装机容量约 1.06 万千瓦，水泵 97 台，提水能力 127.2 立方米每秒。其中单灌泵站 2 座（永金泵站、北孙庄泵站），提水能力 7 立方米每秒；单排泵站 10 座［北运河、子牙河、武清河岔、二阎庄、小南河、三角地（北）、三角地（南）、双街、宜兴埠、三号桥泵站］，总流量 43.6 立方米每秒；灌排兼用站 6 座（韩盛庄、芦新河、温家房子、永青渠、芦新河二站、堵口堤泵站），总流量 32.60 立方米每秒；排蓄站 3 座（大张庄、大兴水库、淀南泵站），总流量 44 立方米每秒；流量在 10 立方米每秒以上的泵站 4 座，有大兴水库泵站、永青渠泵站、三号桥泵站、淀南泵站。大兴水库泵站为区内最大的扬水站，设计提水能力 21 立方米每秒。1991 年北郊区国有区管泵站情况见表 5-2-38。

表 5-2-38　　　　　　**1991 年北郊区国有区管泵站情况表**

序号	名　　称	所在河道	功能	建设年份	水泵		装机/千瓦
					台	提水量/立方米每秒	
1	宜兴埠	新开河	排	1965	5	6.4	475
2	温家房子	新开河	灌排	1959	4	8.0	620
3	淀南	永金引河	蓄排	1979	10	20.0	1550
4	三角地（北）	永金引河	排	1971	3	3.6	265
5	三角地（南）	永金引河	排	1979	2	4.0	310
6	小南河	新引河	排	1973	3	1.5	165
7	武清河岔	永定新河	排	1971	3	6.0	465
8	二阎庄	永定新河	排	1978	3	3.6	265
9	双街	永定新河	排	1964	5	4.0	275
10	永青渠	子牙河	灌排	1975	8	10.0	840
11	三号桥	永定新河	排	1978	5	10.0	775
12	韩盛庄	北京排污河	灌排	1974	4	5.6	420
13	芦新河	永金引河	灌排	1977	3	4.8	365
14	芦新河二站	丰产河	灌排	1985	2	1.0	110
15	永金	永金引河	灌	1984	6	3.0	330

续表

序号	名　称	所在河道	功能	建设年份	水泵		装机/千瓦
					台	提水量/立方米每秒	
16	大张庄	永定新河	蓄排	1984	3	3.0	390
17	北孙庄	郎园引河	灌	1981	8	4.0	440
18	大兴水库	机排河	蓄排	1986	7	21.0	1820
19	堵口堤	新引河	蓄排	1987	4	3.2	220
20	北运河（代）	北运河	排	1987	4	2.0	220
21	子牙河（代）	子牙河	排	1987	5	2.5	275
	合计				97	127.2	10595

1997年，小南河泵站、芦新河二站泵站划归镇村管理。新建科技园南区泵站。

2003年，新建新开河左堤泵站。

2004年，新建科技园拓展区泵站。

2009年，因北孙庄泵站功能老化报废拆除。

2010年，北辰区内国有泵站21座，其中区直管16座，即：宜兴埠、二阎庄、芦新河、三号桥、温家房子、双街、三角地（2座）、武清河岔、永青渠、大张庄、大兴水库、永金泵站、韩盛庄、堵口堤、淀南泵站；区代管5座，即：子牙河、北运河、新开河左堤、科技园南区、科技园南区拓展区泵站。总装机容量13915千瓦，排灌机械89台套，流量159.27立方米每秒。2010年北辰区国有区管泵站情况见表5-2-39。

表5-2-39　　　　**2010年北辰区国有区管泵站情况表**

序号	名　称	所在河道	功能	建设年份	更新改造年份	水泵		装机/千瓦
						台	提水量/立方米每秒	
1	宜兴埠	新开河	排	1965	2005	4	6.92	574
2	温家房子	新开河	灌排	1959	2010	6	13.00	1530
3	淀南	永金引河	排	1979	2010	6	28.00	2130
4	三角地（北）	永金引河	排	1971		3	3.60	265
5	三角地（南）	永金引河	排	1979		2	4.00	310
6	武清河岔	永定新河	排	1971		3	6.00	465
7	二阎庄	永定新河	排	1978	2003	3	6.00	465
8	双街	永定新河	排	1964	2009	5	10.00	1030
9	永青渠	子牙河	灌排	1975		8	10.00	840
10	三号桥	永定新河	排	1978	2005	5	10.00	775

| 序号 | 名　称 | 所在河道 | 功能 | 建设年份 | 更新改造年份 | 水泵 | | 装机/千瓦 |
						台	提水量/立方米每秒	
11	韩盛庄	北京排污河	灌排	1974	2004	3	6.30	515
12	芦新河	永金引河	灌排	1977	2003	3	4.80	365
13	永金	永金引河	灌	1984		6	3.00	330
14	大张庄	永定新河	排	1984		3	3.00	390
15	大兴水库	机排河	蓄	1986		7	21.00	1820
16	堵口堤	新引河	蓄排	1987	2003	4	3.20	220
17	北运河（代）	外环河与北运河交口	排	1987	2002	4	2.00	220
18	子牙河（代）	外环河与子牙河交口	排	1987	2002	5	2.50	275
19	新开河左堤（代）	外环线与新开河交汇处	排	2003		3	5.55	396
20	科技园南区（代）	外环线，科技园区东侧	排	1997		3	2.00	255
21	科技园拓展区（代）	丰产河与淀南引河交汇处	排	2004		3	8.40	745
	合计					89	159.27	13915

（二）镇村泵站

镇村泵站由国家补助投资，镇村自筹资金，建成后由所在镇村负责维修、管理。1991年，北辰区共有镇村建泵站129座，设计能力140.88立方米每秒。1991年后，争取市、区投资，改造维修镇村泵站，但由于原有泵站老化失修，个别泵站失去原有能力。2000年，北辰区内镇村泵站126座，流量128.53立方米每秒；电机263台，装机15197千瓦。2000年北辰区镇村泵站情况见表5-2-40。

表5-2-40　　　　　　　　**2000年北辰区镇村泵站情况表**

| 镇名称 | 数量/座 | 提水能力/立方米每秒 | 电　机 | |
			台	装机/千瓦
上河头	4	6.50	14	1234
青光	11	6.20	25	1107
双口	17	1.57	28	1245
天穆	13	15.70	29	1719
北仓	7	6.00	16	910
双街	3	3.80	8	425
宜兴埠	4	9.60	14	747

镇名称	数量/座	提水能力/立方米每秒	电机	
			台	装机/千瓦
小淀	13	16.40	21	1320
大张庄	8	10.70	13	715
南王平	16	17.40	31	1835
霍庄子	19	20.36	37	2154
西堤头	11	14.30	27	1786
合计	126	128.53	263	15197

2010年，北辰区内镇村泵站155座，设计流量149.11立方米每秒；电机266台，装机14479.5千瓦。2010年北辰区镇村泵站见表5-2-41。

表5-2-41   **2010年北辰区镇村泵站表**

镇名称	数量/座	设计流量/立方米每秒	电机	
			台	装机/千瓦
北仓	7	7.10	13	586.5
大张庄	24	23.10	37	2260
青光	21	12.08	32	1477
双街	10	18.10	19	1340
双口	36	17.60	46	2000
天穆	11	13.40	28	1417
西堤头	36	39.03	65	3860
小淀	6	8.40	11	760
宜兴埠	4	10.30	15	779
合计	155	149.11	266	14479.5

（三）泵站更新改造

1. 国有泵站

1997年，投资39.8万元（市补助10万元，自筹29.8万元），改建三角地泵站（流量1立方米每秒）。同年北辰区科技园区建设科技园区南区泵站，委托区水利局代管。

1999年5月，更换双街泵站水泵机电设备等，由区排灌管理站设计施工，更新水泵（直径600毫米）、电机（55千瓦）5台套，更换高低压线路设备，设计标准为农田排涝标准10年一遇，完成土方900立方米，石方133立方米，混凝土115立方米。2000年6月竣工，投资196万元。

2000—2003 年，新建新开河左堤泵站，改造子牙河、北运河泵站（以上 3 座为天津市外环线河道泵站，市属区代管）。

2003 年，改造芦新河、二阎庄、堵口堤及宜兴埠泵站。其中宜兴埠泵站设计标准 10 年一遇，安装水泵 5 台套，流量 6.4 立方米每秒，投资 250 万元；改造二阎庄扬水站，投资 244 万元，设计标准 20 年一遇，流量 6 立方米每秒；改造芦新河扬水站，投资 225 万元，设计标准 20 年一遇，设计流量 4.8 立方米每秒。

2004 年，改造韩盛庄泵站。将原卧式水泵更新为新型 QZB 潜水轴流泵，排水能力 6.3 立方米每秒；更新变压器、高低压开关柜等机电设备，配电间、机房、进水池拆除重建，出水池加固，更新闸门启闭机等，投资 235 万元，该工程 3 月 27 日开工，8 月 11 日通过验收。同年，投资 9.86 万元，维修加固武清河岔泵站；改造三号桥泵站，新建机房面积 879.6 平方米，更新全部电器设备，包括闸门启闭机，加固进水池和出水池，打土坝 5 座、土方量 1 万立方米，投资 300 万元；新建科技园区拓展区泵站 1 座，设计 8.4 立方米每秒，2004 年 4 月开工，6 月竣工，投资 600 万元。

2005 年，扩建双街泵站。随着区内经济发展，双街泵站控制范围内先后建成北辰开发区、双街新家园、沙庄万源开发区及各村工业小区。泵站控制范围面积 8 平方千米，居民人口 2 万余人。扩增排水流量，将原有 5 台直径 600 毫米卧式轴流泵拆除，更换 5 台直径 600 毫米立式泵，更换配电柜，增容变压器，更新机房地面以上部分土建工程（包括水泵梁、板以及出水池加高等），投资 406 万元。同年，由于志成道拓宽，将宜兴埠泵站（位于外环线与志成道交口新开河橡胶坝下游 70 米处）迁至京津塘高速公路以东，迁建后泵站规模及排水能力与原泵站相同，该泵站主体方案选择及明沟改造工程设计由市水利勘测设计院负责。泵站安装水泵 4 台套，设计流量 6.4 立方米每秒，铺设直径 2 米排水管道 936 米，混凝土 2464 立方米，砌石 1877 立方米，土方 9.1 万立方米。总投资 1328 万元。2005 年 5 月上旬开工，2006 年 4 月竣工。三号桥泵站更新改造工程。此泵站是北辰区丰产河调排蓄水、西水东调、东水西调的主要泵站，同时肩负着西堤头镇农田沥水的排放，改造后可以满足该地区 1.67 千公顷农田的灌溉需要。设计流量 10 立方米每秒，更新全部电器设备、闸门启闭机；大修水泵，更新围墙，加固进水池和出水池，新建厂房 879.6 平方米。区财政投资 300 万元。

2009 年，原址重建双街泵站，安装直径 900 毫米潜水泵 3 台、直径 700 毫米潜水泵 2 台，排水流量由原 4 立方米每秒提高到 10 立方米每秒，区政府投资 1032 万元。是年 3 月 30 日工程开工，9 月底竣工。工程包括铺设西排干长 56 米双排管道（直径 2.0 米），浇筑 55 米混凝土过堤方涵（2.5 米×3.0 米）和出水压力箱，进水池浆砌石和砌筑防洪闸，共完成土方 1.40 万立方米、石方 778 立方米、混凝土 809 立方米、浆砌石 507 立方米。同年，三号桥泵站完成机电设备更新。

2009 年，国家实施 4 万亿人民币基础设施投资计划，天津市水务局将北辰区永青渠泵站、淀南泵站、温家房子泵站及大兴泵站列入天津市大型灌溉排水泵站更新改造项目中。北辰区水务局委托市水利勘测设计院编制《天津市大型灌溉排水泵站更新改造工程北辰泵站可行性研究报告》。2009—2010 年完成淀南泵站、温家房子泵站改造。

淀南泵站重建：淀南泵站建于 1979 年，是一座灌排兼用泵站，经 30 年的运行，设施老化，设备落后，已满足不了灌排需要。2009 年由天津市水利勘测设计院设计，天津市水利工程建设有限公司施工，工程总投资 2900.51 万元，其中国家投资 955 万元、市级资金 495 万元、北辰区自筹 1450.51 万元。建设内容包括拆除原建筑物，新建主机房、电气副机房、管理用房、室外变电站、引渠、进水闸、进水前池、出水池等。安装直径 1200 毫米立式轴流泵 6 台，总装机 2130 千瓦，设计流量由原 20 立方米每秒提高到 28 立方米每秒，设计排涝标准 10 年一遇。完成土方 9.40 万立方米、石方 2250 立方米、混凝土 6331 立方米，用钢筋 467 吨、格栅式清污机 4 台套，铸铁闸门 9 扇。该项工程于 2009 年 9 月 30 日开工，2010 年 6 月 15 日主体工程竣工。

温家房子泵站迁建工程：温家房子泵站始建于 1959 年，1974 年改造，运行 36 年，不能正常使用。2010 年，在原址基础上向北退线 200 米拆除重建，设计流量 13 立方米每秒，安装直径 900 毫米潜水轴流泵 6 台。建筑物有进水方涵、进出水池、泵房及配电间、出水管道、穿堤涵闸等，配套的管道、箱涵工程长 726 米。工程总投资 4830 万元。其中主体工程投资 2880 万元，配套工程投资 1950 万元。工程于 2010 年 10 月开工，次年 7 月竣工。

温家房子泵站与淀南泵站、宜兴埠泵站共同承担沿河两岸 9.04 千公顷农田灌溉和排水。

2. 镇村泵站

由于镇村泵站绝大部分始建于 20 世纪 50—70 年代，到 90 年代已老化失修，经常出现故障，一般由所有权镇村负责维修保养，更换机泵或重新建设。但是由镇村出资维修改造泵站，增加镇村投资负担，使泵站完好率逐年下降。

1991 年，区政府出资维修改造东赵庄、霍庄子、季庄子、辛侯庄、小诸庄、吕庄、北何庄等泵站（点）10 座。1992 年维修泵站 14 座，1993 年维修泵站 5 座。1998—2004 年，完成乡村泵站维修 30 座。

2006 年，区政府提出"以泵站改造，促河渠清淤"，出台镇村泵站维修改造优惠政策，即《北辰区 2006 年农业重点项目扶持办法》，规定镇村泵站和桥涵闸维修改造区财政补助总工程投资的 60%，镇村自筹 40%。通过此项扶持政策的实施，调动了镇村的积极性。至 2010 年年底，完成镇村泵站维修改造 44 座和 10 座桥涵闸的更新改造。

2006 年，各镇村对老旧失修泵站摸底，上报项目，经区水务局调查核实，报区政府批准，区水利局组织测量、设计图纸、编制预算、组织施工，对双口、青光、小淀和天穆等镇10个村级泵站改造或重建，实行统一设计、统一采购主要设备、统一组织施工、统一自建管理。年底，完成天穆丰产渠、双口平安庄等11座镇村泵站维修改造工程，总投资314.55万元。

2007年，维修改造西堤头镇西堤头、东赵庄、姚庄子、季庄子村泵站，大张庄镇小诸庄（2座）、大吕庄、大诸庄村泵站，小淀镇小淀、温家房子村泵站，双街镇汉沟、庞嘴村泵站共12座，投资637.2万元（包括国有大兴水库单眼泵站、丰产河首闸泵站投资），改善排灌面积0.23万公顷。

2008年，镇村12座泵站（包括国有大兴水库泵站）和10座桥涵闸更新、改造工程被列为北辰区政府改善人民生活20件实事之一，投资564.95万元，涉及5镇10个村。分别为：青光镇青光村泵站（2座），西堤头镇刘快庄、季庄子、芦新河、霍庄子、辛侯庄村泵站，双街镇小街村泵站，北仓镇王秦庄、三义村泵站，小淀镇赵庄村泵站共11座镇村泵站，共动土石方6.58万立方米；建管理房20间，建筑面积280平方米；安装新式潜水轴流泵18台套，流量9立方米每秒，改善灌排面积3.7千公顷。

2009年，维修改造镇村泵站6座，涉及大张庄镇李辛庄、北何庄村，西堤头镇刘快庄、辛侯庄村，双街镇郎园、下辛庄村，共安装立式潜水轴流泵12台套，设计流量10.4立方米每秒，新增流量6.2立方米每秒。

2010年，维修宜兴埠镇二五四泵站，重建韩盛庄、东堤头泵站，新建北何庄泵站。4座泵站总装机容量895千瓦，设计流量8.2立方米每秒，农田排涝标准从不足3年一遇提高到10年一遇。总投资840.07万元，其中区财政补助303.45万元，镇村自筹536.62万元。

2000—2010年北辰区国有泵站改造和2006—2010年北辰区镇村泵站改造见表5-2-42和表5-2-43。

表5-2-42　　　　　**2000—2010年北辰区国有泵站改造表**

序号	泵站名称	建站时间	所在河系	设计流量/立方米每秒	控制面积/公顷	功能	更新改造时间
1	韩盛庄	1974	北京排污河	6.30	2666.67	排灌	2004年改造
2	芦新河	1977	永金引河	4.80	2000.00	排灌	2003年改造
3	二阎庄	1978	永定新河	6.00	4000.00	排灌	2003年改造
4	宜兴埠	1965	新开河—金钟河	6.92	1666.67	排	2005年迁建
5	双街	1964	永定新河	10.00	1666.67	排灌	2009年改造
6	堵口堤	1987	新引河	3.20	666.67	排灌	2003年改造
7	三号桥	1977	永定新河	10.00	2333.33	排	2005年改造

序号	泵站名称	建站时间	所在河系	设计流量/立方米每秒	控制面积/公顷	功能	更新改造时间
8	三角地	1971	永金引河	7.60	2000.00	排	未改造
9	淀南	1979	永金引河	28.00	5000.00	排	2009 年改造
10	温家房子	1959	金钟河	13.00	2333.33	排	2010 年改造
11	大张庄	1984	永定新河	3.00	1000.00	排灌	未改造
12	永青渠	1975	子牙河	10.00	2666.67	排灌	未改造
13	大兴水库	1986	机排河	21.00	5000.00	排灌	未改造
14	武清河岔	1971	永定新河	6.60	1333.33	排	未改造
15	永金	1984	永金引河	3.00	1000.00	灌	未改造
16	子牙河（代管）	1987	子牙河	2.50	666.67	排	2002 年改造
17	北运河（代管）	1987	北运河	2.00	666.67	排灌	2002 年改造
18	科技园南区（代管）	1997	外环河	2.00	—	排	—
19	拓展区（代管）	2004	丰产河	8.40	—	排	—
20	新开河左堤（代管）	2003	新开河	5.55	—	排	—

表 5 - 2 - 43 **2006—2010 年北辰区镇村泵站改造表**

时间	镇名称	泵站地址	装机/台	设计流量/立方米每秒	装机/千瓦	泵站类别	备注
2006	青光	韩家墅	2	1.300	100	灌排	新建
		韩家墅小桥 1 号	2	1.500	160	灌溉	更新、改造
	天穆	丰产河	4	3.200	380	灌排	维修
		水泥厂	2	1.100	110	灌排	维修
	小淀	刘安庄	1	0.500	55	排水	新建
		小淀村 1 号桥	2	1.500	110	排水	重建
	双口	杨河村	1	0.400	45	灌溉	重建
		前丁庄	2	1.100	150	灌排	维修
		后丁庄	2	0.885	130	排水	维修
		平安庄	2	1.100	150	排水	维修
		平安庄	1	0.600	55	灌溉	更新

时间	镇名称	泵站地址	装机/台	设计流量/立方米每秒	装机/千瓦	泵站类别	备注
2007	西堤头	东赵庄村	3	1.960	245	灌排	重建
		西堤头村	3	2.600	245	灌排	重建
		姚庄子村	2	1.500	110	灌排	重建
		季庄子村	2	0.800	90	灌排	重建
	大张庄	小诸庄村（南）	1	0.400	45	灌溉	重建
		小诸庄村（西）	2	0.400	45	灌溉	重建
		大吕庄村	1	0.500	55	排水	维修
		大诸庄村	2	1.100	110	灌溉	维修
	双街	庞嘴村	1	0.600	55	灌排	重建
		汉沟村	2	2.500	190	灌排	更新、维修
	小淀	温家房子村	3	3.300	265	灌排	维修
		小淀村	2	1.100	110	排	重建
2008	小淀	赵庄村	2	1.100	110	灌排	重建
	西堤头	辛侯庄村	2	1.300	100	灌排	重建
		芦新河村	1	0.600	55	灌排	重建
		季庄子村	2	1.100	110	灌排	维修
		霍庄子村	2	1.300	100	灌排	重建
		刘快庄村	2	1.300	100	灌排	重建
	青光	青光村秦岗子	1	0.400	45	灌排	重建
		青光村	1	0.400	45	灌排	重建
	双街	小街村	2	1.100	110	排水	维修
	北仓	三义村	1	0.500	55	排水	重建
		王秦庄村	2	1.100	110	灌排	重建
2009	大张庄	北何庄村	2	1.100	110	灌排	维修
		李辛庄村	2	1.100	110	灌排	维修
	西堤头	辛侯庄村	1	0.400	45	灌排	重建
		刘快庄村	2	1.600	140	灌排	重建
	双街	上蒲口村	2	1.100	110	灌排	重建
		下辛庄村	3	4.000	345	灌排	重建

时间	镇名称	泵站地址	装机/台	设计流量/立方米每秒	装机/千瓦	泵站类别	备注
2010	宜兴埠	二五四村	3	2.400	165	排灌	维修
	西堤头	韩盛庄	2	1.600	220	排灌	重建
		东堤头	3	3.400	295	排灌	重建
	大张庄	北何庄	2	1.000	110	排灌	重建

二、涵闸维修

为解决区内调水、蓄水、灌溉、排涝问题，在农村水利建设中开挖渠道、凿井，兴修河道及镇村骨干渠道时，相应修建大量闸涵配套设施，起到节制作用。

1991 年，全区新建中小型闸 11 座、农用配套闸 254 座。2010 年，全区有排灌闸涵1364 座，总设计能力 4048 立方米每秒，其中设计规模 1～10 立方米每秒的有 1323 座。有中小型配套闸涵 454 座，其中一级河道 2 座，二级河道 73 座，国有扬水站配套闸涵81 座，镇村农田配套闸涵 298 座。

截至 2010 年，全区有郎园引河首闸、丰产河首闸、永青渠首闸（中泓堤闸）、堵口堤闸（淀南引河进水闸）、新斜堤闸、永金引河分水闸等 18 座主要闸涵。2010 年北辰区镇级农田配套闸涵情况和主要闸涵情况见表 5 - 2 - 44 和表 5 - 2 - 45。

表 5 - 2 - 44　　　　　**2010 年北辰区镇级农田配套闸涵情况表**

镇名称	数量/座	镇名称	数量/座
北仓	24	天穆	19
大张庄	67	西堤头	40
青光	36	小淀	11
双街	25	宜兴埠	9
双口	67	合计	298

（一）主要涵闸

郎园引河首闸。1969 年 8 月在郎园村西南、北运河左堤修建，设计流量 20 立方米每秒，担负灌溉面积 1 万公顷。闸分三孔，底高程 1.25 米，顶高程 4.30 米，闸孔 3 米×2.7 米，洞身长 29 米。钢筋混凝土结构，铁木闸门，启闭机 5 吨。1999 年，投资 18 万元，更换铸铁闸（3 米×3 米）、8 吨启闭机 1 台套。堵涵洞 2 孔，整修石墙护坡，完成土方 256 立方米，砌石 105 立方米，混凝土 27 立方米。郎园引河首闸如图 5 - 2 - 8 所示。

表 5－2－45

2010 年北辰区主要闸涵情况表

闸　　名	所在河流	用途	设计流量/立方米每秒	闸底高程/米	闸顶高程/米	孔数	闸门结构型式	闸孔尺寸（方孔或圆孔）	启闭机		
									型式	台数	启闭力/吨
郎园引河首闸	郎园引河	引水	20	1.25	4.30	3	铁木门	3米×2.7米	人工手动	3	5
朗园引河京津塘高速节制闸	郎园引河	调蓄	20	−0.50	4.50	3	双向拱形铸铁	3米×3米	人工手动	3	20
朗园引河津围公路节制闸	郎园引河	调蓄	20	−0.50	4.50	3	双向拱形铸铁	3米×3米	人工手动	3	20
铁东节制闸	郎园引河	调蓄	20	0.90	5.00	4	木平板门	2米×2米	人工手动	4	5
风电园区津围公路闸	郎园引河	调蓄	20	−0.50	4.50	3	平板铸铁	3米×3米	人工手动	3	20
新斜堤闸	郎园引河	调蓄	20	−0.25	2.80	3	铁闸门	3米×2.7米	人工手动	3	5
大兴庄闸	郎园引河	蓄水	20	0	2.50	4	木平板门	2米×2米	手动	4	5
机排河倒虹闸	郎园引河	蓄水	20	−1.00	—	2	钢平板门	直径1.5米、1.65米	手动	2	5
丰产河首闸	丰产河	引水	20	−0.50	—	2	钢平板门	直径1.8米	手摇	3	3
兴淀公路闸	丰产河	调蓄	10	−0.50	—	4	木平板门	直径1.8米	手摇	4	5
1～4桥闸	丰产河	—	20	0	—	3	木平板门	直径1.5米	手摇	3	3
马场低水闸	永定河	调蓄	35	1.50	4.20	6	钢平板门	2.5米×2.8米	手动单吊	6	10
温家房子排总节制闸	淀南引河	调水	15	0	3.50	6	木平板门	2米×3米	手摇	3	5
堵口堤闸	淀南引河	排水	6.5	0.10	—	2	钢平板门	1.8米×2.1米	手摇	2	5
津围公路闸	淀南引河	排水	6.5	0.80～0.20	—	3	钢平板门	直径1米、1.5米	手摇	3	3
永清渠首闸（中泓堤闸）	永清渠	蓄排	28	−1.75	7.30	3	双向拱形铸铁	2.7米×3.5米	人工手动	3	20
机排河自流闸	机排河	排水	30	0.30	3.55	4	木平直升板门	3米×3米	手、电两用	4	10
永金引河分水闸	永金引河	灌溉冲淤	200	−1.30	—	9	平板钢门	3米×4.55米	螺杆式	9	10

丰产河首闸。坐落在北运河左岸、丰产河首、阎街村南，建于1975年，担负调北运河水入丰产河，灌溉北仓、天穆、小淀3乡镇农田。该工程为2孔，混凝土预制管涵闸，单孔直径1.80米，涵洞长26米，闸底高程5.00米，设计流量20立方米每秒。

图5-2-8　郎园引河首闸（2010年摄）

堵口堤闸（淀南引河进水闸）。坐落在小淀镇新引河与淀南引河交口处，控制新引河水位，排泄新引河洪水，闸分2孔、方形，孔宽1.80米，高2.1米，闸底高程0.10米，设计流量6.50立方米每秒。1993年，汛前重新制作3孔木闸门，并对闸附属建筑物进行维修。1994年11月，在原址改建。进洪闸水闸结构型式改为开敞式，孔数为4孔，设计过闸流量为380立方米每秒，校核过闸流量为480立方米每秒。

新斜堤闸。坐落在郎园引河与机排河交叉处，控制郎园引河水位，建于1971年。闸分3孔，方形，孔宽3米，高2.7米，闸底高程-0.25米，流量20立方米每秒。

永金引河分水闸。坐落在大张庄镇大张庄村东南，闸体在永金引河之首。1970—1972

图5-2-9　永金引河分水闸（2009年摄）

年，地方自筹资金180万元建成，将新引河水引向永金引河，灌溉农田。闸分9孔，单孔宽3米，闸底板高程1.30米，设计闸上水位3米，流量200立方米每秒；平板钢闸高4.55米，宽3米，配有螺杆式启闭机9台。永金引河分水闸如图5-2-9所示。

郎园引河节制闸（2座）。2010年新建，分别在京津塘高速公路桥闸和津围公路东200米处，闸底高程-0.50米，闸宽3米，高3米。2010年建成。

（二）闸涵维修

1991年，按照天津市防汛抗旱办公室指示，投资2.38万元，维修刘房子、桃寺2处涵闸。是年，为充分利用引滦水，确保送水顺利，实施引滦护水工程，在此项工程中对相关涵闸进行维修；11月重修刘家码头涵闸并检修大张庄、朱唐庄、北麻疙瘩、李家房子4处闸，在刘房子和王庄大沟打护水坝2处，为保证汛期排水拆除汛期坝1处。维修开支共8160元，其中人工费4850元，材料费3310元。是年，建涵洞79座，建闸123座，建渡槽10座。

1992年，维修涵闸11座，新建涵闸88座。1993年，维修涵闸2处，建桥1座，完成永青渠涵闸铁闸门更换。1995 年，投资 51 万元，完成永定新河出水闸门更新及泵站出水口改造工程。

1997 年，对刘房子节制闸等 9 项过水涵闸实施维修，防止污水倒灌污染引滦水质，该 9 项工程土石方量 900 立方米，更新闸门 10 孔，总投资 55.2 万元。是年建节制闸 45 处，渡槽 3 处，斗门 130 处，涵闸 25 座。6 月 25 日至 7 月 15 日，投资 34.36 万元，用于霍庄子、南王平、大张庄镇部分村调引永定新河水灌溉农田；完成机排河自流闸维修护砌工程，护砌面积 7200 平方米；建消力坎 1800 平方米，浇筑钢筋混凝土 85 立方米，浆砌片石 406 立方米，清淤 4400 立方米。由原来单一排水闸变为调排兼用闸。投资 33.5 万元，完成北京排污河韩盛庄泵站闸井工程，砌筑砖石 120 立方米，浇筑钢筋混凝土 53 万立方米，挖填土方 1500 立方米；实施由区水利局设计的机排河姚庄子自流闸改造工程；西部上河头乡津同公路东侧、津霸公路南 300 米处，1 个新企业厂址紧靠王庆坨排干所，故建线河二村王庆坨排干闸和 1 座涵桥，结构为砌石盖板，承受荷载 10 吨，断面高 2.5 米，宽 2 米，过水断面 5 平方米。是年，建涵闸 23 座。

2002 年，投资 160 万元，完成二级河道 4 处闸门更新改造，2 处废闸口门复堤和危桥重建工程，动土 3600 万立方米，砌石 700 立方米，混凝土 400 立方米。2002 年北辰区二级河道涵闸更新改造情况见表 5-2-46。

表 5-2-46　　**2002 年北辰区二级河道涵闸更新改造情况表**

项目名称	所在河道	项目内容	主要工程量/立方米			投资/万元
			土方	浆砌石	混凝土	
三岔河口涵闸	丰产河	3 孔 2.5 米×3.0 米涵闸更新改造	600	80	50	20
辛侯庄明渠闸门	郎园引河	2 孔 3.3 米×5.0 米闸门更新，维修八字墙及护坡	500	60	30	15
辛侯庄明渠倒虹闸		2 孔 3.3 米×5.0 米闸门更新，维修八字墙及护坡	500	60	30	15
机排河郎园引河交口处闸门	机排河	5 孔 1.2 米×2.0 米闸门更新，启闸梁维修	1000	200	100	40
铁东路闸门	郎园引河	4 孔 2 米×3 米闸门更新改造	600	200	120	40
铁东路拱桥重建		铁东路拱桥属危桥重建	400	100	70	30

2003 年 3 月，区防汛办公室对区内二级河道进行汛前检查，发现 6 处桥涵闸等因年久失修，损坏严重。为解决汛期高水位和排沥隐患，投入资金 160 万元进行维修。

2005 年，投资 61.63 万元，完成新开河温家房子废弃闸门拆除、欢坨闸险段封堵维修工程，筑堤动土方 2.6 万立方米，拆除浆砌石 1109 立方米。温家房子废弃涵闸和欢坨闸因汛期水位高，出现渗水现象，为保证堤防安全，对 2 座闸采取封堵措施。是年，温家房子穿堤涵闸，采取局部拆除、封堵，只拆除封口占用的涵闸进口护坡、护底，在其上填土分层碾压并与上下游坡面衔接；顶高程 5.00 米（大沽高程，下同），顶宽 4 米，前后坡比 1：2，土方 5041 立方米，拆除石方 684 立方米，投资 14.36 万元。由于欢坨闸体结构位于堤外，在堤防位置开口作为引渠，引渠段筑堤封堵与现状堤防衔接。筑堤前拆除引渠段浆砌石护坡，并清除堤身基础断面以内淤泥。新筑堤长 105 米，与现状堤防接缝坡度为 1：3，堤顶高程为 6.00 米，宽 6 米，迎、背水侧边坡均为 1：3，坡下脚高程－2.00 米，土方 2.10 万立方米，拆除石方 425 立方米，投资 47.27 万元。

2007 年，永定新河小南河闸维修，投资 16 万元；永定河立新园林场 1 号闸维修，投资 5 万元；永定河立新园林场 2 号闸维修，投资 8.5 万元；金钟河温家房子排水闸维修，投资 4 万元；金钟河西堤头排水闸维修，投资 13 万元。

2008 年，完成 12 座桥涵闸维修改造工程，超计划 2 座，共涉及 5 个镇 8 个村，分别为双口镇安光养殖小区涵桥、安光三道坝涵桥、安光北支涵闸、线河二村涵桥、西堤头镇刘快庄涵闸、赵庄子涵桥、大张庄镇喜高路涵桥、南韩路涵桥、青光镇韩家墅涵闸和农产品批发市场 2 座涵桥，小淀镇小淀涵闸。投资 777.12 万元，其中区财政补助 522.89 万元，镇村自筹 254.23 万元。

2009 年，投资 655.88 万元（市、区投资 393.53 万元，镇、村自筹 262.35 万元），完成泵站和桥涵闸维修改造，其中涵桥、涵闸 9 座，涉及青光镇青光村涵闸 6 座，双口镇双口二村、双口三村、杨家河村各 1 座。通过配套设施建设，1.53 千公顷农田排涝标准从不足 3 年一遇提高到 10 年一遇。

2010 年，完成新建 1 座镇村泵站、维修改造 5 座镇村泵站和 6 座桥涵闸工程。其中涉及大兴水库永定新河进水闸、杨家河村三支渠闸、韩家墅批发市场桥、中泓故道桥、安光引河闸、刘家码头闸维修改造工程。总投资 840.07 万元，其中区财政补助 303.45 万元，镇村自筹 536.62 万元。

三、机井维修

1991 年，全区有机井 537 眼，其中旱田井 239 眼，菜田井 173 眼，鱼池井 4 眼，生活井 79 眼，工副业用井 42 眼，灌溉面积为 3677.93 公顷，其中菜田面积 2149.93 公顷，旱田面积 1528 公顷。

1995 年，实行地下水取水许可审批制度，企业、居民、镇村农田灌溉开采地下水受到限制，机井数量、取水量逐年减少。2010 年，区内使用地下水企业单位有 94 家，企业机井 135 眼，其中正常生产企业 42 家，使用机井 72 眼，全部安装计量设施，使用良好。停产企业 52 家，暂封存机井 63 眼。农业生产及农村生活井 511 眼，其中农业生产井 261 眼，农村生活井 201 眼，设施农业井 49 眼。1991—2005 年和 2006—2010 年北辰区机电井情况见表 5-2-47 和表 5-2-48。

表 5-2-47　　　　　　**1991—2005 年北辰区机电井情况表**

年份	机电井合计/眼	完好机电井/眼	配套生产井		配套农用井		配套深井	
			数量/眼	装机动力/千瓦	数量/眼	装机动力/千瓦	数量/眼	装机动力/千瓦
1991	537	503	—	—	—	—	503	15036
1992	551	521	—	—	—	—	501	14028
1993	561	524	—	—	—	—	511	14308
1994	568	528	—	—	—	—	517	14476
1995	579	539	493	13804	416	11648	528	14784
1996	586	539	495	13860	417	11676	535	14980
1997	597	541	502	14056	418	11704	544	15288
1998	599	552	503	14084	417	11676	546	15288
1999	595	551	182	5096	413	11564	595	16660
2000	594	547	492	13776	400	11200	594	16632
2001	617	570	504	14112	407	11396	617	17276
2002	602	465	446	12488	323	9044	602	16856
2003	615	478	459	12852	331	9268	615	17220
2004	637	500	480	13566	352	9982	637	17992
2005	637	500	480	13566	352	9982	637	17992

表 5-2-48　　　　　　**2006—2010 年北辰区机电井情况表**

年份	井数/眼	其　中		分　布　情　况		
		完好	病井	农业	生活	企业
2006	647	510	137	362	157	128
2007	591	465	126	303	155	133
2008	557	465	92	273	152	132
2009	646	539	107	310	201	135
2010	646	539	107	310	201	135

新凿机井及维修。1991 年年底全区机井总数为 537 眼，全年投资 36 万元，维修机井 13 眼，新打机井 6 眼，回填报废机井 600 眼。

1992 年，投资 23.9 万元，新打机井 20 眼，增加效益面积 20 公顷。维修坏井 26 眼，恢复效益面积 266.67 公顷，回填报废井 15 眼。在西部地区打浅层试验井 4 眼，完成小淀乡集中供水 1 处，解决 7000 多人饮水和村办企业用水。

1993年，新打机井19眼，修复病坏井30眼，恢复效益面积200公顷，回填废井15眼。

1994年，投资7.2万元，完成霍庄子浅层井建设，新打机井12眼，其中农业井6眼。

1995年始，开发利用西部浅层水，打30米水泥管试验浅井16眼，每眼投资8000元，其中农民负担50％、市补50％，水质和水量符合要求。

1996年，打农用深水井13眼，浅水井24眼，增加有效灌溉面积36.67公顷。

1997年，青光、双口和上河头等乡镇新打浅水井52眼，天穆镇打浅水井36眼，打深水井13眼，维修深水井22眼。

1998年，新打浅水井100眼，新打更新井10眼，维修病井45眼。适宜打井地区尽可能增打，保证人畜用水，稳定机井灌溉面积。

1999年，投资（自筹）126万元，打深水井12眼，维修病井20眼。投资156万元，在青光等5个镇，打浅水井200眼，增加效益面积153.3公顷。截至1999年年底，区内机电井595眼，装机容量1.666万千瓦，其中农田井239眼，园田井173眼，生活井99眼，企业井84眼，机井完好率91.49％。

2000年，维修病井454眼，在稳定井灌面积基础上，尽可能在宜打井地区增打井并搞好井泵配套。

2001年，全区更新农田深水井11眼，打深水井23眼；双街、双口和青光等镇打浅水井160眼，增加效益面积220公顷。

2002—2010年，新打机井数量逐年减少，老旧机井更新数量逐年减少，至2007年北辰区共有机井591眼，2007年北辰区各镇农业机井分布情况见表5-2-49。至2010年，区内有机电井646眼，装机容量1.566万千瓦，其中农用井310眼、装机容量0.868万千瓦。

表5-2-49　　　　　　**2007年北辰区各镇农业机井分布情况表**

镇名称	机井总数/眼	其中		分　　布				效益面积/公顷	
		完好	病井	旱田	园田	生活	企业	旱田	园田
北仓	13	10	3	2	6	3	2	18.8	65.2
双街	53	32	21	4	19	20	10	37.6	206.5
双口	145	111	34	98	10	31	6	921.2	108.7
青光	25	17	8	3	2	14	6	28.2	21.7
宜兴埠	20	16	4	—	8	—	12	—	86.9
小淀	36	34	2	3	10	13	10	28.2	108.7
大张庄	148	111	37	50	22	44	32	466.7	239.0
西堤头	151	134	17	28	38	30	55	263.2	412.9
合计	591	465	126	188	115	155	133	1763.9	1249.6

第三节　农村饮水工程

　　20 世纪 90 年代，区内连续出现旱情，全区相继实施人畜饮水解困工程。按照市政府、市水利局部署，北辰区实施农村饮水解困应急工程。通过实施农村饮水安全工程及管网入户改造，改变农村居民饮水难、饮用高氟水的历史，改善农村饮水卫生条件，降低或消除由于水质氟含量超标引起的氟斑牙、氟骨症等疾病。

一、饮水解困

　　2001 年，投资 142.8 万元（市财政局拨付补助资金 32 万元、区财政匹配资金 32 万元、镇村集资 78.8 万元），更新深水井 8 眼，解决 8 个人畜饮水特困村 1.5 万人饮水、20 余家企业用水和 2700 头牲畜饮水问题；投资 68 万元（天津市教委捐款 24 万元、北辰电力局捐款 10 万元、村民集资 34 万元），维修机井 16 眼，临时解决 3.2 万人的饮水困难。2002—2004 年，实施全区人畜饮水解困工程。按照市政府三年内解决全市农村饮水困难的要求，以解决全区农民饮水困难为重点，以大旱之年全区农民人畜饮水不再出现困难为目标，实施"民心工程"。工程总投资 1272.2 万元，一年半时间完成，新凿机井 85 眼，解决 15.15 万人饮水困难。2004 年，在天穆镇刘房子村建节水工程 1 处；修建小淀、小贺庄集中供水工程 2 处，解决 5000 余人饮水困难。

二、饮水安全

　　为解决农村居民饮水不安全问题，2006 年 11 月，天津市水利局按照国家五部委联合下发的《关于做好农村饮水安全工作的通知》，实施了农村饮水安全改造工程。11 月 19 日，市政府批复《天津市饮水安全及管网入户改造工程规划方案》，决定从 2006 年起用五年时间（2006—2010 年），解决农村居民饮水不安全问题。

　　2007 年，按照市水利局总体部署和要求，北辰区启动了农村饮水安全工程，编制了《北辰区'十一五'除氟改水工程规划》，按照规划要求，实施饮水除氟改造工程，投资 187.75 万元，在青光镇、双口镇建设除氟供水站 2 处，安装除氟设备 2 套，购置饮水机 10071 台，水桶 20142 个，新建厂房及管理房 175 平方米。解决了 15 个村（青光镇青光、韩家墅、李家房子村，双口镇徐堡、线一、线二、平安庄、双河、上河头、中河头、安光、郝堡、赵圈、前堡、后堡村）3.2 万人的饮用高氟水问题。

三、管网改造

2005 年，对区内农村用水情况展开调查，完成《北辰区农村饮水现状调查评估报告》《北辰区 2004 年地下水位动态观测年鉴》《北辰区二十年地下水动态资料》，对 45 个村、8.2 万农民饮水安全和部分村自来水管道老化、净化水资金不足问题分析后，制定解决措施，编制上报《天津市北辰区农村饮水安全"十一五"规划》《天津市北辰区 2004—2007 年农村饮水安全工程可行性报告》，争取市水利专项资金支持，全面解决区内农村人口安全饮水问题。

"十一五"期间，天津市发展改革委员会、天津市水利局根据国家发展改革委和水利部要求，推荐北辰区为全国农村饮水安全工程示范区（2007—2009 年）。区委、区政府十分重视此项工作，将农村饮水安全及管网入户改造工程作为全区十件实事之一，在《天津市农村饮水安全工程"十一五"规划》基础上，加快农村饮水安全工程建设，提出 5 年工程 3 年完成的目标。2007 年，管网改造入户工程涉及 4 个镇 16 个村（青光镇青光村，小淀镇小贺庄村，大张庄镇小孟庄、小杨庄、北何庄、芦庄、小昌庄、董连庄、下殷庄、大诸庄村，西堤头镇东堤头、芦新河、姚庄子、霍庄子、东赵庄、季庄子村）3.4 万人，铺设供水主管线 215.04 千米、支管线 92.75 千米，建管理房 320 平方米，安装恒压变频设备 16 台套，安装水表 10618 块，总投资 1081.37 万元。

2008 年，总投资 1123.67 万元，铺设供水管道 127.23 千米，安装变频设备 7 套、消毒设备 7 套，新建管理房 140.7 平方米，水表井 4496 座，阀门井 43 座，解决 4 个镇 10 个行政村 4495 户 14814 人饮水困难问题。2009 年，投资 919.65 万元，铺设输水管道 193 千米，安装恒压变频设备 12 套、水处理设备 12 套，新建管理房 221.4 平方米，解决 11 个村 2.3 万人饮水困难问题。

以上供水工程按照国家发展改革委和水利部的要求，在农村饮水安全工程建设中推行"六制"：规划建卡；社会公示；加强工程主要设备、材料采购和施工管理；项目资金专户管理；加强工程建设资金质量管理，搞好验收；落实管理责任和建立水价机制，实现工程长效运行。

第四节　灌　区　建　设

1990 年后，推广节水技术，完成万亩低产田改造、万亩农业综合开发、万亩节水示范田改造等项目。修建灌溉设施，开挖疏浚排灌渠道，建成双口、双街、大张庄和西堤头镇等数万亩节水工程，新增有效灌溉面积207公顷，改善灌溉面积467公顷，改善除涝面积667公顷，新增排灌装机416千瓦。

1991年，农田水利建设实施缺水地区调引蓄水枢纽和龙头工程。上河头乡以杨河引水渠为龙头的田间提水灌溉配套工程；双口乡以屈家店引水渠为龙头西调安光水利配套和田间提水配套工程；大张庄乡由小南河水北调为龙头的主体配套工程。1996年，区内建万亩以上灌区8处，面积11.87千公顷。旱涝保收面积8.42千公顷，盐碱耕地改良面积14.82千公顷，有效灌溉面积14.36千公顷，除涝面积15.94千公顷。

1997年，区内有效灌溉面积14.54千公顷，其中机电排灌面积13.92千公顷，旱涝保收面积8.41千公顷；除涝面积16.91千公顷，占易涝面积的86%；盐碱耕地改良面积达到148公顷，占盐碱耕地面积的88.2%。

2010年，区内灌溉面积17.38千公顷，其中有效灌溉面积14.53千公顷，林地灌溉面积0.79千公顷，园田灌溉面积2.06千公顷；万亩以上灌区7个，灌区干支渠长度916.4千米。

1991—2010年北辰区农田灌溉情况见表5-4-50。

表5-4-50   **1991—2010年北辰区农田灌溉情况表**   单位：公顷

年份	有效灌溉面积	当年实际灌溉面积	机电排灌面积	旱涝保收面积	纯排面积
1991	15200	13310	16460	8780	—
1992	14890	13860	14850	8870	—
1993	14670	13400	13780	8870	—
1994	14410	12230	13650	8560	1560
1995	14400	13590	13970	8560	1450
1996	14360	13620	13950	8420	—
1997	14540	13800	13920	8410	1450
1998	14540	13160	12440	8510	1450
1999	14540	13030	14410	8510	1380
2000	14540	12510	13900	8230	1390
2001	14540	12330	13720	8230	1390
2002	14540	12330	13720	8230	1390
2003	14540	12330	13720	8230	1390
2004	14540	12330	13720	8230	1390
2005	14540	12330	13720	8230	1390
2006	14530	12330	13720	8230	1390
2007	14530	12330	13720	8230	1390
2008	14540	12330	13720	8230	1390
2009	14530	12330	13720	8230	1390
2010	14530	12330	13720	8230	1390

1991—2010 年，北辰区农田灌区根据地表水资源和水利条件，结合区内农业种植状况和社会经济等条件，分为永新南排灌区、永新北排灌区、运河西排灌区 3 个灌区（含 19 个自然灌区），至 2006 年，编制北辰区灌区规划，规划以中型灌区为标准，将原 3 大排灌区划分为 7 个中型灌区。即永新南排灌区，含宜兴埠、丰产河、芦新河 3 个灌区；永新北排灌区，含郎园引河灌区；运河西排灌区，含北运河、卫河、永青渠灌区。2006 年北辰区中型灌区情况见表 5-4-51。

表 5-4-51　　　　　　　　**2006 年北辰区中型灌区情况表**

灌区名称	宜兴埠	丰产河	芦新河	郎园引河	北运河	卫河	永青渠
灌区管理单位	宜兴埠镇水利站	大张庄、小淀镇水利站	大张庄、西堤头镇水利站	大张庄、西堤头、双街镇水利站	双街、双口镇水利站	双口镇水利站	双口、青光镇水利站
水源名称	丰产河	丰产河、永金引河	丰产河、永金引河、金钟河	郎园引河	北运河	卫河	永青渠
灌区规模	中型	中型	中型	中型	中型	中型	中型
设计灌溉面积/公顷	666.7	2133.3	2266.7	5533.3	1800.0	1866.7	3133.3
有效灌溉面积/公顷	333.3	1866.7	2133.3	5266.7	1600.0	1200.0	2133.3
工程节水灌溉面积/公顷	333.3	1600.0	1866.7	3533.3	1200.0	666.7	1533.3
粮食播种面积/公顷	266.7	1550.0	1333.3	366.7	1333.3	740.0	166.7
粮食总产量/千公斤	1343.6	7816.7	6718	18474.5	6719.7	3709	8397.5
输水干渠长度/千米	10	47	42	247	127	108	297
配水支渠长度/千米	24	102	131	243	73	53	133
输水干渠渠首引水量/万立方米	200	400	400	1100	300	200	400
斗渠口全年出水量/万立方米	124	248	256	682	186	122	244
灌区渠系水利用系数/%	62	62	64	62	62	61	61
灌区受益农户/户	7107	6670	7570	12400	8500	5095	9400

一、永新南排灌区

永新南排灌区位于北运河以东、永定新河以南，新开河、金钟河以北，总面积 17.5 千公顷。有效灌溉面积 4330 公顷，地面高程 3.50～2.50 米，土壤为中、重壤土。

中部、东部的朱唐庄、小淀、宜兴埠和东堤头等地势最低，受四面河水侧渗影响，浅层地下水水位高、矿化度大，盐碱危害严重。农业以种植小麦、玉米、棉花和蔬菜，以及水产养殖为主。

灌区主要有三号桥、堵口堤、宜兴埠、淀南、芦新河、永金、温家房子、三角地8座国有扬水站，总流量259.52立方米每秒，控制面积4080公顷；农用机井53眼；输水干渠74.4千米，配套支渠290.2千米（包括防渗渠道长度167千米）。

1998—2006年，3次清淤整治丰产河和淀南引河25.5千米。2006—2009年，维修改造刘快庄、西堤头、芦新河、小淀、赵庄、刘安庄、北仓、天穆、丰产渠等镇村泵站，完成丰产河京津路至京津塘高速段6千米河道清淤、河坡护砌。1991年北郊区永新南排灌区情况见表5-4-52。

表5-4-52　　　　　**1991年北郊区永新南排灌区情况表**

地面高程	3.50～2.50米	水库	华北河废道水库、永金水库
总面积	17.5千公顷	渠道	主干渠29条，总长度74.4千米
耕地	5333.3公顷	泵站	56处（排47处）
种植	多为小麦、玉米、棉花、水稻和蔬菜	机井	162眼（中、深井）
河流	新开河、金钟河、丰产河、淀南引河、永金引河	排灌总流量	127立方米每秒（排117.6立方米每秒）

（一）宜兴埠灌区

宜兴埠灌区涉及宜兴埠镇，其灌排渠系以丰产河为主，灌区面积2493公顷，耕地面积866.7公顷，灌溉面积666.7公顷，有效灌溉面积333.3公顷，非耕地灌溉面积333.3公顷。灌区有干支渠道12条（全长10千米）、扬水点7个、闸涵17处、农用桥1座、机井1眼。灌区内节水工程控制灌溉面积333.3公顷，其中防渗明渠（长11千米）控制面积200公顷，低压管道（长13千米）控制面积133.3公顷。

（二）丰产河灌区

丰产河灌区涉及大张庄、小淀两镇，其灌排渠系以丰产河、永金引河为主，灌区面积5753.3公顷，耕地面积2333.3公顷，灌溉面积2133.3公顷，有效灌溉面积1866.7公顷，非耕地灌溉面积266.6公顷。灌区有干支渠道60条（全长47千米）、扬水点27个、闸涵49处、农用桥4座、机井4眼。灌区内节水工程控制灌溉面积1600公顷，其中防渗明渠（长70千米）控制面积1266.7公顷，低压管道（长32千米）控制面积333.3公顷。

（三）芦新河灌区

芦新河灌区内含郎园引河灌区，其涉及大张庄、西堤头两镇，灌排渠系以丰产河、永金引河、金钟河为主，灌区面积4033.3公顷，耕地面积2400公顷，灌溉面积2266.7公顷，有效灌溉面积2133.3公顷，非耕地灌溉面积133.3公顷。灌区有干支渠道55条（全长42千米）、扬水点17个、闸涵115处、农用桥4座、机井2眼。灌区内节水工程控制灌溉面积1866.7公顷，其中防渗明渠（长67千米）控制面积1200公顷，低压管道（长64千米）控制面积666.7公顷。

二、永新北排灌区

永新北排灌区（即郎园引河灌区）位于北运河以东，永定新河以北，东连北京排污河，总面积14.9千公顷，耕地7330公顷，有效灌溉面积5720公顷，地面高程4.50～3.00米，土壤一般为中、重壤土。北京排污河治理后，水质较好，可用于灌溉。农业以种植小麦、玉米、棉花、水稻及蔬菜为主。

灌区有双街、二阎庄、武清河岔、大张庄、芦新河、韩盛庄6座国有扬水站，总流量45.5立方米每秒，控制面积5530公顷；农用机井101眼；输水干渠66.35千米，配水支渠243千米（包括防渗渠道长度150千米）。

该灌区涉及大张庄、西堤头、双街3镇，其灌排渠系以郎园引河、机排河为主，灌区面积13.7千公顷，耕地面积5666.7公顷，灌溉面积5533.3公顷，有效灌溉面积5266.7公顷，非耕地灌溉面积266.7公顷。灌区有干支渠道300条（全长247千米）、扬水点98个、闸涵267处、农用桥6座、机井5眼。灌区内节水工程控制灌溉面积3533.3公顷，其中防渗明渠（长150千米）控制面积2666.7公顷，低压管道（长83千米）控制面积866.7公顷。

1990—2010年，两次清淤整治机排河小韩庄桥至姚庄子泵站段14.05千米；清淤高庄子村排干、东赵庄村西排干及季庄子干渠等共15条干渠，长25.6千米。至2005年、2010年，分段清淤郎园引河39.28千米。1991年北郊区永新北排灌区情况见表5－4－53。

三、运河西排灌区

运河西排灌区位于北运河以西，总面积15.6千公顷，耕地7046.7公顷，有效灌溉面积4930公顷，地面高程9.00～6.50米。地势较高，蓄水条件差，灌溉水源缺乏。土壤质地为砂性土，渠道不易稳定，水土流失问题突出，由于灌多排少，次生盐碱地增加。

表 5-4-53　**1991 年北郊区永新北排灌区情况表**

地面高程	4.50～3.00 米，西高东低	水库	大兴水库
总面积	14.9 千公顷	渠道	主干渠 29 条，总长度 66.35 千米
耕地	7330 公顷		
种养	北辰区主要粮食产区，主产小麦、玉米、棉花、水稻，兼营淡水养殖和蔬菜生产	泵站	44 处（排 33 处）
		机井	162 眼（中、深井）
河流	郎园引河、永定新河、机排河、北京排污河	排灌总流量	82.2 立方米每秒（排 18.7 立方米每秒）

灌区有永青渠国有扬水站 1 座，流量 10 立方米每秒，控制面积 3400 公顷。灌区内有农用机井 119 眼，输水干渠 63.48 千米，配套支渠 266.62 千米（包括防渗渠道长 123.61 千米）。2006—2009 年，维修青光、韩家墅、小街、庞嘴、王秦庄等镇村泵站，清淤北运河废河段 1 千米。1991 年北郊区运河西排灌区情况见表 5-4-54。

表 5-4-54　**1991 年北郊区运河西排灌区情况表**

地面高程	9.00～6.50 米，西北向东纵坡为1/5000～1/6000	河流	永定河、北运河、子牙河、永青渠、中泓故道
总面积	15.6 千公顷	渠道	主干渠，总长度 63.48 千米
耕地	7046.7 公顷	泵站	30 处（排 20 处）
		机井	188 眼（中、深井）
种养	粮、油、果、蔬菜	排灌总流量	31.2 立方米每秒

（一）北运河灌区

北运河灌区涉及双街、双口两镇，其灌排渠系以北运河、郎园引河、中泓故道为主，灌区面积 3426.7 公顷，耕地面积 1933.3 公顷，灌溉面积 1800 公顷，有效灌溉面积 1600 公顷，非耕地灌溉面积 200 公顷。灌区有干支渠道 130 条（全长 127 千米）、扬水点 13 个、闸涵 42 处、农用桥 5 座、机井 2 眼。灌区内节水工程控制灌溉面积 1200 公顷，其中防渗明渠（长 46.7 千米）控制面积 933.3 公顷，低压管道（长 25.6 千米）控制面积 266.7 公顷。

（二）卫河灌区

卫河灌区涉及双口镇，其灌排渠系以卫河为主，灌区面积 4300 公顷，耕地面积 2000 公顷，灌溉面积 1866.7 公顷，有效灌溉面积 1200 公顷，非耕地灌溉面积 666.7 公顷。灌区有干支渠道 112 条（全长 108 千米）、扬水点 15 个、闸涵 56 处、农用桥 4 座、机井 3 眼。灌区内节水工程控制灌溉面积 666.7 公顷，其中防渗明渠（长 14 千米）控制面积 266.7 公顷，低压管道（长 39 千米）控制面积 400 公顷。

（三）永青渠灌区

永青渠灌区涉及双口、青光两镇，其灌排渠系以永青渠为主，灌区面积 9006.7 公顷，耕地面积 3266.7 公顷，灌溉面积 3133.3 公顷，有效灌溉面积 2133.3 公顷，非耕地灌溉面积 1000 公顷。灌区有干支渠道 290 条（全长 297 千米）、扬水点 21 个、闸涵 105 处、农用桥 86 座、机井 2 眼。灌区内节水工程控制灌溉面积 1533.3 公顷，其中防渗明渠（长 45 千米）控制面积 800 公顷，低压管道（长 70 千米）控制面积 733.3 公顷。

第五节　水　土　保　持

一、水土保持组织职责

2010 年 7 月 20 日，北辰区水利局成立水土保持科，主要职责是组织编制全区水土流失防治、水资源保护、水环境治理和再生水利用规划；组织开展水土流失的监测和综合防治工作；负责建设项目水土保持方案的审核、审批并监督实施；负责水资源保护、水环境治理工作和项目的审核；负责污水处理和再生水的行业管理工作。

二、水土流失防治

20 世纪 90 年代初，为加固河道堤岸及水库堤防，种植柳树、白蜡和椿树等。1998 年，为防止水土流失，在大张庄桥至大张庄闸所段长 1061 米，植草皮。2001 年，绿化堤防 136.54 千米。2003 年，植树 5300 株。

2005 年，绿化堤防 142.04 千米。为配合水利部、中国科学院、中国工程院做好中国水土流失与生态安全综合科学考察，按照水利部水保司《关于印发人为水土流失调查方案的通知》要求，根据天津市水利局统一部署，在全市开展开发建设项目水土流失调查工作。12 月 2 日在市水利局召开建设工程项目水土流失调查工作会议，布置水土流失调查工作。

2006 年 1 月 15 日，对工程建设造成的水土流失调查工作结束。公路开发建设项目总长度 41.5 千米，总占地 272.24 公顷；城镇建设类开发建设项目总占地 1805.9 公顷；农林开发类工程开发建设项目总占地 5546.87 公顷。实施水土流失治理，镇村公路工程两侧清挖沟渠，建排水泵站；城镇建设铺设管道，建排水设施；农林开发采取田、林、路、渠、建筑物综合治理；一级河道堤防绿化植树 33800 株，其中永定新河左堤植树 22550 株，北运河右堤屈店闸至沙庄村植树 3750 株，中泓堤屈店闸至京福公路植树 7500 株。区属二级河道绿化堤防 3.5 千米，植树 7200 株。

2010 年，完成区境内污水处理厂、河道、水库排污口门摸底调查和河道、水库大堤植被情况摸底调查，协同环保部门对受污染河道进行水质检验；完成子牙河、新引河、永定新河截污治理工程方案设计，组织大张庄污水处理厂外主网方案设计。

三、水土保持宣传监督

2007 年 6 月，市水利局在蓟县举行水保宣传活动，北辰区水利局参加了此次宣传活动。按照市水利局要求，北辰区水利局制订了《北辰区水土保持监督执法专项行动方案》。

2007 年，北辰区水土保持工作以科学发展观为指导，深入贯彻《中华人民共和国水土保持法》（以下简称《水土保持法》），落实水土保持"三同时"制度，提高水土保持方案申报率、实施率和水土保持设施验收率。建设项目与水土保持工程同时建设，农、田、林、路、渠、建筑物综合治理，防止水土流失。在项目建设上贯彻《水土保持法》，遏制开发建设过程中人为水土流失加剧趋势。2008 年，确定益达水厂工程为区典型水土保持工程项目。

第六章

供排水及污水处理

1991—2010 年，北辰区内农业生产用水主要依靠河流、水库蓄水和机井水（第五章详细记述）；工业生产用水依靠自来水供给，部分企业使用自备井供给；外环线外居民生活用水，城区居民生活用水依靠自来水供给。至 2010 年，区内相继建成自来水供水工程，以解决工业及居民用水所需。

排水是水务部门的重要职责，1991—2010 年，外环线以外排水由水务部门负责，镇、村负责将田间、沟渠沥水排入二级河道，区管国有泵站负责将二级河道沥水排入一级行洪河道。外环线以内城区排水由区建委负责，街道及有关镇、村给予配合，水利局予以协助，2010 年 4 月划归区水务局负责。至 2010 年，城区排水泵站 22 座，装机 80 组（台），装机容量 4774.91 千瓦，总排水能力为 39.222 立方米每秒；区排水管道总长 538 千米，其中排污管道长 201 千米；有 3 座污水处理厂。

1991—2010 年重点加大了水污染防治工作力度和水污染治理工程建设，全区水环境得到了很大改观。

第一节　供　　水

一、城乡供水

1991—2010 年，区内饮用水源分为城市自来水和地下水两种类型。城市自来水直接入户，地下水供应以村为单位，管网入户，无净水设备。截至 2009 年，饮用城市自来水的有 36 个村，受益人口 9.02 万人；饮用地下水的有 90 个村，受益人口 24 万人。

北辰建成区供水由天津市自来水公司负责管道输水，均与市区联网，维修管理由天津市自来水五站负责。2008 年 7 月 1 日，自来水北辰营业所马庄营业厅改制为津滨威立雅水业有限公司北辰营销分公司，负责北辰区部分区域供水、管网维护、营销服务，服务范围为"北运河以东，外环线以西，新开河以北，双街以南"地区，供水管网覆盖面积约 117 平方千米，服务人口约 42 万人（不含流动人口）。该公司不断延长和扩径管辖区域内供水管道。至 2009 年，各口径管道长 1042 千米，其中 DN100～180 干管 836 千米，DN50 以下支管 206 千米。2010 年供水 3300 万立方米。

2010 年，地下水年生活和工业企业使用量 700 万立方米，其中供企业用水 100 万立方米，农业生产 500 万立方米，农村生活 600 万立方米。

二、供水工程

1992—1997 年，市投资北辰区自来水供水工程 5400 万元，主要完成新开河水厂二期工程、第五干管工程，铺设管径 1～1.6 米管线 12.5 千米。铺设新开河水厂至北辰开发区管线，工程总投资 6000 万元。其中区建委负责协调办理北辰区域内征地、拆迁等任务。投资 600 万元，解决河北、北辰两区供水不足问题，为人民生活和招商引资提供保障。1998—2007 年，市投资北辰区自来水供水工程 3850 万元，铺设管道 1.1 千米。

大张庄自来水厂。大张庄镇 31 村、西堤头镇 10 村为单井集中供水，取水水源为第二、第三、第四组地下水，水质含氟较多，含铁量高，部分水井含砷量超标，其含氟量为 2～5 毫克每升，高于国家规定饮用水含氟量小于 1 毫克每升的标准。为解决村民饮水安全问题，2006 年 10 月，由中国市政工程华北设计研究院编制《天津市北辰区大张庄镇及西堤头镇供水工程项目建议书》。2007 年，由中国市政工程华北设计研究院编制《天津市北辰区大张庄镇及西堤头镇供水工程可行性研究报告》。天津市北辰区大张庄镇及西堤头镇供水工程（一期工程）设计规模按 1.5 万立方米每日设计，其中吸水井、送水泵房和清水池土建按远期 4.5 万立方米每日设计，取水泵房土建按远期 10 万立方米每日设计（预留了其他区域原水用量），主要净水工艺建构筑物应急净水间土建和设备均按 1.5 万立方米每日规模设计。供水工程水源为滦河水，一期工程主要工艺采用一体化全自动净水装置，并采用氯预氧化的化学预处理方案（可根据原水水质情况选择投加），出厂水水质满足生活饮用水水质标准。

该供水工程（一期工程）于 2008 年筹建，2009 年 5 月开工，7 月竣工。至 2010 年，完成净水厂工程，包括取水泵房、净水间、中心控制间、清水池、送水泵房、加药间、加氯间、回流调节池。原水管由厂区北部接入，经流量计后由北向南顺序进入配水井、反应沉淀池、滤池、清水池、吸水井，经送水泵房提升后，送至用户。配水主管道主要沿津围公路、杨北公路、永定新河敷设，建成环状管网，通过连接支管向各村镇配水。

第二节　排　　水

北辰区内 8 条一级河道（北运河、永定河、永定新河、新引河、永金引河、北京排污河、子牙河、新开河—金钟河）均为排水河道，7 条二级河道排灌兼用。外环河为市级河道，由区二级河道管理所代管，供外环公路排水。北辰城区内排水由排管处排水七所和区域建（城排办）负责。1991 年初排水面积 40 平方千米，其中运西环内市政排水面积 13.33 平方千米，运东、永新南环内市政排水面积 26.67 平方千米。至 2010 年排水面积为 64 平方千米，为满足不断扩大的排水需求，市、区两级加大了对排水管网和泵站的投资力度，使北辰城区排水体系不断完善并已具规模。

外环线以内，大工业厂家集中，其中有化工厂 10 余家。"三废污染"对北辰区威胁较大，雨季工业污水与雨水混流，雨污难分，污水井外溢，直接危害果园新村和集贤里街居民区。为保证城镇居民区安全度汛，按照农村服从城镇、城镇照顾农村的原则安排城镇与农田的排水顺序，即当城镇排水与农田排水发生矛盾时，农田排水要给城镇排水让路，优先安排城镇居民区排水。

排水工作本着 3 个确保原则，即确保居民区排涝安全，确保科技园区排涝安全，确保重要设施农业排涝安全。

一、城区排水网络建设

1991 年，有排水管道 55.148 千米，占中心城区排水管道总长的 3.2%。是年，京津路建成延吉道至北仓道段铺设雨水排水管道 4 条，即一条长 109 米，管径 800 毫米，建检查井 4 座；一条长 207 米，管径 1200 毫米，建检查井 5 座；一条长 2593 米，管径 1200 毫米，建检查井 19 座；一条长 510 米，管径 300 毫米，收水井 47 座。丰产河至天重道段铺设雨水排水管道 524 米，管径 1200 毫米，建检查井 15 座；天重道至二建三工区段，铺雨水排水管道长 450 米，管径 1000 毫米，建检查井 11 座；二建三工区至公路二所，铺雨水排水管道长 53 米，管径 800 毫米；公路二所至汽车桥厂铺设雨水排水管道长 81 米，管径 1500 毫米，建检查井 3 座；丰产河至汽车桥厂，铺设雨水排水管道 277 米，管径 500 毫米，建检查井 3 座。北仓道铺雨水管道 2 条，一条长 880.5 米，管径 1000 毫米，建检查井 21 座；一条长 230 米，管径 300 毫米，建检查井 19 座。1992 年，京津路东侧引河桥至延吉道，铺设雨水排水管道 2 条，一条长 224 米，管径 1650 毫米，建检查井 9 座；一条长 187 米，管径 800 毫米，建检查井 3 座。1993 年，果园东路果园南道至果园中道铺设雨水排水管道 289 米，管径 400 米，建检查井 11 座；果园中道至果园北道，铺设雨水排水管道 126 米，管径 400 米，建检查井 5 座；果园北道至北仓道，铺设雨水排水管道 960 米，建检查井 15 座、收水井 30 座。

1995 年，区内排水管道全长 66.89 千米，有检查井 3880 座、收水井 1305 座。其中主干道管道长 33.81 千米，有检查井 823 座、收水井 605 座；里巷支管长 33.08 千米，有检查井 3057 座、收水井 700 座。

1992—1997 年，区投资 2783 万元，铺设排水管道 32.15 千米（主要完成北仓道排水管道 4711 米，总投资 678 万元；双环村排水工程总投资 274 万元，铺设排水管道 1684 米，建检查井 38 座）；市投资 979 万元，铺设管道 3500 米。

1998—2007 年，铺设排水管道 164.42 千米，总投资 4.5296 亿元，其中区投资 1.5771 亿元、市投资 2.9525 亿元。其间，1998 年，建材路京津路至水泥厂段，铺设雨水排水管道 695 米，管径 1000 毫米，建检查井 14 座。1999 年，外环线北辰区内东段铺设排水管道 1.4 千米，在高峰路北仓道至延吉道段改造排水管道 200 米。2000 年，铺设排水管道 8 处 2.31 千米。2006 年，完成双街镇铁东工业区排水工程，铺设直径 1.5 米的混凝土管道 1241.5 米，总投资 700 万元。

2010 年，全区排水管道总长度 538 千米，其中排污管道总长 201 千米。区内排水管道多采用混凝土管，少部采用 PVC、PVC 双壁波纹管。区政府驻地（北仓镇域内、果园新村街、集贤里街区域）共有排水管道 105.68 千米。其中雨水管道 61.2 千米，污水管道 41.25 千米，合流管道 3231 米；检查井 6315 座，收水井 2533 座。总计有排水泵站 4 个、机组 10 台，主干道及居民生活区雨水、污水排水系统已形成网络。

二、城区排水泵站

（一）北辰区市直管排水泵站

1991 年初，排水泵站并纳入北仓排水系统的有 5 座，排水泵站总装备机组 18 台套，装机容量 1261 千瓦，排水能力 10.503 立方米每秒，占中心城区泵站总排水能力的 2.3%。其中南仓泵站（雨水），地址南仓中学旁，建于 1963 年，3 台机组，装机容量 435 千瓦，排水能力 3.78 立方米每秒，出水北运河；47 中学泵站（雨水），地址京津公路，建于 1982 年，4 台机组，装机容量 220 千瓦，排水能力 2.332 立方米每秒，出水北运河；北仓泵站（污水），地址北仓道铁路旁，建于 1960 年，5 台机组，装机容量 375 千瓦，排水能力 1.931 立方米每秒，出水永定新河；顺义道泵站（污水），地址高峰路口，建于 1987 年，3 台机组，装机容量 66 千瓦，排水能力 0.66 立方米每秒，出水并入北仓泵站；北仓外环泵站，地址外环线铁东路口，建于 1989 年，3 台机组，装机容量 165 千瓦，排水能力 1.80 立方米每秒，出水永定新河。

2010 年，市直管排水泵站 11 座，其中包括雨水泵站 6 座，污水泵站 5 座，总装备机组（台）49，装机容量 3862.51 千瓦，排水能力 29.252 立方米每秒。2010 年市排管处七所直管泵站情况见表 6 - 2 - 55。

表 6-2-55　　　　　　**2010 年市排管处七所直管泵站情况表**

泵站名称	修建年份	地点	机组台数	装机容量/千瓦	排水性质	总排水能力/立方米每秒	排水出路
南仓	1963	南仓中学旁	3	435	雨水	4.050	北运河
47 中学	1982	京津公路	4	220	雨水	2.332	北运河
北仓	1960	北仓道铁路旁	5	375	污水	1.931	北仓污水处理厂
顺义道	1987	高峰路口	3	55	污水	0.600	北仓污水处理厂
北仓外环	1989	外环铁东路口	3	165	污水	1.800	北仓污水处理厂
电冰箱厂	1987	津围公路小淀村	4	120	污水	0.184	科技园区污水处理厂
南仓西道	2003	南仓西道消防队旁	4	220	雨水	2.400	北运河
北仓北地道	1995	北仓道铁东路口	5	138.51	雨水	1.043	北丰产河
北仓北	1996	北仓道铁东路口	4	120	雨水	1.112	北丰产河
北运河北	2006	津京公路咸阳路口	10	1850	雨水	12.500	北运河
瑞景	2004	北辰道辰昌路口	4	164	污水	1.300	北仓污水处理厂
合计			49	3862.51		29.252	

（二）北辰区城建直管排水泵站

1995 年，区城建直管排水泵站有 4 座，机组 11 台，总提水能力流量 5.9 立方米每秒。其中果园新村泵站位于果园北道东头，1982 年建成，装有 3 台直径 300 毫米离心泵，流量 1 立方米每秒，装机容量 30 千瓦，排水性质为雨水。果园泵站位于丰产河北岸高峰路西，1994 年建成，共有 3 台轴流泵，其中 1 台 202LB-70 流量 0.4 立方米每秒，装机容量 30 千瓦；2 台 202LB-100 流量 1.6 立方米每秒，装机容量 55 千瓦，排水性质为雨水。刘园泵站位于津永公路北仓桥西，1990 年建成，装有 2 台离心泵，流量 1 立方米每秒，装机容量 55 千瓦，排水性质为雨污合流。同生泵站位于外环线引河桥西，有 3 台真空泵，其中 2 台于 1990 年建成，流量 1.6 立方米每秒，装机容量 75 千瓦，另 1 台于 1993 年建成，直径 300 毫米离心泵，流量 0.33 立方米每秒，装机容量 30 千瓦，排水性质为雨污合流。2000 年，对同生泵站进行改造。2010 年为配合北运河拦污工程，对刘园、同生泵站进行改造，保留原有机组，排水性质由雨污合流改为排放雨水。

至 2010 年区城建直管排水泵站 11 座，果园新村泵站已报废，机组 31 台，总装机容量 914.4 千瓦，总排水能力 9.97 立方米每秒。2010 年北辰区城建直管排水泵站情况见表 6-2-56。

表 6-2-56　　　**2010 年北辰区城建直管排水泵站情况表**

泵站名称	建设或改造年份	地点	机组台数	装机容量/千瓦	总装机容量/千瓦	排水性质	每台排水能力/立方米每秒	总排水能力/立方米每秒	排水出路
果园	1994	丰产河北岸、高峰西路	3	2×55	110.0	雨水	0.800	2.00	丰产河
				1×30	30.0		0.400		
刘园	1990	津永线北仓桥西	2	2×55	110.0	雨水	0.500	1.00	北运河
阎街	1996	丰产河西头京津公路西侧	4	4×55	220.0	雨水	0.750	3.00	北运河
同生	2000	外环线引河桥西	3	1×30	30.0	雨水	0.330	1.90	永定新河
				2×75	150.0		0.800		
董新房	2010	董新房村	3	3×2.2	6.6	污水	0.060	0.12	北仓污水处理厂
李嘴	2010	屈店村	3	3×2.2	6.6	污水	0.060	0.12	北仓污水处理厂
桃口	2010	桃口村	3	3×2.2	6.6	污水	0.060	0.12	北仓污水处理厂
桃花寺	2010	桃花寺	3	3×2.2	6.6	污水	0.060	0.12	北仓污水处理厂
老渔翁	2009	宜兴埠立交桥西南角	3	3×22	66.0	污水	0.075	0.15	北仓污水处理厂
老板娘	2010	北辰道与外环线交口	2	2×30	60.0	雨水	0.220	0.44	外环河
中储	2010	南仓道东侧	2	2×55	110.0	雨水	0.500	1.00	北运河
合计			31		912.4			9.97	

第三节 污 水 处 理

一、水质

（一）地表水

区内主要河道由于工业废水、沥水和生活污水等直接或间接排入，经历年监测，氨氮、氯化物和化学需氧量等指标均有超标，基本为地面水 V 类标准，属轻度污染。河水水质污染程度由大到小顺序为永定新河、北京排污河、机排河、丰产河、永青渠、郎园引河、永金引河、淀南引河、外环河和北运河，主要污染物是氨氮、化学需氧量、挥发酚、石油类和氯化物。

1. 水质监测点

2000 年，区内设"市控"地表水监测点 10 个。引滦河道宜兴埠站每周监测 1 次，引滦明渠、新引河每月监测 1 次，一级河道的北运河、永定新河、北京排污河和二级河道的机排河、丰产河每年监测 7 次（分别于 1 月、3 月、7 月、8 月、9 月、10 月和 11 月）。区控制地表水设监测点 8 个，按平水（2 月）、枯水（5 月）、丰水（8 月）3 期进行瞬时取样。

监测项目为酸碱值、悬浮物（SS）、高锰酸盐指数（COD_{Mn}）、溶解氧（DO）、氯化物、氨氮、亚硝酸盐氮、非离子氨、六价铬、总氰化物、总砷、总铜、总锌、总铅、总镉、总汞、石油类和挥发酚等。北辰区地表水监测见表 6-3-57，其部分河道、水库水质控制断面见表 6-3-58。

表 6-3-57　　　　　　北辰区地表水监测表

河道名称	断面名称	检测频率	项目数	河道种类	执行标准	水质级别
引滦明渠	宜兴埠泵站	每周 1 次	19	一级	III	IV
	季庄子	每月 1 次	19	一级	III	III
新引河	屈家店闸	全年 7 次	19	一级	III	V
永定新河	京山铁路桥	全年 7 次	19	一级	V	V
北京排污河	东堤头闸	全年 7 次	19	一级	V	劣 V
市政泵站	八角楼	全年 7 次	19	入海河口	V	V
北运河	屈家店闸	全年 7 次	19	一级	汛期 IV	V

河道名称	断面名称	检测频率	项目数	河道种类	执行标准	水质级别
机排河	芦新河泵站	全年7次	19	二级	汛期V	Ⅳ～V
丰产河	高峰路桥	全年7次	8	二级	V	V
	兴淀路桥	全年7次	8	二级	V	V
	色织十七厂	全年7次	8	二级	V	V
淀南引河	赵庄桥	全年3次	6	二级	Ⅳ	V
永金引河	国防路桥	全年3次	6	二级		V
外环河	阎庄桥	全年3次	6	二级		V
郎园引河	京津公路桥	全年3次	6	二级	Ⅳ	V
永青渠	津翔厂门前	全年3次	6	二级	Ⅳ	V
永金水库	岸边	全年3次	6	二级	Ⅳ	V
大兴水库	岸边	全年3次	6	二级	Ⅳ	V

注　执行标准Ⅲ、Ⅳ、V分别为国家地表水3、4、5类水体标准。

表6-3-58　　　　　**北辰区部分河道、水库水质控制断面表**

水域	类别	河道、水库名称	控　制　断　面
河道	V类	永青渠	津霸公路
		中泓故道	立新园林场路
		郎园引河	京津公路
		淀南引河	津围公路
		机排河	芦新河泵站、南王平桥
		丰产河	铁东路、津围公路、色织十七厂
		外环河	阎庄桥
执行标准			《地表水环境质量标准》（GHZB1—1999）（自2000年1月1日起实施）、《地面水环境质量标准》（GB 3838—1988）和《景观娱乐用水水质标准》（GB 12941—1991）同时废止

2. 主要污染源

20世纪90年代至21世纪初，区内每年超标排放废水约683万吨，主要污染物为化学需氧量、悬浮物、生化需氧量、石油类、六价铬、酚、硫化物、氰化物、锌和铜等，分别来自化工、医药、冶金等企业。其中，农药总厂年排放超标废水171万吨，占全区超标废水排放总量的25%，该厂废水经八角楼泵站排入永定新河；同生化工厂年排放含铬、酸废水48万吨，占全区超标废水排放总量的7%，该厂废水经北运河悬空过河管道直接排入永定新河，威胁北运河水质；染化七厂年排放染料废水66万吨，占全区超标废水排放总量的10%；中央制药厂年排放超标废水55万吨，占全区超标废水排放总量的 8%；灯塔涂料股份有限公司年排放超标废水 54 万吨，占全区超标废水排放总量的 8%；有机化工一厂年排放超标废水 33 万吨，占全区超标废水排放总量的 5%。进入 21 世纪，上述造成水质污染的企业经改制后，或破产、或转并，污染源相对减少。

　　3. 河道水库水质

　　一级河道北运河、子牙河、永定河达到Ⅴ类水体，永定新河、北京排污河、金钟河经常处于劣Ⅴ类水体，主要污染物为化学需氧量、氨氮、氯化物。区内部分一级河道水质情况见表 6-3-59。

表 6-3-59　　　　　　　**北辰区部分一级河道水质情况表**　　　　　　　单位：克每升

名称	地面水环境质量标准Ⅴ类	各河水质检验年平均值			
		永定新河	北京排污河	永定河	北运河
氯化物	250.00	353.02	340.75	206.49	38.72
氨氮	0.50	14.15	9.75	2.96	0.28
化学需氧量	25.00	113.28	23.94	10.40	4.92
生化需氧量	10.00	39.10	7.45	3.88	—
挥发酚	0.10	0.25	—	0.02	—
溶解氧	2.00	4.50	6.80	7.95	10.60

　　二级河道，淀南引河、永金引河、郎园引河、中泓故道、永青渠基本达到Ⅴ类水体，机排河、丰产河经常处于劣Ⅴ类水体。区部分二级河道及永金水库水质情况见表 6-3-60。

表 6-3-60　　　**北辰区部分二级河道及永金水库水质情况表**　　　　单位：克每升

名称	地面水环境质量标准Ⅴ类	各河水质检验年平均值					
		机排河	丰产河	永青渠	郎园引河	永金引河	淀南引河
氧化物	250.00	384.21	470.00	376.30	335.08	343.51	240.72
氨氮	0.50	9.55	3.33	0.89	0.73	0.67	0.80
化学需氧量	25.00	5.51	7.27	5.29	4.62	5.15	4.19
溶解度	2.00	7.50	6.07	8.60	9.60	9.27	9.30
硬度	25.00	29.23	25.26	30.77	27.29	24.43	13.46
全盐量	1500	1383	1597	1565	1381	1399	687

　　二级河道和水库流域内主要有天津重型机器厂、天津红旗淀粉厂、津北生物化学制药厂、天津钢虹福利明胶厂、天津机床电器北厂、天津百特医疗用品有限公司、天津市色织十七厂和天津市第三食品加工厂等企业的污水对地表水体构成直接或间接影响。

　　机排河与丰产河分别设置监控站位，定期检测 19 项指标。机排河丰水期水质达到地表水Ⅴ类水体水质标准，枯水期高锰酸盐指数、氨氮两项超过地表水Ⅴ类水体水质标准，其他二级河道和水库不定期监测，地表水达到Ⅴ类水体水质标准。

永青渠、中泓故道、郎园引河、淀南引河、机排河、丰产河和外环河按地表水环境质量标准Ⅴ类进行保护。永金水库、大兴水库按地表水环境质量标准Ⅴ类进行保护。

引滦明渠上有同生化工厂、人民农药厂、染化七厂和美纶化纤厂4条过河排污管和八角楼泵站通过河底的市政排污管道，将污水排入永定新河，对引滦水质构成威胁。水系在区内流经大张庄、双街、北仓和天穆镇辖29个自然村及集贤里街、果园新村街等城镇居民区，明渠两侧、北运河西侧为农业种植区，东侧与天穆镇和北仓镇居民区相连，是工农业生产与居民住宅混合区。

永定新河是人工泄洪河，后改为排污河。区内80％工业废水排入永定新河，水质污染严重，污染物主要为氨氮和化学需氧量；污染类型是有机污染，属重度污染。该河与引滦明渠仅一堤之隔，对区内饮用水水源构成威胁。1996年，深槽蓄水工程竣工，永定新河水质改善，达到Ⅴ类水体标准。

丰产河沿岸国有企业、乡镇企业排入工业废水，污染河水水质。该河西段比中段、东段污染严重。沿岸部分农民利用丰产河水养鱼，由于水质恶化，时常造成损失。

2010年，引滦明渠、北运河河水水质被污染程度达到最低点，可用于灌溉、养鱼等。

（二）地下水

区内地下水氟化物含量2.0～3.8克每升，平均超标1.67倍；地下水呈弱碱性，pH值8.1～8.7，其他污染物均符合国家生活饮用水标准。北辰区各深层含水组水质主要成分情况见表6-3-61。

表6-3-61　　　**北辰区各深层含水组水质主要成分情况表**　　　单位：克每升

组别	总矿化度	总硬度（CaCO₃）	氯化物（Cl）	硫酸盐（SO₄）	氟（F）	pH 值	重碳酸（HCO₃）	水化学类型
二	550～990	10～120	25～125	5～75	1.8～4.5	8～8.8	370～580	HCO₃ - Na
三	650～1400	40～280	35～280	7.2～151.8	2.75～4.00	8～8.5	81.4～534	HCO₃ - Na HCO₃Cl - Na
四—五	500～900	12.5～115	25～80	12～60	1.5～5.0	8～9	290～500	HCO₃ - Na

浅层水。由于受古地理、古气候以及海浸影响，大部分地区浅层水水质差、矿化度高，矿化度多在2～10克每升；双口、青光、双街、北仓镇绝大部分地区存在浅层淡水，矿化度1.2～2克每升。区内浅层地下水，大部分是咸水和微咸水，极少开发利用。

第一承压含水组。该组地下水基本为咸水，工业、农业和生活不宜使用。

深层淡水。区内深层淡水水质较好，但在横向上，由西北向东南，水质有由好变差的趋势；在纵向上，水质变化不大。深层地下水pH值一般为8.1～8.8，含氟量为2～5.23毫克，氨氮指数为Ⅴ类。深层地下水除氟化物和pH值超标外，其余指标均能达到饮用水标准。区内所开采的地下水除少量浅层地下水外，其余均为深层地下水。

二、污染防治

20 世纪 90 年代，区对排污企业采取搬迁治理、限期治理的方式治理水环境污染。1997 年，区内企业废水排放量 2048 万吨，达标排放 1443 万吨，政府投资 2466 万元，去除废水中污染物石油类 338 千克、六价铬 2 千克、铅 17 千克、锌 117 千克、化学耗氧量 2790 吨、悬浮物 1846 吨。

2000 年，为保护水资源不受污染，水资源管理部门根据区内水质现状，组织检查各河道水质情况，发现污染源，及时处理，实行企业污水、废水排放统一管理。是年，依据水法及天津市有关水利法规，配合全市河道畅通工程，查处北运河沿岸违章建筑物 114 间，计 1200 平方米。2001 年 8 月，立项实施北仓污水处理厂工程，该工程为天津市"十五"期间重点建设项目，是海河滦河流域污水处理工程组成部分。污水处理范围北起外环线内侧绿化带、南至南曹铁路，西起规划中的朝阳路、东至京山铁路。征占北仓、阎庄、丁赵庄、赵虎庄和周庄 5 村土地 28.3 公顷。2002 年年底竣工。

2006 年，城市废水、污水排放 14848.7 吨，污水处理 8918.7 吨。2008 年，卫河部分河段出现不同程度污染。水利局查找污染源，发现水质污染主要是工业废水、生活污水排放和河水长期不流动等几个方面的原因叠加而成，遂与永定河管理处、北辰区环保局、双口镇、二级河道管理所共同在卫河召开现场办公会。会上制定 3 条整改措施，即由北辰区环保局负责查处工业废水排放；由双口镇政府负责清理沿河垃圾和村民生活污水排放；由北辰区水利局、永定河管理处、北辰区二级河道管理所等单位共同加强河道巡查，使水污染问题得到有效控制。是年，政府投资 100 万元，在京津路两侧修建 1.28 万米排沥管网，保护北运河水质不受污染。

2010 年，相继建成北辰、西堤头和凯发 3 座污水处理厂，全年污水处理能力 2177 万吨；同时建成北辰再生水厂（建在北辰污水处理厂内，未启用）和大张庄科技园区污水处理厂，科技园区污水处理厂日处理污水 5 万吨并可生产 2 万～3 万吨再生水，为再生水资源开发利用提供基础设施。实现全区工业废水全部集中处理，减少排放量。

三、排污工程

（一）道路污水排污管道工程

1993 年，在果园东路铺设果园中道至果园北道的排污管道 116 米，管径 400 毫米，建检查井 2 座；果园北道北仓道铺设排污管道 410 米，管径 300 毫米，建检查井 5 座。1990—1994 年，全区铺设里巷排污管道 12 处 5029 米，建检查井 710 座。

（二）排污渠垂直防渗工程

排污渠垂直防渗工程是永定新河深槽蓄水工程中的1项。1997年，为防止排污渠污染引滦水质，在桩号4＋400～7＋900段砂性土范围内垂直铺塑防渗，深度4～5米。工程包括排污管道、排污渠道，倒虹吸和排污泵站工程。是年8月24日，排污泵站开始运行。

（三）丰产河排污治理

丰产河开挖于1975年。截至1991年，多次由北运河调水，经丰产河东去，解决东部干旱。随着驻区企业发展，大量生产废水和生活污水涌入丰产河，90年代加剧。京津路拓宽后，为改善沿路两侧面貌，区建委集资修建由柳滩至南仓排污管道，原设计顺义道以南污水经普济河道泵站排除，顺义道以北污水由南仓泵站排除。汽车桥厂建成后，把污水河填死，污水无处去，便北上到南仓泵站。由于北运河变为引滦输水河道，不允许将污水排入，污水便由南仓中学经汽车桥厂绕道高峰路排干流入丰产河，企业及柳滩、天穆、南仓一带村民生活污废水沿管道排入丰产河。高峰路沿线及三义村一带企业废水汛期也流入丰产河。果园新村一带污水经市政排污站，将污水排入丰产河。丰产河下段，京山铁路以东，主要排污单位是红旗农场的淀粉厂和化工厂，小淀、西堤头一带企业废水亦排入丰产河。

治理方法是外环线内各工厂企业及乡镇企业污废水和京津路沿线霍嘴、柳滩、天穆、南仓、马庄、阎街、北仓新村一带居民生活污水，由区建委负责纳入市政管道，污水从八角楼或同生泵站排出。丰产河实行封闭管理，只允许汛期排沥，不许平时排污。

（四）北仓镇阎庄村排水工程

2001年，北运河改造工程后，阎庄村原有排水口被封堵，沥水禁止排入北运河。2003年，外环线绿化工程占用排水沟，造成汛期排水不畅，民房被淹泡。为解决阎庄村及附近地区排水问题，在外环线外侧周庄村原排水口铺设直径1米管道，管道长150米，连接入外环河，通过同生泵站排入永定新河，工程投资10万元。

（五）引黄济津配套工程

2009年，按照市水利局部署实施子牙河沿河排水口门封堵工程，是年9月27日至10月8日，完成沿河12处口门封堵，同时完成铁锅店等4个村污水调头工程。

（六）北运河截污治理工程

2009年，北运河截污治理工程从屈家店闸至勤俭桥段，全长11.5千米，沿河经北仓、天穆镇共20个村。沿河两岸共有排水口60处，其中有10处口门（北仓镇6处，天穆镇4处）排放生产、生活污水，其他口门排放雨沥水。截污工程共治理9处排污口（另外1处霍嘴排污口结合朝阳路改造进行治理），通过铺设管道、新建泵站、疏通渠道及管道工程措施，将生产、生活污废水引入市政排水管网，进入北仓污水处理厂。9处排污口为屈家店排污口、王秦庄排污口、董新房排污口、桃花寺排污口、李嘴排污口、周庄村排污口、王庄村排污口、南仓村排污口和吴嘴排污口。2010 年北运河临时截污工程排水泵站控制室竣工和工程施工现场如图 6-3-10 和图 6-3-11 所示。

图 6-3-10　2010 年北运河临时截污　　　　　　图 6-3-11　2010 年北运河截污
　　　　　工程排水泵站控制室竣工　　　　　　　　　　　工程施工现场

北仓镇段截污工程投资 757.3 万元,明渠清淤 5.78 千米,铺设混凝土承插口管道 4.56 千米,新建 0.25 立方米每秒泵站 1 座,0.3 立方米每秒泵站 1 座。屈家店、桃口、王秦庄、董新房等村污水通过明渠和管道汇流至王秦庄村北大沟,再顶管过北运河,汇入李嘴、周庄、阎庄村污水管道,进入同生泵站明渠。通过新建的提升泵站,将污水引入外环立交桥桥区管网内,最终排入北仓污水处理厂。2010 年北运河北仓镇段截污工程情况见表 6-3-62。

表 6-3-62　　　　**2010 年北运河北仓镇段截污工程情况表**

地　　点	项目名称	数量	投资/万元	备　　注
桃口村	铺设混凝土承插口管	190 米	15.2	木支撑槽、管深 3 米
津永支线南曹线至王秦庄北段路面	铺设混凝土承插口管和路面恢复	1080 米	129.6	钢支撑槽、管深 4.5 米
桃口村	明渠清淤	1155 立方米	5.8	—
桃口村	明渠清淤	902 立方米	4.5	—
王秦庄村	明渠清淤	1485 立方米	7.4	—
王秦庄村	明渠清淤	648 立方米	3.2	—
津保高速	明渠清淤	4632 立方米	23.2	—
李嘴至外环	铺设混凝土承插口管	1350 米	121.5	木支撑槽、管深 3 米
周庄村至北运河	铺设混凝土承插口管	30 米	2.4	木支撑槽、管深 3 米
外环北侧北运河至同生泵站明渠	铺设混凝土承插口管	990 米	118.8	木支撑槽、管深 3.5 米

地　点	项目名称	数量	投资/万元	备　注
周庄村经李嘴到北运河	明渠清淤	4576 立方米	22.9	——
桃花寺村	铺设混凝土承插口管	170 米	13.6	木支撑槽、管深 3 米
	明渠清淤	3347 立方米	16.7	——
桃花寺村排水明渠引入辰昌路排水管内	铺设混凝土承插口管	315 米	25.2	木支撑槽、管深 3 米
过河压力管	混凝土管	135 米	101.3	过河压力管
王秦庄附近	新建泵站	1 座	50.0	——
同生泵站附近	新建泵站	1 座	60.0	——
同生泵站至立交桥污水井	铺设混凝土承插口管	300 米	36.0	——

天穆镇段截污工程投资 242.09 万元，明渠清淤 1.5 千米（3000 立方米），铺设混凝土承插口管道 549 米，新建 0.25 立方米每秒泵站 1 座，0.72 立方米每秒泵站 1 座。南仓立交桥桥区管道疏通 3.4 千米。吴嘴村和南仓村南部污水调头与京津路滦水园门口污水管道连接，通过新建泵站和桥区污水管道进入顺义道泵站出水口，排入北仓污水处理厂。南仓村北部村民生活污水，通过铺设混凝土管道与南仓立交桥桥区预埋井连接，经桥区北侧污水管道与顺义道泵站出水管道连接，排入北仓污水处理厂。王庄污水通过明渠清淤、铺设管道、新建泵站，排入龙门道污水管道内，进入北韩泵站。2010 年北运河天穆镇段截污工程情况见表 6-3-63。

表 6-3-63　　**2010 年北运河天穆镇段截污工程情况表**

地　点	项目名称	数量	投资/万元	备　注
吴嘴村污水总出口至滦水园外	铺设混凝土承插口管	223 米	16.70	木支撑槽、管深 2.5 米
南仓村立交桥北侧至桥区	铺设混凝土承插口管	160 米	12.00	木支撑槽、管深 2.5 米
南仓桥区下游至顺义道泵站出水管	铺设混凝土承插口管	80 米	7.20	木支撑槽、管深 3.5 米
南仓道（顺义道泵站出水）	铺设混凝土承插口管	36 米	9.72	钢板桩支撑槽、管深 5.2 米
吴嘴出水口建临时泵站	新建泵站	1 座	80.00	——
南仓村北运河处	新建出水闸井	1 座	12.00	——
疏通南仓桥区管道	疏通	2200 米	25.00	——
王庄村明沟至龙门道	铺设混凝土承插口管	50 米	2.75	木支撑槽、管深 2.0 米
龙门道至龙泉道明渠	明渠调水	160 台班	6.72	——
	明渠清淤	3000 立方米	15.00	——
王庄明沟处	新建泵站	1 座	50.00	——
龙门道至北韩泵站	疏通	1200 米	5.00	——

第七章

工程建设与管理

20世纪90年代，北辰区内水利工程建设实行承包制。20世纪初，水利工程建设采取招投标的方式，按照工程建设"四制"（项目法人责任制、招标投标制、建设监理制、建设合同制）要求，建立完善各项工程质量保证体系和安全生产管理体系。

2000年，进行北辰区水利管理体制和运行机制改革。对新建成的水利工程明确所有权、使用权和管理权，推动原有水利工程产权制度改革，充分发挥工程效益。2009年，制定《北辰区农村小型水利工程管理标准（试行）》和《农村安全饮水工程设施管理办法》，改变水利设施重建轻管状况，明确镇、村各类小型水利工程管理标准、管理人员培训办法和考核机制，实现镇、村水利工程管理工作制度化、规范化和标准化。

截至2010年，北辰区相继完成引黄济津应急水源工程，南水北调工程的实物核查及拆迁工作；完成永定新河深槽蓄水工程、北水南调等一批重点工程。

第一节　施　工　组　织

一、施工队伍

1992年，北辰区水利局二级河道管理所成立水利建筑工程队，为全民所有制，独立核算，自负盈亏。主营水利工程及市政工程，兼营土木工程建筑及维修。是年，为加快由行政管理型向经营服务型转变，推动农田基本建设，配合农业二步调整，区水利局农管科和经营管理科合并，组建"天津市北辰区水利服务公司"，为集体所有制，独立核算，主要经营水利工程，建筑机电工程设计施工，多种经营，二产业、三产业经营服务，建筑物资，机电设备经营及仓储服务，技术培训，技术推广和技术咨询。1994年，该公司移交给区水利局河道管理所管理。

1995年，区水利局有3个建筑工程队、人员80人，有挖掘机3台、吊车1台、解放牌10米挂车2辆、中型推土机2台、小型推土机12台，在区内承担一些小型水利工程。1996年，3个建筑工程队合并，成立水利工程公司。截至2010年，水利工程公司负责区、镇、村小型水利工程建设、泵站改造等。

二、建设管理

20 世纪 90 年代初，区内水利工程实行承包方式，采取自愿和意向承包两种形式。施工单位与区水利工程指挥机构签订协议，施工过程中由区水利局技术监督人员检查，竣工后由该工程验收领导小组、工程指挥部按设计标准验收。

1995 年，区水利局制定《关于工程建设的规定》，明确水利工程立项必须由建设单位提出书面申请，附可行性研究报告，经主管局长同意后，由局领导班子集体研究决定。水利工程建设项目实行招标公开，择优录用，招标结果经主管局长批准；较大工程招标，需集体决定。水利工程项目预算，需填报预算表，经局长批准；中期增加预算，需经局务会批准。水利工程竣工后，由工程技术人员、主管局长和局纪检人员联合验收；验收后，写出验收报告，留档备查。工程完工后，由主管局长组织，对该项工程进行总结评估，总结工程全面实施情况，对质量全优的设计者、监督者、施工者给予表彰，并存入个人技术档案。

2000 年，水利工程管理按照工程规模、受益范围和"谁受益、谁负担"原则，划分资金投入和建设责任主体。争取国家投入，建立区、镇、村三级多渠道筹措资金体系，鼓励农民以多种形式投资兴办水利工程，鼓励社会资金参加水利建设。

2000 年后，随着市场经济发展，水利工程采取招标方式。100 万元（含 100 万元）以上工程由市水利部门统一组织招投标，选择有施工资质的水利专业施工单位参加投标，中标单位负责施工。100 万元以下、10 万元以上工程由区水利局组织、河道所管理，通过竞价招标，选择具有相应资质的施工单位施工。参加报价施工单位必须是具有独立法人资格和相应施工资质的经济实体。每项工程由 3 个（或 3 个以上）报价单位参加竞价，报价单位依据项目法人单位提供的工程量清单、工程平面图及现场情况进行报价。报价资料由报价表、工程预算明细表组成。区水利局会同审计局、监察局、财政局负责人现场监督，检查报价文件，确定其完整，并择优录用。按照合同约定，对工程主要设备由项目法人按政府采购程序实施采购。在多家符合供应商资格条件下，由评审小组所有成员集中对每个供应商分别进行询价、评审、谈判，给予综合评分，择优确定政府采购厂商。

2004 年，开始执行《天津市水利工程建设管理办法》，按照工程建设"四制"（即项目法人责任制、招标投标制、建设监理制、建设合同制）的要求，建立完善各项工程质量保证体系和安全生产管理体系。2008 年，北辰区水利工程建设管理处对区内的农村管网入户改造工程实行招标，其招标公告见附 7-1。

附 7-1

北辰区 2008 年农村管网入户改造工程施工招标公告

北辰区 2008 年农村管网入户改造工程初步设计经天津市发展和改革委员会批准。工程建设资金来源为区自筹和市财政专项资金。天津普泽工程咨询有限责任公司受招标人——天津市北辰区水利工程建设管理处的委托作招标代理机构，现通过公开招标的方式选择承包人。

一、工程概况及招标范围

北辰区是天津市环城四区之一，位于市中心区北部，属海河流域中的永定河和北运河下游冲积平原。该区农村大多数给水管网都建于六七十年代，管网老化失修严重，跑冒滴漏，压力不足，管网末端水量不足，同时供水设施落后，只能定时、限量供水。因此，为了改善农民饮用水条件，对区内农村饮用水管网进行改造是十分必要的。本次招标范围为北辰区 2008 年农村管网入户改造工程施工招标。工程主要内容包括铺设供水管线，购置并安装恒压变频设备，水表安装及新建管理用房等。

本次招标共 1 个标段，合同名称：北辰区 2008 年农村管网入户改造工程施工，合同编号：BCGWSG/HT-2008-01。

二、质量要求

达到《水利水电工程施工质量检验与评定规程》合格标准。

三、计划工期

计划开工日期为 2008 年 10 月 20 日，计划完工日期为 2008 年 12 月 25 日。

四、资格要求

（1）具有独立法人资格。

（2）具备水利水电工程施工总承包三级以上（含三级）资质或市政公用工程施工总承包三级以上（含三级）资质，并具备安全生产许可证。

（3）近三年（2005—2007 年）具有完成类似工程的施工经验。本工程不允许联合体投标。

五、资格审查

本工程对投标人的资格审查采用资格后审方式。

六、投标报名

愿意参加投标的施工单位，请于 2008 年 9 月 18 日 16：00（北京时间）前向招标代理机构报名，报名可采用传真或其他书面形式，报名函上注明工程名称、合同名称、投标单位、联系人、联系电话、电子信箱、传真及报名日期，并加盖单位公章。

七、信息服务费

在购买招标文件前，向天津市水利工程建设交易管理中心交纳信息服务费人民币400元（现金）。

八、购买招标文件

（1）已在天津市水利工程建设交易管理中心注册的施工单位，报名后请携带介绍信、类似工程合同副本原件、安全生产许可证副本原件（以上资料另备复印件一份，并加盖单位公章），于2008年9月19—25日每日（法定节假日除外）9：00—11：30、14：30—17：00（北京时间）提交天津市水利工程建设交易管理中心审查，审查合格后购买招标文件。

（2）未在天津市水利工程建设交易管理中心注册的施工单位，报名后请携带介绍信、营业执照副本原件、施工资质等级证书副本原件、安全生产许可证副本原件、资信证明（如有）、类似工程合同副本原件等有关资料（以上资料另备复印件一份，并加盖单位公章），于2008年9月19—25日每日（法定节假日除外）9：00—11：30、14：30—17：00（北京时间）提交天津市水利工程建设交易管理中心审查，审查合格后购买招标文件。招标文件每套售价人民币2500元（以现金、支票、银行汇票、电汇形式），购买招标文件的费用不予退还。

九、投标保证金

投标人购买招标文件的同时，应向代理机构交纳投标保证金，投标保证金为人民币3万元（以现金、支票、银行汇票、电汇形式）。

十、现场察勘

招标人将于2008年9月26日10：00（北京时间）组织现场察勘，集合地点：天津市北辰区水利工程建设管理处（北辰区京津路与延吉道交口）。

十一、投标截止及开标时间

投标截止及开标时间为2008年10月15日9：30（北京时间）。

招标人：天津市北辰区水利工程建设管理处

2008年9月1日

2009年，基建工程管理执行《天津市水利工程建设管理办法》，按照工程建设"四制"要求，各项工程建设建立完整的质量保证体系和安全生产管理体系，工程资料齐全，配合有关部门做好项目稽查，监督整改及时到位。是年，针对淀南泵站更新改造工程招标，确定北辰区水利局排灌管理站为项目法人。该工程由天津市水利勘察设计院设计，经招标确定天津市泽禹工程建设监理有限公司负责工程监理，由天津市水利工程有限公司负责施工，由天津市水利科学研究院和天津市兴油检测公司负责检测工程及设备质量。该泵站改造工程是北辰区的一项重要工程，为达到在汛前主体工程全部竣工并能正常运行的目标，确定详细的实施方案。严格泵站主要建筑材料及设备供应，不合格材料及设备禁止入场。由建设单位组成质量检查体系，对整个工程的质量和进度进行控制，将责任落实到个人，现场监理和技术人员按施工规范，严格掌握施工质量，并按照验收程序验收，按检测计划进行自检和抽检。严格现场安全管理，组建安全组织体系，制定安全事故上报流程、安全事故应急预案和安全事故紧急处理措施，严格安全检查，确保施工期间无安全事故发生。

2010 年 11 月 22 日，北辰区水务局委托天津普泽工程咨询有限责任公司发布《温家房子泵站配套工程招标公告》，其招标公告见附 7-2。

附 7-2

温家房子泵站配套工程招标公告

一、招标条件

本招标项目温家房子泵站配套工程已由天津市北辰区水务局以津辰水〔2010〕22号批准建设，建设资金来自北辰区自筹，招标人为天津市北辰区水利局排灌管理站，招标代理机构为天津普泽工程咨询有限责任公司。项目已具备招标条件，现对该项目施工进行公开招标。

二、项目概况与招标范围

2.1　项目概况

2.1.1　温家房子泵站坐落于北辰区温家房子村西，新开河左岸，该泵站建筑物已年久失修、设备严重老化破损，经天津市发展和改革委员会批准对该泵站北移 700 米进行迁址重建，本招标项目为温家房子泵站配套工程。

2.1.2　本招标项目计划开工日期为 2011 年 1 月 5 日，计划完工日期为 2011 年 6 月 30 日。

2.2　招标范围

本次招标范围为温家房子泵站配套工程施工招标，共 1 个标段。标段名称：温家房子泵站配套工程施工，合同编号：WJFZPTSG/HT-2010-01，主要内容包括新建进口箱涵 100m，出水管线双线 700m 等。

三、投标人资格要求

3.1　本次招标要求投标人须具备水利水电工程施工总承包二级以上（含二级）资质，近五年（2005—2009 年）具有完成类似工程的施工业绩，并在人员、设备、资金等方面具有相应的施工能力。

3.2 本次招标不接受联合体投标。

3.3 本次招标实行资格后审，资格审查的具体要求详见招标文件。资格后审不合格的投标人投标文件将按废标处理。

四、招标文件的获取

4.1 投标报名

愿意参加投标的施工单位，请于 2010 年 11 月 26 日 16 时（北京时间，下同）前向招标代理机构报名，报名可采用传真或其他书面形式，报名函上注明项目名称、标段名称、投标单位、联系人、联系电话、电子信箱、传真及报名日期，并加盖单位公章。

4.2 交纳网络服务费

依据天津市物价局津价房地〔2008〕257 号文件规定，投标人在购买招标文件前，向天津市水利工程建设交易管理中心交纳网络服务费人民币 400 元（现金）。

4.3 购买招标文件

4.3.1 已在天津市水利工程建设交易管理中心注册的施工单位，报名后请携带介绍信；类似工程合同副本原件、安全生产许可证副本原件（以上资料另备复印件一份，并加盖单位公章），于 2010 年 11 月 29 日至 12 月 3 日每日（法定节假日除外）9—11 时 30 分，14 时 30 分至 17 时提交天津市水利工程建设交易管理中心审查，审查合格后购买招标文件。

4.3.2 未在天津市水利工程建设交易管理中心注册的施工单位，报名后请携带介绍信；营业执照副本原件、施工资质等级证书副本原件、安全生产许可证副本原件、类似工程合同副本原件、资信证明（如有）等有关资料（以上资料另备复印件一份，并加盖单位公章），于 2010 年 11 月 29 日至 12 月 3 日每日（法定节假日除外）9—11 时 30 分，14 时 30 分至 17 时提交天津市水利工程建设交易管理中心审查，审查合格后购买招标文件。

4.4 招标文件每套售价 2000 元（以现金、支票、银行汇票、电汇形式），售后不退。

五、投标保证金

投标人购买招标文件的同时，应向代理机构交纳投标保证金人民币 3 万元（以现金、支票、银行汇票、电汇形式）。

六、投标文件的递交

6.1 投标文件递交的截止时间（投标截止时间，下同）为 2010 年 12 月 20 日 9 时 30 分，地点为天津市水利工程建设交易管理中心（天津市河西区广东路广顺道 1 号）。

6.2 逾期送达的或者未送达指定地点的投标文件，招标人不予受理。

七、踏勘现场

招标人定于 2010 年 12 月 4 日 9 时在天津市北辰区北仓道 2 号组织踏勘现场，投标人可自愿参加，交通工具自备，食宿自理。

八、发布公告的媒介

本次招标公告同时在中国采购与招标网（www.chinabidding.com.cn）、天津招标投标网（www.tjztb.gov.cn）、天津市水利工程建设交易管理中心网（www.tsjj.com.cn）、天津普泽工程咨询有限责任公司网（www.tjpuze.com.cn）发布。

九、联系方式（略）

2010 年 11 月 22 日

第二节　国家重点工程

一、引黄济津应急水源工程

2000 年，天津市实施引黄济津应急水源工程，引水线路由山东省聊城市东阿县黄河位山闸引水，经位山三千渠道临清市引黄穿卫枢纽，进入河北省境内的临清渠、清凉江、清南连渠，在泊头市附近入南运河，至九宣闸进入天津市境内，经南运河、子牙河入海河。该工程涉及区内子牙河 12 千米（来水）和北运河 11 千米（储水）的管理。重点治理 41 个吸排水泵和闸门豁口，防止河岸水污染。

2000 年 10—12 月，投资 4 万元，拆迁河堤附近猪舍、垃圾场，封堵 15 处口门，其沿河口门封堵工程情况见表 7-2-64。成立护水队，对沿河双口、青光、北仓和天穆镇 20 个村进行日夜巡查。刘房子村投资 200 多万元，把村内及天津商学院生活污水引入市政排污管道，迁离 3.33 公顷垃圾场、养猪场，在原址建智能型、环保型特种蔬菜生产基地，保证津门水质。引水工程施工期间，封堵北辰区内子牙河、北运河沿河污水排放口门及提水涵闸泵站。为解决污水排放问题，对天穆镇内历史形成的 5 个污水出口，南仓、天穆和唐家湾 3 片地区施行污水掉头排放进入市政污水管线。第一期工程时间为 2000 年 10 月 15 日至 12 月 20 日，打坝 15 处，工程土方 7002 立方米，使用编织袋 1.82 万个、木桩 1800 根，开支 13.22 万元。第二期工程时间为 2000 年 12 月 20 日至 2001 年 1 月 4 日，实施外河坝封堵加固工程，打坝加固 2 处，工程土方 500 立方米，使用编织袋 4000 个、麻袋 2000 条、木桩 180 根，开支 2.15 万元；天穆死河湾、南仓死河湾和唐家湾等处污水掉头排放工程，由区建委组织施工，排污运行到 2001 年 6 月 1 日，开支 51 万元。

表 7 - 2 - 64　　**2000 年北辰区引黄输水沿河口门封堵工程情况表**

工程名称	投资/元	顶宽/米	坡比	高度/米	底宽/米	长度/米	土方量/立方米
屈店村南闸打坝	480	1.5	—	1.5	1.5	5.0	12.0
王秦庄大沟打坝	11700	1.5	—	3.0	12.5	30.0	630.0
北仓中排干打坝	3900	1.5	—	1.5	1.5	35.0	80.0
王庄大沟打坝	3250	1.5	1:2	3.0	13.5	10.0	150.0
王庄排水管道打坝	835	1.0	—	1.0	1.5	20.0	25.0
唐家湾闸外河打坝	24480	2.0	1:2	3.0	14.0	50.0	1200.0
唐家湾闸内河打坝	750	1.0	1:1	1.5	4.0	8.0	30.0
南仓闸打坝	27435	1.5	1:2	3.5	13.5	70.0	1575.0
天穆闸打坝	31500	1.5	1:2	3.0	13.5	80.0	1800.0
天穆南大楼排水管封堵	675	1.0	—	2.0	4.0	7.0	35.0
霍嘴排水管封堵	255	1.0	—	1.5	2.0	5.0	12.0
刘房子排污口打坝	15000	2.0	—	4.0	12.0	25.0	700.0
刘房子西大沟打坝	10800	2.0	—	4.0	10.0	30.0	720.0
韩家墅东排水闸打坝	120	0.5	—	1.0	1.5	7.5	7.5
李家房子村南沟打坝	1125	1.5	—	2.0	3.5	5.0	25.0

2003 年，实施双口镇杨河村至天穆镇西于庄村子牙河沿河两岸封堵排水口门、排水调头，长 12 千米，共分为 10 个单元工程，在西于庄泵站进水渠内及子牙河大堤外坡脚下农田排水渠打坝 3 条，坝高 3 米，顶宽 4 米，边坡 1:2.5，长 60 米；在刘房子泵站排污口、子牙河大堤临水坡打坝 1 条，坝高 5.5 米，顶宽 4 米，边坡 1:2.5，长 38 米；东侧排水闸在引黄打坝基础上加固；西侧排水闸在外环河排沥口、子牙河大堤临水坡打坝 1 条，坝高 4 米，顶宽 4 米，边坡 1:2.5，长 25 米；在刘家码头村南泵站排沥口、子牙河大堤临水坡打坝 1 条，坝高 4 米，顶宽 4 米，边坡 1:2.5，长 40 米。在李家房子村南大沟、子牙河大堤临水坡打坝 1 条，坝高 4 米，顶宽 4 米，边坡 1:2.5，长 20 米。对杨家嘴闸、双河村排污口、铁锅店桥东排水闸在引黄打坝基础上加固。是年，为缓解旱情，完成引黄济津北辰段子牙河左堤沿河泵站、涵闸口门封堵 9 处，西于庄泵站口门封堵 1 处。打坝土方量 1.44 万立方米，编织袋土方 3900 立方米，搭打圆木桩 2500 根。同时，组织人员沿途巡查，保水护水。

2000—2010 年，实施 6 次引黄济津应急调水，九宣闸收水 20.61 亿立方米，有效缓解了天津城市用水紧张状况。

二、南水北调工程

南水北调设想始于 20 世纪 50 年代，由国家南水北调规划办公室组织相关省（直辖市）及各部门进行勘测、设计、科研并实施。该工程旨在从长江上游、中游、下游分别调水，形成东、中、西 3 条调水线路，与长江、淮河、黄河、海河相互联结，构成全国水资源"四横三纵、南北调配、东西互济"的总体格局，以彻底解决北方各地区长期缺水状况，改善供水区生态环境和投资环境，推动国民经济全面发展。其中南水北调中线工程从丹江口水库陶岔闸起，在方城垭口穿江淮分水岭引水，沿京广铁路西侧，向黄淮平原东部供水，直达天津、北京。天津干渠从河北省保定市徐水县西黑山处分水，总体走向由西向东，天津境内经过武清、北辰、西青 3 区，止于西青区曹庄村北出口闸。南水北调工程建成后，天津市形成以一横（南水北调中线天津干线到滨海新区引江工程）、一纵（现有引滦工程）主干供水工程为骨干，覆盖全市城乡的水资源配置工程网络，实现南水北调中线水、东线水、引滦水和应急引黄水水系连通，为城乡生活、生产和环境用水提供安全保障。2008 年，区水利局成立南水北调北辰区征迁指挥部（图 7 - 2 - 12）。2008 年 11 月 17 日下午，在西青区津同公路西大柳滩村北天津干线工程施工现场举行开工仪式。

图 7 - 2 - 12　2008 年，区水利局成立
南水北调北辰区征迁指挥部

（一）实物核查

2004 年年底至 2005 年年初，北辰区水利局配合天津市水利勘测设计院组织工程沿线镇村及相关单位成立实物指标调查小组，对沿线实物指标开展调查摸底。2007 年年底，在天津市调水办的监督和管理下，市征迁中心、设计单位、监理单位及区征迁办的有关成员单位全程参与，利用专业测量仪器，按照已埋设的天津干线和配套工程控制点现场放线，测设中心线和两侧占压边界线，并对天津干线北辰区段占地范围内实物量指标进行核查。

2007 年 1 月，南水北调中线一期工程天津干线发布公告，公布征迁线内地上实物量初核和复核情况。是年 5—12 月，实施干线工程和市内配套工程征迁线内地上实物量核查及复核。为避免因农耕时令变更或长时间拖延造成实物量大幅变化情况，核查小组召开工作会议，针对性地讨论解决初步调查过程中出现的各类问题，并根据沿线实际情况制定相应方案。

（二）征地拆迁

2008 年 6 月，根据天津市南水北调办公室要求，成立南水北调北辰区征拆迁指挥部，区长马明基任总指挥，副区长张金锁任副指挥；指挥部下设办公室，水利局局长张文涛任办公室主任，水利局副局长赵学利任副主任，办公地点在青光镇政府。办公室下设 7 个专业组，即征地及房屋拆迁组、农作物补偿及设施拆迁组、工矿企业征迁组、专业项目切改协调组、资金使用及监管组、治安与信访组和宣传报道组。指挥部由相关委、局、镇及红光农场等共 28 个单位 121 人组成。

2008 年 11 月 20 日，召开动员会，启动征迁工作。至 2009 年 7 月，北辰区征地拆迁结束。征地拆迁范围为：南水北调工程天津段输水干渠北辰区段长 15.77 千米，其中干线长 7.24 千米，沿线经过双口、青光镇和天马国际俱乐部有限公司及红光农场，涉及 5 个行政村，征迁线平均宽度 170 米，永久占地 2 公顷，临时占地 151 公顷；市内配套工程长 8.53 千米，其中征迁长度 6.2 千米。沿线涉及青光、天穆镇 7 个行政村，以及李家房子分流井向东至西于庄村 6 个行政村，征迁线平均宽度 140 米，永久占地 0.69 公顷，临时占地 72.32 公顷。共拆除居民房屋 3.63 万平方米，移栽果园 56 公顷、零星树木 1.46 万株。搬迁蔬菜大棚 31 公顷，为南水北调工程顺利施工奠定基础。2009 年南水北调工程拆迁现场如图 7－2－13 所示。

图 7－2－13　2009 年南水北调工程拆迁现场

第三节　天津市重点工程

一、永定新河深槽蓄水工程

1996 年 2 月，成立天津市北辰区永定新河深槽蓄水工程指挥部。是年 4 月开工，该蓄水工程全长 28 千米，动土 124.5 万立方米，共建排污泵站、橡胶坝、排污管道、明渠、桥、涵和闸等 31 项。总投资 4383 万元，其中市补 1650 万元，其余为区自筹。1996 年 6 月主体工程完工。1997 年 7 月，铺设排污渠垂直防渗膜。全部工程包括排污、蓄水、配套 3 部分，其中排污工程包括排污管道、排污渠道、倒虹吸和排污泵站。排污管道从同生化工厂至八角楼泵站出口段桩号1＋100～4＋100，全长3000米。采用预制水泥管输水，管径分别为直径800毫米、1000毫米和1200毫米。排污渠道从沉淀池至大张庄闸下桩号4＋100～14＋400全长10千米；在河岸右侧50米滩地上挖1条排污土渠，渠道底宽为2米，底高程从0.00～－1.60米，边坡为1：2.5、纵坡为1：2000；渠道左侧弃土筑堤，埝顶高程3.50米。排污泵站至挡潮坝桩号14＋400～28＋333全长13.9千米，在永定新河右侧120米滩地挖1条排污土渠，渠道底宽2米，渠底高程0.30～－0.93米，边坡为1：2.5，纵坡为1：14000；左侧弃土筑埝，埝顶高程为4.00米。为解决永定新河以北、双街开发区和京山铁路以东企业排污，在桩号3＋35和5＋560处修建跨河倒虹2处，将污水汇入排污渠道。在14＋200处修建跨新引河（大张庄闸下）倒虹1处，下接排污泵站。排污泵站一次试车成功，8月24日开始运行。

蓄水工程从屈家店水利枢纽处桩号0＋000至北京排污河口上游处桩号26＋000，全长26千米。在桩号26＋000处新建1座橡胶坝，泄洪时坍坝，汛后起坝蓄水，若北京排污河水量充足，也可坍坝向深槽蓄水，橡胶坝设计充水高度4米，坝底高程－2.07米，坝袋分3孔，两边孔为斜坡式，中间孔为堵头式，最大蓄水量为1606万立方米。工程竣工后，橡胶坝袋冲水成功，实现清浊分流，达到工程预期效果。

交叉配套工程包括京山铁路桥以西沉淀池1处桩号4＋200～4＋000；排污渠道跨引滦暗涵管工程1处桩号14＋000；修建汇水口7处，即同生化工厂、人民农药厂、双街开发区、武清河岔、美伦化纤厂、染化七厂和电冰箱厂；修建过路涵10处，即京山铁路桥下涵及北麻疙瘩、大杨庄、北何庄、霍庄子、橡胶坝、三号桥污水涵、三号桥引水涵、跨引滦入津管道及挡潮坝便桥；排污渠道过路桥下护砌5处，即高速公路桥下、津围公路桥下、杨北公路桥下各一处及津榆公路桥下两处；跨排污渠引水倒虹管8处，即李辛庄、霍庄子、永新农场、芦新河、西堤头、东堤头、大张庄和三号桥。1997年汛后，永定新河深槽蓄水1600万立方米，粮田受益面积5333公顷，缓解区内水资源紧缺矛盾。

二、北水南调工程

北水南调是将北运河汛期入境弃水，调至天津市南部严重缺水地区的调水工程。1999年12月开工，2000年8月完工，主要供静海缺水地区农业灌溉。调水线路从北运河土门楼庄窝闸引水至北辰区屈家店闸上，入中泓故道、永青渠、安光渠、安光新开渠、凤河中支渠，穿越津霸公路后，入大刘堡排干、西青区新开渠，穿中亭堤在西河闸上游入西河，沿西河逆流至独流减河进洪闸上，工程总投资1.47亿元，全长106.41千米。其中利用原有渠道长95.13千米。

北辰区境内河道 24.75 千米，投资 2673.57 万元，河道疏浚和新开 18.41 千米；铺草皮长 6.31 千米，土方 7.57 万立方米；安光引河清淤土方 1.38 万立方米；马道以下渠道衬砌长 8.26 千米，完成浆砌石总量 2.84 万立方米，干砌石 2744 立方米，浇混凝土 405 立方米，连锁板铺设 15.44 万平方米；马道以上框格衬砌及植草皮面积 12.38 万平方米，长 14.6 千米；铺设巡视路长 11.1 千米，面积 5.17 万平方米；新建沿河建筑物 23 项，包括土方挖填 3.60 万立方米，浆砌石 37.3 立方米，浆砌砖 384 立方米，混凝土及钢筋混凝土 1125 立方米，铺设管道 468 米，购置闸门 34 台套，水泵 13 台套，变压器 1 台 50 千伏安；沿河排水口门修建 34 处，完成挖填土方 1.51 万立方米，浆砌石 1142 立方米，混凝土及钢筋混凝土 445 立方米，铺设管道 268 米，闸门购置 3 台套；跨河构筑物 6 项，包括桥 4 座、闸 2 座。工程 50％保证率年调水 1.14 亿立方米。

2000 年，该工程移交到天津市永定河管理处，主要负责永青渠首闸、永青渠尾闸、安光渠首闸、安光新开渠闸桥、上河头排水渠首闸、大刘堡排干首闸及 17.8 千米河道堤防维修维护。是年 9 月 22 日，天津市委书记张立昌、市长李盛霖等主要领导出席北水南调工程通水庆典活动。张立昌为此河题名为"卫河"，并为通水剪彩，开闸放水。

该河在北辰区双口村东永青渠左岸与津永公路交口处立碑铭记，该碑为大理石基座，花岗岩碑体，阴文碑铭，镌石以志。卫河节制闸如图 7-3-14 所示。

2002 年 8 月上旬，北水南调工程安全调水近 1000 万立方米，在缓解天津市南部地区旱情、农田灌溉调水和区域性水源调度等方面发挥了作用。

图 7-3-14　卫河节制闸（2009 年摄）

附文：

卫　河　碑　文

千年更替，世纪之交，津沽大地规模空前的农业调水工程告竣。我市历来汛期北部雨水较丰，而南部多偏旱。疏浚河道，建闸开渠，实施北水南调乃兴农富民之举。此项工程体现了全面上水平的要求，展示了军民一心、改天换地的豪情。工程自北运河土门楼庄窝闸，疏浚永清渠、安光渠，并新开挖河道，经西河闸入子牙河，至独流减河进洪闸，全长一〇六公里，设计流量三十立方米每秒，于一九九九年十二月十日动工兴建，二〇〇〇年八月竣工。命名卫河。盛年治水，惠及津沽，镌石以铭，永志纪念。

中共天津市委员会

天津市人民政府

二〇〇〇年九月

卫河碑立于双口村东、永青渠左岸与津永公路（左侧）交口处，大理石基座，花岗岩碑体。阴文，碑阳为工程平面图。

第四节　北辰区重点工程

一、自来水厂建设工程

2000年，投资3800万元（区投1150万元），其中1200万元用于铺设运河西、延吉道等2处自来水管道，全长13.2千米；2600万元用于修建津围公路自来水工程，铺设管道长7.9千米。

2008年，投资5000万元，在大张庄引滦泵站建设1座自来水厂，日供水能力1.5万立方米。其中1800万元，用于修建铺设输水管道8.79千米，保证西堤头镇10个村、3万余人饮水安全问题。该工程详见第六章第一节。

截至2010年，中心城区自来水厂年供水3300万立方米，覆盖环内城区面积64平方千米，集中供城区生产、生活用水。大张庄自来水厂引滦暗渠进水闸如图7-4-15所示。

图7-4-15　大张庄自来水厂引滦暗渠进水闸（2009年摄）

二、碧水工程

2000年，制定《北辰区水污染防治规划》，为保护引滦水质，完善区级引滦保护网络，组织专人检查区内23千米明渠，17.5千米暗管及河道两侧涵、闸、跨河排污管道和沿河企业排水口。监测站除对水环境及污染源监测外，每日对宜兴埠水厂水质取样化验，确保市民饮用放心水。

2001年，提出"碧水工程"，根据《海河流域北辰区水污染综合防治规划》，加强沿河企业和排污口管理，实施北运河综合治理工程，确保国家考核断面水质达到相应功能区标准。2002年，完成外环河河道示范段整治，子牙河、永定新河左堤治理工程。

第八章

工程管理

水利工程管理工作，按照《天津市河道管理条例》《国有泵站运行管理制度》等有关规定，在管理单位内部实行河道堤防、水库、泵站、闸涵等水利工程管理责任制，落实工作任务、管理范围、管理标准等，加强工程设施维修养护和水利设施保护。制定《北辰区农村小型水利工程管理标准》，明确各类小型水利工程管理标准、管理人员培训办法和考核办法等，加强农村小型水利工程管理。按照市水务局有关文件精神，推动农村小型水利工程产权制度改革，组建农业生产农民用水者协会，逐步建立责、权、利相统一，投入、管理、经营三位一体新机制。

第一节　河道及泵站管理

一、河道管理

1991 年，北郊区水利局河道管理所有职工 46 人，其中干部 6 人、工人 40 人。该所主要负责区内分洪河道（一级河道）堤防、桥、涵、沿河建筑物等水利工程的建设和管理，使河道在汛期安全度汛，为天津市输送生活、生产用水。北辰区水利局二级河道管理所有职工 37 人，其中干部 9 人、工人 28 人。该所主要负责区内二级河道及堤防、闸涵、沿河建筑物等的建设和管理。根据水法及有关法律、法规，对一级、二级河道及水利建筑物依法保护，清理违章建筑物，清除河道渔具。

1998 年，完成永定新河右堤二级达标工程。完成永定新河中堤屈店闸至京山铁路桥段绿化任务，共种植柳树 2000 株（成活率 90%），种紫穗槐苗 3000 墩。1999 年，全区堤防总长度 241 千米，保护人口 21.9 万人、耕地 1.861 万公顷。

2000 年，全区主要堤防长度 153.89 千米，保护人口 31.78 万人、耕地 1.859 万公顷，堤防绿化长度 147.89 千米。2001 年，全区主要堤防长度 142.01 千米，保护人口 31.64 万人、耕地 1.857 万公顷。达标堤防长度 41.46 千米，堤防绿化长度 136.54 千米。2002 年，在工作中强化管理机制，制定承包责任制。2003 年，清理金钟河滩地弃土和工程弃土，完成北运河左堤部分堤段护坡岁修。是年，全区主要堤防长度 125 千米，堤防绿化长度 115 千米。2005 年，全区主要堤防长度 147.79 千米，保护人口

32.31万人、耕地1.847万公顷。堤防达标总长度41.5千米，其中二级河道堤防长度21.5千米，堤防绿化长度142.04千米。

2006年，完成18.2千米一级河道大堤绿化，植树33800棵。区属二级河道绿化堤防3.5千米，植树7200棵。是年起，区水利局对水资源、水环境、水安全实行统筹规划、综合治理，注重水生态环境建设。2007年，全区境内河道堤防长度226千米，其中市直管一级堤防长度127千米，区管其他等级堤防长度99千米；累计达标堤防长度42千米，其中一级堤防长度22千米。是年，全部堤防保护人口34.22万人，保护耕地1.843万公顷。

2008年，按照"水清、岸绿、景美"的目标要求，实施河道水环境治理。编制《天津市北辰区农村骨干河道综合治理规划》和《北辰区水系规划》。是年7月31日，北辰区政府颁布《天津市北辰区二级河道管理办法》，加强对区内二级河道的管理。该办法共分6章26条，包括总则、工程管理、河（渠）管理、护堤护林木管理、法律责任和附则。该办法自2008年8月1日起施行。

2009年，加强河道日常管理，及时记录工程设施运行情况，资料归档齐全。依法管理涉河建筑项目，制止私搭乱盖，确保堤防安全。按照标准对工程进行维修养护，投资48万元，清除河道废物5500立方米。探索解决沿河村往河道内倾倒垃圾问题，与大张庄等3个村签订河道保洁责任书，聘用人员负责日常保洁。是年，北辰区水利局二级河道管理所制定《北辰区景观河道管理办法》，依据该办法管理景观河道，保护水生态环境。

2010年，在郎园引河铺设草皮，清除大张庄等沿河村垃圾630立方米，新建垃圾池30座，与大杨庄、大张庄和辛侯庄签订河道保洁责任书，由村负责日常保洁和垃圾清运。是年，在一级、二级河道植树10万株，绿化面积12.6万平方米。实施河道水生态环境及景观河建设，共投入资金3.6亿元，加固河道堤岸及水库周坡，种植柳树、白蜡、椿树、紫穗槐树木。采取河道堤岸绿化承包责任制，做到河道堤防、水库库区保护与绿化相结合，建设景观河道与保护水生态环境相结合，绿化速度加快。截至2010年年底，种植各种树木36.39万株，紫穗槐20.96万墩，堤岸绿化覆盖率90%。农民工在郎园引河河坡上铺设草皮如图8-1-16所示。1991—2010年部分年份北辰区河道堤防植树情况见表8-1-65。

图8-1-16　2010年，农民工在郎园
引河河坡上铺设草皮

表 8-1-65　**1991—2010 年部分年份北辰区河道堤防植树情况表**

年份	植　树　地　点	品　种	数　量	
			万株	万墩
1991	一级、二级河道、水库	杨树、紫穗槐	0.21	8.00
1992	永定河两岸、中泓故道、中泓堤、永定新河中堤、南堤	柳树、杨树	8.83	—
		苹果树	1.20	—
1993	永定新河中堤	苹果树	0.90	—
1995	河道堤岸	柳树、紫穗槐	0.10	0.25
1996	永定新河中桩号 2+400～4+400 段	柳树、紫穗槐	0.10	0.25
1997	大张庄闸所两侧堤坡植树	槐树、紫穗槐	3.68	12.16
1998	永定新河中堤屈店闸至京山铁路桥段	柳树、紫穗槐	0.20	0.30
2000	永定新河	沙蓝杨、柳树	0.95	—
2001	永定河、永定新河	杨树、柳树	1.62	—
2006	一级、二级河道堤岸	杨树	4.10	—
2008	河道堤防、水库泵站	杨树	4.50	—
2010	一级、二级河道、丰产河、景观河道段	杨树、槐树、火炬树	10.0	—
合　　计			36.39	20.96

二、泵站管理

1991 年，按照天津市国有扬水站管理办法的规定，针对各扬水站不同情况，分别实行岗位责任制和经营承包责任制的双重承包办法，把工程管理、机电管理、排灌效益、安全运行、政治技术学习、水费征收、站貌等列入百分考核内容。是年，北辰区水利局排灌站有职工 76 人，负责管理区内 18 座国有扬水站，以及区内排涝、调水和 2 座小型水库蓄水和 135 个企事业单位排水。该站下设工程组、机电组、排灌组、财会组、水费征收组，分工负责全区扬水站管理、汛前各站机泵维修、汛期排水及排水电费收缴。

1996 年，局排灌站有在岗职工 80 人，其中干部 5 人、工人 75 人。1997 年，根据19 座国有泵站坐落位置以及担负的流域面积，区水利局决定凡是 1 镇 1 站的泵站划归镇级管理；跨 2 镇使用的泵站且没有太大排灌水矛盾的也划归镇级管理；跨流域大，排灌水矛盾突出的泵站仍由区排灌站管理。泵站划归各镇管理后，相关人员列入镇里编制。划归各镇管理的 14 座泵站，财产属区水利局排灌站，各镇只有管理使用权；区水利局排灌站划归各镇的泵站人员，人事关系转入各镇。划归各镇的泵站灌区的水费由各镇自行征收，征收的水费作为泵站各项开支专用。余下 5 座泵站是区内农业调蓄水枢纽泵站，起到大面积排蓄水主导作用，也是跨灌区、跨流域泵站，仍由区水利局排灌站管理，每年除征收部分水费外，经费不足部分由区财政给予定额补贴。全区国有扬水站实行岗位责任制，管理人员负责机电设备及泵站土建工程的检查和维修保养，依水情变化，统筹安排开泵时间。是年，全区有镇村泵站 138 处。

1998 年，区水利局排灌管理站实行岗位承包责任制。是年，检查、测试扬水站机电设备 19 座次，汛前动用 23 台机组，调水 2116 万立方米；动用 61 台套机组，排水 5551 万立方米。1999 年，区水利局排灌管理站与管理人员签订目标管理责任书，由管理人员负责机电设备及泵站土建工程各项检查和小型维修，掌握水情，安排开停车时间。是年 5 月 3 日始，执行《北辰区国营排灌站水费征收使用管理办法》，调整农田水费征收办法，加大水费征收力度。是年，排灌管理站年内维修、更新 18 座泵站部分电器设备 34 项，并对电缆和变压器进行预防性试验。排灌机械装机容量 4.323 万千瓦。年内开车排水 2950 万立方米，用 4099 台时，耗电 42.68 万千瓦时；灌水 1569 万立方米，用 2185 台时，耗电 33.86 万千瓦时。

2000 年，区水利局排灌管理站在岗职工 65 人，其中干部 4 人、技术工人 61 人。有机械 91 台套，装机容量 0.968 万千瓦，主要从事全区扬水站的管理工作。是年，排灌站出资 20 万元，维修、更新 16 座泵站部分电器设备 35 项。年内开动宜兴埠、双街、淀南等 8 座扬水站排水，开车 2955 台时，耗电 37.5 万千瓦时；灌水 2160 台时，耗电 31 万千瓦时。2001 年，维修、更新 9 座泵站的部分电器设备 26 项，完成 5 座泵站机房宿舍、屋面防水等土建工程，共计 1557 平方米。年内开动宜兴埠、双街、淀南等 6 座扬水站，开车 3483 台时，灌水 1800 万立方米。2002 年，区水利局排灌管理站维修 14 座泵站部分电器设备、线路等 23 项。年内开动宜兴埠、双街、淀南等 6 座扬水站，开车 2557 台时，灌水 1547 万立方米；以蓄代排开车 150 台时，蓄水 108 万立方米。2003 年，维修 10 座泵站部分电器设备、线路等 15 项。2007 年年底，全区共有泵站 148 处，装机容量 2.511 万千瓦，其中排灌管理站共管理国有泵站 15 座，排灌机械 76 台套，流量 112.9 立方米每秒，装机容量 9394 千瓦；代管泵站 3 座，排灌机械 9 台套，流量 15.95 立方米每秒，装机容量 1351 千瓦。2008 年，排灌管理站共管理国有扬水站 14 座，排灌机械 72 台套，流量 109.7 立方米每秒，装机容量 9174 千瓦；代管开发区泵站等 4 座，排灌机械 11 台套，流量 19.15 立方米每秒，装机容量 1571 千瓦。

　　2009 年前，由于实施农村土地承包和税费改革，水费征收困难，农业排水费基本征收不上来，实际每年只能征收 30 余万元工业排水费，加上区财政每年 30 万元经费补贴以及汛期水电费按实报销，每年仍有 160 万元左右缺口。由于资金欠缺，人员经费和泵站养护维修经费严重不足，区泵站管理困难，年久失修，积漏成险，给区经济发展和人民生命财产安全带来极大隐患。2009 年，根据天津市水利局《关于水利工程管理体制改革的实施意见》和市水利局、市发展改革委、市财政局、市机构编制委员会《天津市水利工程管理体制改革实施方案》，区水利局排灌站实行体制改革，自 2009 年 1 月定为全额事业单位，人员工资、养护、维修、运行等费用由区财政负担。区水利局排灌管理站定编 33 人，下设工程组、机电组、水务监察组、财务组和办公室。为节省管理费用，发挥泵站防汛排涝作用，泵站实行夫妻管理，负责泵站日常养护、值守、运行等工作，简称"夫妻站"。根据北辰区政府《关于我区水管体制改革协调会议纪要》精神，国有泵站调排水电费、日常养护及管理经费，与财政部门协商核定其标准。调排水电费标准参考 2008 年实际电费支出、2009 年上半年的电费支出及下半年预计支出情况核算，核定用电支出基数每年为 120 万元，超出基数时实报实销，一事一议。"夫妻站"工资费用标准，6 个站的合同制工人月工资 1100 元，缴纳"五险"（养老保险、医疗保险、失业保险、工伤保险和生育保险），配偶陪伴补助费 300 元。泵站日常养护经费主要用于机电设备、水泵及其配套控制电气的日常维修养护，2007 年支出

图 8-1-17　大张庄（夫妻）
泵站（2009 年摄）

17.34 万元，2008 年支出 22.39 万元。大张庄（夫妻）泵站如图 8-1-17 所示。

　　天津市水务局文件规定北辰区排灌管理站为北辰泵站更新改造工程项目法人。按照有关规定履行项目法人职责，负责工程质量管理、施工安全、工程进度和建设资金的有效控制和管理，完成工程建设任务。

　　2009 年，区水利局组织编制完成《天津市北辰区泵站安全鉴定报告》，经专家组评审和局主管部门复核，评定大兴水库泵站为三类泵站；淀南、永青渠和温家房子 3 座泵站为四类泵站。区水利局制定大型灌溉排水泵站改造质量管理制度，包括项目法人质量管理，监理单位质量管理，设计单位质量管理，施工单位质量管理，建筑材料、设备采购的质量管理和工程保修、质量检测；制定北辰区大型灌溉排水泵站改造工程合同管理制度，包括招标、合同履行、合同变更与索赔、资金管理与支付；制定北辰区大型灌溉排水泵站改造工程安全生产管理制度；制定北辰区大型

灌溉排水泵站改造工程档案管理制度，包括档案资料的管理、技术档案整编的职责分工、工程档案案卷的组成；制定北辰区大型灌溉排水泵站改造工程项目法人财务管理制度，包括财务计划管理、资金管理，工程款的拨付管理，监理费用的拨付管理，勘测、设计费的拨付管理，工程质量检测费的拨付管理，设备采购的拨付管理，管理费的核算。

第二节　水　库　管　理

永金水库管理所和大兴水库管理所成立于 1987 年 8 月，隶属区水利局。主要负责日常对库区堤防和水利设施进行检查、维修，确保水库围堤安全和水利设备正常运行，以及汛期蓄水。并利用库区水面养鱼，进行多种经营。

1991—1996 年，区内水库蓄水 9014 万立方米。各水库管理所共检查测试扬水站机电设备 19 座次，汛前动用 23 台机组调水 2116 万立方米，动用 61 台套机组排水 5551 万立方米。1999 年，各种经营收入 100 万元。

由于多年风浪冲刷，大兴、永金两座水库围堤多处出现塌陷、滑坡险情。2005 年 5 月，筹资 15 万元，除险加固两座水库险工段，6 月中旬竣工。2000—2010 年，为弥补管理人员经费和工程维修资金不足，管理所利用库内现有条件，调剂水质，采取承包经营方式从事养鱼活动，发展旅游、餐饮等第三产业，增加工程建设资金和管理经费。在工程管理上依据"岗位责任目标考核管理办法"，实行岗位责任制，负责库区大堤、泵站设备的维修管护工作。

一、永金水库管理

1984 年，挖竣永金水库。该水库位于小淀村以东，津榆公路以南，永金引河以西，温家房子以北，占地面积 300 公顷。围堤周长 6.5 千米，平均水深 3.2 米，蓄水面积 237 公顷。库内设有防浪林台，顶宽 6 米，顶高程 6.20 米，堤顶高程 7.00 米，堤顶植树 9.67 公顷。

1988 年，在库区开设旅游服务项目，辟建水上游乐场。1994 年，该游乐场更名为银河度假村。1997 年，银河度假村更名为银河度假城，由市乡镇企业局供销公司承包。20 世纪 90 年代末，该度假城停办。

20 世纪 90 年代初，永金水库管理的临时工采取承包方式，开始自筹资金在水库养鱼，实行自收自支，上缴承包费，兼管库内调蓄水，确保水库正常运行。1991 年，该管理所有正式职工 4 人、计划外人员 45 人。1998 年，针对水库南堤的汛期隐患，制定抢险预案。该隐患是由于风浪和冰凌冲击，造成坍塌形成的陡坎，冲刷宽度为 2 米，险段长度为 1500 米。预案规定，汛期一旦出现险情，由小淀镇民兵负责抢险，届时出动民兵 500 人，自带工具，北辰区防汛抗旱办公室提供麻袋 1 万条，临时堵口，永金水库所长负责技术指导，水库负责提供土源。

2007 年，永金水库管理所制定管理所工作制度和所长职责，落实岗位责任制。2010 年，该管理所有职工 4 人、合同工 1 人、计划外人员 2 人。

二、大兴水库管理

1986 年，挖竣大兴水库。该水库位于北何庄以东，机排河以西，永定新河以北，引滦明渠以南，占地面积 200 公顷，围堤周长 6 千米，顶宽 6 米，顶高程 7.90 米，正常设计水位 6.2 米。库容 882 万立方米，平均水深 3.4 米，蓄水灌溉面积 213 公顷，库区养鱼面积 227 公顷，堤顶两侧植树面积 9.7 公顷。

20 世纪 90 年代初，大兴水库管理所主要以综合经营为主，利用库区水面开展养鱼业，按人定岗位，明确分工，责任到人。1991 年，该管理所有正式职工 7 人、农民合同工 9 人。1998 年，大兴水库完成护坡（混凝土）工程 1000 米，并将原单排泵站调头转向，解决水库蓄水问题。是年，针对水库南侧由于风浪冰凌冲击形成的 350 米陡坎隐患，制定防汛抢险预案。预案规定，汛期一旦出现险情，由大张庄镇组织民兵负责抢险，届时出动民兵 500 人，水库所长负责技术指导，水库负责提供土源。汛期限制水位 5 米。2010 年，大兴水库管理所有职工 7 人。

三、华北河废段水库管理

1970 年，因开挖永定新河，华北河被截，遂将下段故道（废河段）建成水库。1976 年，被正式认定为小型水库，即华北河废段水库。该水库北起永定新河右堤，南至老华北河闸，长 4.75 千米，上口宽 110 米，河底宽 90 米，库容 120 万立方米，最大蓄水量 50 万立方米。1999 年，华北河废段水库蓄水减少，此后该水库蓄水量未见统计资料记载。2010 年，该水库水深不足 0.5 米。1991—2010 年，华北河废段水库一直由东堤头村代管。

第三节 机 井 管 理

1991 年，为防止地下水水质受到污染，区水利局开始组织回填报废机井。是年，共回填报废机井 600 眼。1995 年始，为控制地面过快沉降，实行地下水取水许可审批制度，企业、居民、镇村农田灌溉凿井开采地下水受到限制，遂机井数量、取水量逐年减少。1998 年，全区机井总数 599 眼，年内打深井 7 眼，其中生活井 6 眼、企业井 1 眼。总投资 106 万元（村自筹 90 万元，企业自筹 15 万元）；打浅井 150 眼，总投资 144.15 万元（国家补助款 40 万元，自筹 104.15 万元）。1999 年，对地下水开采执行申报和取水许可制度，严格控制地下水开采量。年内组织回填报废机井 11 眼。

2000 年年底，全区机电井总数 594 眼，总装机容量 1.663 万千瓦，其中农田井 400眼、生活井 99 眼、企业井 95 眼，机井完好率 91.16％。年内打深井 13 眼、浅层淡水井100 眼，维修病井 45 眼。2006 年，回填报废井 28 眼，总投资 56.3 万元，其中区补27.9 万元、各镇自筹 28.4 万元，其报废井回填工程情况见表 8－3－66。

表 8－3－66   **2006 年北辰区报废井回填工程情况表**

地 点		回填数 /眼	工程投资/万元		
			总投资	区补	自筹
西堤头镇	刘快庄	1	2.0	1.0	1.0
	辛侯庄	1	2.0	1.0	1.0
大张庄镇	小田庄	1	2.0	1.0	1.0
	张五庄	2	4.0	2.0	2.0
	芦庄	2	4.0	2.0	2.0
小淀镇	小淀村	2	4.0	2.0	2.0
	小贺庄	2	4.0	1.9	2.1
天穆镇	刘房子	2	4.5	2.5	2.0
	东于庄	2	4.5	2.5	2.0
北仓镇	王秦庄	2	2.3	1.0	1.3
	桃口村	1	2.0	1.0	1.0
	屈店村	1	2.0	1.0	1.0

地　　点		回填数/眼	工程投资/万元		
			总投资	区补	自筹
青光镇	青光村	2	5.0	2.0	3.0
	韩家墅	1	2.0	1.0	1.0
	铁锅店	1	2.0	1.0	1.0
双口镇	东堤村	1	2.0	1.0	1.0
	岔房子	1	2.0	1.0	1.0
	双口二村	1	2.0	1.0	1.0
	中河头村	1	2.0	1.0	1.0
	安光村	1	2.0	1.0	1.0

2007年，及时填埋已报废的30眼机电井，该工程涉及8个镇21个自然村，工程总投资90万元（区补39万元，镇村自筹51万元）。

2009年，建立台账，将各类机井资料统计在册；对未配套机井实施查封。是年，全区配套机电井装机容量1.566万千瓦，共计557眼，其中农业井273眼、生活井152眼、工业井132眼。

第四节　农村小型水利工程管理

一、农村小型水利工程产权改革

20世纪90年代，农村小型水利工程资金投入不足，缺乏维修管理经费，管理粗放，水利工程设施有人用，无人管，老化损坏严重，工程利用率降低。

2002年，实行小型水利工程产权制度改革，成立产权制度改革领导小组，区水利局局长任组长，区财政局、司法局、物价局、土地局，农委等单位一把手为成员。制定《小型水利工程产权制度改革实施方案》和试行办法，改变在计划经济体制下单纯靠国家对小型水利工程的投资建设，管理体制实行原有工程所有权与经营权分离。明确所有权，拍卖使用权，放开建设权，搞活经营权。因地制宜，宜卖则卖，宜租则租，宜股则股，宜包则包。建立责、权、利相统一，投入、管理、经营三位一体的小型水利工程新体制。根据工程性质、规模、年限条件，确定不同工程采用不同产权改革形式，把拍卖、承包、租赁小型水利工程设施情况公开，面向社会招标和竞争出售。按照自愿公开、平等竞争原则组织拍卖会、招标会，签订水利设施拍卖、承包和租赁合同。通过小型水利工程产权制度改革，改变"国家出钱，农民种田"观念，改变重建轻管状态。是年，区水利局制定《北辰区农村小型水利工程养护管理标准（试行）》，加强区内小型水利工程的养护管理。2006年，积极推进水管单位体制改革及小型农村水利工程产权制度改革。小型农田水利工程建设与村民代表"一事一议"制度相结合，建立小型农田水利建设、管理、经营的新机制。对建设后的小型水利工程采取专业组织承包形式，专人负责管理和使用。

2009年，制定《北辰区农村小型水利工程管理标准》，明确各类小型水利工程管理标准、管理人员培训办法和考核机制，区政府每年拿出30万元作为奖励资金，推动镇、村水利管理工作。是年，针对农村小型水利工程，即镇或村具有产权、管理权和使用权的农田排灌泵站、农用桥涵闸，节水工程及配套设施，重新制定《北辰区农村小型水利工程养护管理标准（试行）》，2010年1月1日起实施，同时制定百分考核办法。每季度组织一次抽查，对发现的问题督促整改，年终组织管理工作评比，区政府出资23万元对评选出的3个优秀单位、6个达标单位给予奖励。

二、用水者协会

2006年，根据市水利局关于组建农民用水者协会的通知要求，深入乡村开展调研，对筹建农民用水者协会进行宣传。用水者协会通过内部开展用水指标分配、节水工程维护、水费制定与收费等工作，推进行业节水，成为农民自主管水的组织，并享受到区政府的优惠政策扶持。小型农田水利设施实行有偿服务，落实运行和养护管理责任，充分发挥农村小型水利工程效益。2007年，青光镇成立青光果园农民用水者协会；韩家墅村成立农民用水者协会；在双街镇青水源农业种植区建立农民用水者协会，成立协会理事会，起草协会用水管理章程，制定收费及使用办法，建立台账，改善用水管理运行机制，提高农民参与用水管水的意识。2008年，成立5个村级农民用水者协会，其中在西堤头镇和大张庄镇组建2个农民用水户协会。

2009年，在姚庄蔬菜园、青光蔬菜种植基地成立两个农民用水者协会。至2010年，北辰区共成立用水者协会8个。

第九章

水政建设

　　1990 年后，随着涉及水利及堤防问题的增加，北辰区坚持循序渐进，加强水利制度建设，制定出台相应规范性文件和办法。强化水利法规宣传和执法力度，使河道堤防管理、水资源管理等逐步走上法制轨道。

第一节　制　度　建　设

　　1991—2010 年，区政府共批转、制定、颁行 10 个水利管理办法，促进水利执法，使水事管理有法可依得到保障。

一、水资源管理办法

　　为保证水资源有效利用，防止水环境污染，根据《天津市征收排放污水费的暂行规定》，1996 年区水利局制定《天津市北辰区征收排放污水费的暂行规定》，经区人民政府批准，于 1997 年实施，并对排放污水、废水的企事业单位及个体工商户征收排放污水费。1997 年为解决永定新河两岸企业排污问题制定了《永定新河深槽蓄水工程管理办法》。1998 年 5 月，制定《北辰区永定河深槽蓄水设施及水资源管理办法》，经区政府批准执行。

二、水利工程建设管理办法

　　2002 年 6 月 20 日，为促进和加强农村小型水利工程养护管理，延长工程设施使用寿命，发挥水利工程的经济效益和社会效益，区水利局制定《北辰区农村小型水利工程养护管理标准（试行）》。

　　2005 年 7 月，区水利局规范水利建设工程施工分包，维护水利建筑市场秩序，保证工程质量和施工安全，根据《中华人民共和国招标投标法》《建设工程质量管理条例》，结合水利工程特点，制定《水利建设工程施工分包管理规定》。

　　2007 年，区水利局根据国家有关规定和《北辰区小型水利工程管理制度改革实施方案》，按照市政府要求，为规范北辰区农村小型水利工程建设管理程序，明确责任，保证工程质量，合理使用资金，制定《农村小型水利工程建设管理办法（试行）》。是年，区水利局根据《关于印发天津市农村饮水安全及管网入户改造工程建设实施意见的通知》的规定要求，为加快解决农民饮水安全问题，改善农民生活条件，决定用 3 年（2007—2009 年）时间完成农村饮水安全及管网入户改造工程建设，制定《天津市北辰区农村饮水安全及管网入户改造工程建设管理办法》和《北辰区农村饮水工程实施供水管理办法》。

三、河道管理办法

2008 年，北辰区水利局针对河道管理范围内的原有建筑物情况，制定《二级河道管理办法》，进一步明确管理范围、管理主体、管理责任。河道管理部门按管理办法和水利工程维修养护标准，加强河道堤防日常管理。制定河道整治规划及河道植树、滩地使用规划，与沿河村庄签订河道保洁责任书，做好河道排水、引水、蓄水工程以及河道防洪护堤、绿化保洁工作。

2009 年，为保护北运河景观河道建设，改善人民群众生活环境，区水利局针对景观河道实际情况，制定《北运河河道景观环境保护管理办法》。

第二节   法 规 宣 传

1991 年，以水法实施 3 周年为契机，区成立依法治理小组，并设办公室负责日常工作。制定法制宣传教育计划，提高广大人民群众对依法治水的认识，增强其依法治水自觉性，将全区水事活动纳入法制管理范围。

一、媒体宣传

1991 年，在水法宣传中，利用有线广播，出动宣传车，刷写标语，电影放映前放映幻灯等多种形式进行水法宣传，刷写张贴标语近 800 条，其中永久性标语 200 多条。

1993 年，区水利局配合市水利局宣传水法，拍摄水法宣传电视剧录像专题片，并将录像带发到工矿企业和乡镇街。

1995 年，广泛宣传水法，在"水法宣传周"和"世界水日"活动中，悬挂巨幅布标 40 条，书写标语 24 条，印发水法活页文摘 4000 余份、宣传品 6000 余份，向区委机关及区各委局赠送水政监察手册60余套。副局长带队下乡宣传，解答群众提出的有关水法问题35条。

二、知识竞赛

1996年，根据市水利局对"水法宣传周"的部署，法律宣传与执法相结合，印发各种宣传材料2000余份，悬挂大幅布标5幅；请区法制办配合到12个乡镇宣讲《中华人民共和国行政处罚法》实施内容，开展法律咨询活动，运用行政处罚法有关条例解决水利方面问题。是年，组织全局干部、职工参加水法知识竞赛活动，参加人数占全局总人数的80%。

1998年，组织机关工作人员、水政监察员学习水法、《中华人民共和国防洪法》《天津市河道管理条例》等法律、法规，举办有奖知识竞赛等活动。在"世界水日"和"水法宣传周"期间，通过悬挂宣传布标，张贴宣传画、标语，向群众宣传水法基础知识。

1999年，组织机关工作人员、水政监察员、工程管理人员参加知识竞赛2次。

2007年，围绕第十五届"世界水日"和第二十届"中国水周"开展一系列宣传活动，组织局机关及基层单位人员参加水法知识竞赛。

三、"四下乡"活动

2003年，在"世界水日"和"水法宣传周"期间，以布标、宣传画及板报等形式向群众宣传水法及相关政策知识；参加区政府组织的"四下乡"活动，出动宣传车2辆，展出移动框架宣传窗、黑板报、悬挂布标，宣传节约用水知识等。

2007年，结合区"四下乡"活动，组成宣传小分队，到田间地头、居民家中进行宣传，向群众发放节水护水宣传小册子5000册、"明白纸"20000张、水法书籍3000本。

2008—2010年，充分利用报纸、电视媒体、"四下乡"活动进行法律、法规宣传。2010年3月22日，在果园北道围绕"坚持人水和谐，建设生态文明"开展主体宣传活动，区水利局机关全体干部和基层单位宣传骨干100余人参加活动，悬挂"世界水日"和"中国水周"宣传口号布标2条，新印制展牌宣传画8张；水利系统各单位张贴水利部宣传挂图100幅，向群众发放水法律法规、节水护水常识等宣传材料5000余份，发放印有"世界水日""中国水周"宣传口号的环保手提袋1000个。在全区交通要道、居民社区设置宣传栏以悬挂布标及张贴海报、宣传画等形式进行宣传；在区水利系统单位举行水法知识竞赛，观看水法宣传电视系列片《人·水·法》等活动。

第三节 水 行 政 执 法

一、水政执法队伍

1998 年，根据市水利局有关文件精神和要求，筹建区水政监察大队。1999 年，区水政监察大队正式揭牌成立，经批准下设 4 个中队，水政监察员 75 人。水政监察大队负责对执法人员进行规范管理和水政执法错案追究。2008 年增设到 5 个中队，有水政监察员 90 人，负责一级河道、二级河道和国有排灌站及 2 座小型水库的各类水利设施安全保卫与日常工作。

2002—2003 年，7 名执法骨干人员参加天津市行政学院行政法学理论、行政法律、法规应用考核，75 名水政监察员参加市法制办培训办证考核。2007 年，贯彻落实国家提出的依法行政总体要求，加强水域水利工程管理，制定水利工程设施安全检查等多项检查制度。水政执法工作采取长效管理措施，依法行政，依法管理，打击各种水事违法行为。组织水政监察员专业培训，学习水法、行政许可法、《天津市河道管理条例》等法律法规，参加全区统一考试，向考试合格者颁发证书，实行持证上岗。执法人员依法行政，杜绝乱收费、乱罚款，维护群众利益。2008 年，举办水政监察员学法用法专题培训 2 期，180 余人次参加。开展学法用法"五个一"活动和水政执法队伍行风评议活动，水政监察员依法行政意识和能力明显提高。

二、水事案件办理

1994 年，处理各类水事案件 8 件，立案 1 件。1998 年，召开会议分析研究人大代表、政协委员提出的 12 件议案、提案，并到实地调查取证，使提案件件有答复、有落实。信访工作强化制度管理，在服务农业和稳定社会秩序上下工夫。是年，接待解决来人来访、信访、电话访 10 次，均妥善解决。1999 年，处理 5 件信访事项，重点解决大兴水库占用大张庄、霍庄子镇农民土地补偿问题；武清河岔地区欠交排水费而断电，导致泵站不能开车问题；霍庄子镇芦新河村鱼池被丰产河污水顶托，严重影响养殖户渔业正常生产，造成几十户农民上访问题。2001 年，处理群众来信 1 件、来访 4 件，答复区批转局办理 2 件，办理区人大代表建议 5 件、议案 1 件和政协委员提案 3 件，答复市政协委员提案1件。2003年，引黄济津工程通过北辰区境内子牙河向市区供水，区水利局负责沿河水源保护工作，按河段分工负责，责任落实到人，严格控制向河道内倾倒污水、废水和污染物。

2005年，进一步完善监督机制，建立群众反映问题的渠道，设立意见箱和举报电话，方便群众及时反映各种问题。2002—2009年，共接待来信来访18件、办理提案11件。2010年，实行一把手负总责和领导干部包案制度，直接受理和区批转局里办理的信访事项6件，解决及处理结果使信访人基本满意，未出现越级访和群体访。

2008年，查处河道水事违法案件10件，挽回直接经济损失20万元；在泵站进出水池、变电室设置"此处危险，禁止靠近"警示牌。是年，完成部分河道土地确权。2009年，针对部分企业、村庄向河道排放污水问题，与区环保局及相关镇建立会商机制，制定相关措施，定期通报信息，联合执法。是年，依法拆除一级、二级河道堤防违章建筑物9处，迁坟23座，做到主体准确，证据充分有效，法律适用正确，当事人全部履行，无一上访或申请行政复议。2010年，依法协调处理郎园引河治理、北运河截污工程建设中各种矛盾；对穿堤、过河施工项目，严格执行行政审批程序，严格监督施工质量，集中整治河道管理范围内违法建筑物，制止并纠正违法案件4起；对京津路、北辰道、高峰路等主要干道两侧冲洗车户和建筑施工用水户实行执法检查。2010年水政监察大队人员执行河道监察任务如图9-3-18所示。

图9-3-18　2010年水政监察
大队人员执行河道监察任务

三、机排河水事纠纷

芦新河泵站既为武清杨村机场服务，也为武清区和北辰区内机排河两岸农业服务，但农业收益单位不负担电费。为解决托地问题，需泵站开泵排水，增加电费支出，而天津市建委10万元经费多年不变，加之排水电费价格上涨等原因，更突出了运行经费不足的矛盾。自1991年开始，北辰区内农民多次到天津市、北辰区政府上访。北辰区人大代表在天津市人大、政协"两会"期间连续几年将该问题作为议案提出。为此，市政府提案处连续几年召集北辰、武清两区县和有关部门协商解决；市政府副秘书长刘红升几次出面协调，但因资金难落实，此问题一直没得到解决。为解决北辰区托地问题，市政府多次要求市水利局克服困难，开泵排水，降低河道水位，其运行电费先由市水利局垫付。

由于芦新河泵站运行的维护费、电费等一直无法彻底解决，只能视河道水位情况进行排水，北辰区和武清区在机排河上的水事纠纷逐步升级。1993—1995 年，在高水位期多次发生北辰区村民在机排河两区县交界处搭筑拦河坝与武清区村民组织拆坝的纠纷。市水利局多次就此问题进行协调，但苦于无资金来源，该矛盾无法彻底解决。1999年，为彻底解决机排河芦新河泵站排水问题，市政府副秘书长刘红升再次召开协调会，研究芦新河泵站排水经费问题。市水利局、市财政局根据市政府协调会议要求，就机排河泵站排水经费问题，与有关部门和区县反复进行研究和沟通；经核算，芦新河泵站年运行总费用为 95 万元。经费来源：一是市建委承担经费问题，由于芦新河泵站主要承担杨村机场排水任务，其经费由城市维护费列支，包括人员工资、公用经费和运行经费，合计每年 20 万元。二是两区县承担费用问题，按该泵站 1994—1998 年平均实际排水量，确定每年排水量为 4000 万立方米，合计年需排水费 75 万元。超量时由市水利局自负费用。三是费用分担原则问题，排水量比例按汛期与非汛期 4∶6 计算。其中汛期占 40%，非汛期占 60%，汛期由市财政、武清区、北辰区各负担 10 万元。非汛期由武清区、北辰区负担，因非汛期排水大部分来自武清区，确定负担比例为武清区 60%，北辰区 40%，即武清区年承担 27 万元，北辰区年承担 18 万元。每年 1 月 1 日和 7 月 1日，各有关部门分两次将所承担费用统交市财政局监督使用，违约由市财政局核扣。1999 年即按此办法执行。四是本次测算不计算机电设备折旧费，如遇泵站大型机电设备更新改造，由市有关部门考虑专项经费解决。是年 7 月 15 日，市水利局、市财政局根据测算，以《关于协调机排河芦新河泵站排水经费问题的报告》联合上报市政府；7月 20 日，市政府副秘书长刘红升在该报告上批示"海麟同志，此件如无不妥，经您批示后，发有关部门实施"；次日，副市长孙海麟批示同意。

按照市领导批示，市水利局与武清区、北辰区于 2002 年 8 月 30 日签订《机排河芦新河泵站排水费用协议》，确定汛期由市财政局、武清区和北辰区各负担 10 万元，非汛期武清区负担 27 万元，北辰区负担 18 万元，合计年排水费 75 万元。超量时市水利局自负费用，未超量费用结转下年使用。资金到位后，芦新河泵站按汛期 1.8 米水位控制排水，非汛期按"不托地不倒灌"原则，及时开车排水。截至 2010 年，北辰区每年负担排水费 28 万元。

四、行政许可

2004 年 11 月，经区政府法制办审核，确定区水利局行政许可事项 18 项。12 月，区水利局工作人员进驻区行政许可服务中心。2005 年，区贯彻实施《中华人民共和国行政许可法》，规范实施行政许可主体，相继发布 16 项行政许可事项审批指南。即农村集体经济组织修建水库审批；工程设施占用河道、湖泊管理范围内土地，跨越河道、湖泊空间或者穿越河床审批；在河道管理范围内进行水产养殖审批；水利工程开工审批；在河道管理范围内兴建建设项目临时占用堤防、河滩地，以及利用河道、堤防、闸桥审批；工业废水向农业渠道排放审批；取水许可审批；河道管理范围内建设项目审批；河道管理范围内堤顶、戗台用作公路、铁路审批；蓄分洪区避洪设施建设审批；蓄分洪区内新建、改建、扩建建设项目和验收；建设项目水资源论证报告书审批；河道管理范围内采砂、采石、取土审批；水利工程基建项目初步设计文件审批；护堤、护岸林木的砍伐审批；开垦禁止开垦坡度 5 度以上 25 度以下的荒坡审批。

2005 年 3 月，区行政许可服务中心水利局窗口受理第一项行政许可事项，截至 2007 年 5 月共受理行政许可 35 件，月均受理 1.35 件。由于在进驻行政许可服务大厅的行政许可事项中，仅涉及凿井和取水许可两项，2007 年 6 月 11 日，区水利局上报《关于撤回北辰区行政许可服务中心水利局窗口的请示》后，将水利局窗口从区行政许可服务中心撤回。其后，涉及水务行政的审批事项由区行政许可服务中心转到区水利局。2008 年，区水利局批复 3 项凿井行政许可事项。2010 年，区水利局批复 2 项凿井行政许可事项。北辰区行政许可服务中心水利行政许可事项目录见表 9-3-67。

表 9-3-67　　北辰区行政许可服务中心水利行政许可事项目录

序号	办理部门	行政许可事项名称	类型项名称
1	水利局	建设项目水资源论证报告书许可	
2	水利局	水工程建设项目工程建设方案许可	
3	水利局	水利基建项目初步设计文件许可	
4	水利局	生产建设项目水土保持方案的审批及水土保持设施的验收	生产建设项目水土保持方案的审批
5	水利局	蓄分洪区内建设项目审查、开工许可	蓄分洪区内建设项目立项审查
6	水利局	城市排水许可证核发	
7	水利局	河道管理范围内建设项目、建设方案和位置界限许可	河道、水库管理范围内堤顶、坝顶、戗台用作公路、铁路许可
8	水利局	改动、迁移排水和再生水利用设施及排水河防护范围内新建、改建工程项目或施工临时占用许可	
9	水利局	用水计划指标许可	自来水用水计划指标核定
10	水利局	取水许可	取水许可审批

序号	办理部门	行政许可事项名称	类型项名称
11	水利局	开垦禁止开垦坡度 5 度以上 25 度以下的荒坡许可	
12	水利局	河道管理范围内有关活动许可	围垦水库河流的审核
13	水利局	排污口的设置或扩大许可	排污口的设置或扩大审批立项审查阶段
14	水利局	水利工程建设项目（防洪）规划同意书审查许可	
15	水利局	城市污水集中处理单位减量运行或者停止运行许可	
16	水利局	连续停水超过 12 小时的行政许可	

注　该表中序号为该行政许可事项在区行政许可服务中心的序号。

第十章

水利经济

　　1991—2010年，区水利局计划财务、审计工作从服务水利建设大局出发，按照《中华人民共和国会计法》和《天津市审计会计工作秩序》要求，合理安排、运用各项资金，坚持"一支笔"审批制度，充分发挥资金效能。通过水利工程、资金和经济责任审计，监督检查资金运用状况，提出合理建议和意见保证了资金安全。区水利系统结合自身优势开展水利综合经营活动中，在水库养殖业基础上先后开展了工业、农业、工程技术服务和施工、商业和旅游服务业等多种形式经营项目，经营收入不断提高。随着有关政策改变，从1994年开始对水利经营实体进行了整改，经营利润逐年下滑，至2010年只保留水库养殖业的生产。

第一节　财　务　审　计

一、资金投入及运用

　　1991—2010年，北辰区水务局水利资金总投入54909.072万元，其中水利基建支出4005万元、水利事业费6227.982万元、农田水利补助费2460.4万元、专项资金2321.41万元、固定资产投资17894.38万元、群众自筹资金4345万元、其他17654.9万元。

　　1991—2010年北辰区水务局财务支出见表10-1-68。

表10-1-68　　　　**1991—2010年北辰区水务局财务支出表**　　　　单位：万元

年份	水利资金总投入	水利基建支出	水利事业费	农田水利补助费	专项资金	固定资产	群众自筹资金	其他支出
1991	428.000	43	70.000	29.0	46.00	—	240	—
1992	606.900	—	25.300	83.4	—	217.20	281	—
1993	363.592	—	60.592	—	—	—	303	—
1994	515.000	—	114.000	16.0	—	80.00	305	—
1995	—	—	—	—	—	—	—	—
1996	983.000	—	26.000	85.0	—	457.00	415	—
1997	6655.000	3226	16.000	3.0	—	3226.00	—	184.0

续表

年份	水利资金总投入	水利基建支出	水利事业费	农田水利补助费	专项资金	固定资产	群众自筹资金	其他支出
1998	1128.000	—	143.000	88.0	—	647.00	—	250.0
1999	943.000	—	191.000	70.0	—	430.00	—	252.0
2000	1022.000	736	231.000	55.0	—	—	—	—
2001	601.000	—	214.000	157.0	230.00	—	—	—
2002	1366.900	—	224.000	391.0	140.00	611.90	—	—
2003	2386.780	—	224.000	153.0	1113.00	896.78	—	—
2004	765.600	—	229.090	—	86.41	—	—	450.1
2005	1189.000	—	565.000	—	—	—	—	624.0
2006	2558.800	—	368.000	—	245.00	1003.00	—	942.8
2007	3870.000	—	535.000	656.0	—	1969.00	490	220.0
2008	3410.500	—	644.000	393.0	—	588.50	1380	405.0
2009	8292.000	—	1208.000	138.0	—	4446.00	—	2500.0
2010	17824.000	—	1140.000	143.0	461.00	3322.00	931	11827.0

注　1995 年查无资料。

二、财务管理

区水利局计划财务科负责全局的各项财务管理。自 1991 年起，加强财务管理，坚持"一支笔"审批制度。建立财务审计监督管理制度，有效加强各项资金使用管理和内审工作。制定局系统财务管理办法，理顺财务管理制度，查清单位的债权债务，解决财务管理上存在的问题。是年，制定《天津市北郊区关于加强财务管理的几项规定》，指出：凡购置固定资产超过 500 元（含 500 元）者都要呈文请示批签方可开支，没有审批手续，按违纪论处；每年对固定资产全面清点一次，进行核实，新建、购入和调入的固定资产分别按造价、购价和调拨入账，对报废、报损的固定资产要查明原因并经过严格的审批手续后办理账务处理，做到账账相符，账实相等。同时，规范水利专项资金使用和机关内部财务开支手续。

1996 年，按照《天津市整顿会计秩序单位情况表》和会计法要求开展自查，全体会计人员进行上岗培训和计算机培训，全部通过考试。

2000—2010 年，执行会计法及财政部门制定的各项规章制度，坚持"一支笔"审批制度，局机关及局属各单位的经费开支均由该单位"一把手"负责审批，经办人签字；遵守现金和支票管理制度，库存现金不得超过规定限额 2000 元；除各项补助、补贴和奖金之外，各项开支超过 100 元原则上使用转账支票支付。

三、审计

1991 年，计划财务科负责全局各项财务工作。负责制定财务管理办法，查清单位债权债务，解决财务管理中存在的问题，建立财务审计监督管理制度。审计水利资金包括各级财政核拨的水利事业费、水费收入，重点审计各项水利资金有无挪用、转移截留、损失浪费、弄虚作假。是年，审计各项财政核拨水利事业费 695531 元，其中市拨 333100 元、区拨 362431 元，当年全部支出；同时延伸审计区水利局排灌泵站、河道管理所，审计金额 1055347 元。

1992 年，组织内部审计，对一级河道、永金水库和大兴水库收支情况以及 1991 年小型农田水利补助费使用情况进行检查，重点审计农业水利基金、水利事业费使用和自筹配套水利资金收支情况。

1993 年，全年共审计资金 150 万余元，纠正偏差资金 6 万余元，提出审计建议和意见 12 条，被采纳 10 条。是年，完成区国有扬水站上年度税费征收使用情况审计，并对重点扬水站的综合经营效益情况进行调查分析；对上年度的防汛工程财务决算进行财务检查；对上年度大兴水库管理所的经济效益进行分析；对永定河泛区安全建设工程财务决算进行财务检查；对二级河道管理所和永金水库管理所的年度财务收支决算进行审计；完成是年度防汛工程财务决算审计。

1994 年，根据市水利局《关于开展水利行业固定资产使用、管理情况审计调查》《关于开展清产核资工作的通知》要求，区水利局成立调查组，局长赵学敏任组长，以审计科、计财科为主，对全局各水利工程管理单位的国有固定资产进行清产核资和审计调查。是年，全年审计资金额 459.15 万元，提出审计建议 9 条，均被采纳。

1995 年，开展水利专项资金审计，对排灌站、地下水资源办公室、大兴和永金水库水利产业收费政策落实情况进行调查，对预算外资金进行审计，完成各单位经济效益调查。是年，审计两项重点工程：区集资 136 万元，更新改造永定新河出水闸及原泵站出水口等共计 13 项工程，资金使用合理；审计 1994 年市下达的以工带赈款 75 万元，由双街、双口两乡负责建救命台 3869 平方米、安全台 2500 平方米、撤退路 7.1 千米，审计资金无问题。

1998 年，跟踪审计重点工程专项拨款运用，从工程概算、预算到决算情况。

2000 年始，在水利工程开工、中期、竣工期间采取跟踪审计。

2005 年，按照资金的流向对所属河道管理所、二级河道管理所、排灌站、天津市兴辰水电工程建筑安装公司进行延伸审查。

2006 年，制定《北辰区水利局内部审计工作规定》。根据《中共天津市北辰区委办公室、天津市北辰区人民政府办公室关于印发〈北辰区基层事业单位法定代表人任期经济责任审计暂行办法〉的通知》精神，水务局审计组分别对局属基层单位进行经济责任审计。以领导干部履行经济责任为主线，以财务收支及经济活动真实、合法和效益性为基础，重点关注领导干部任职期间贯彻执行国家有关经济法律法规、重大方针政策及决策部署情况，重点关注重大经济决策的制定和执行，重大投资项目的管理情况，重点关注管理制度制定和执行个人遵守有关廉政建设规定情况，促进领导干部严格依法行政。

2007 年，对农田水利基本改造资金情况进行审计。是年，全区农田水利基本改造资金投入 1880.23 万元，其中市拨 287.97 万元、区财政拨款 1060.88 万元、镇村自筹 531.38 万元，支出总计 1953.07 万元，用于镇村泵站改造工程、大型农田水利工程、区人大代表提案工程及其他工程各项，上述专项除大兴水库、单眼泵站尚未完工外，其他工程均完工，资金使用审计手续齐全，未发现资金挪用情况。

2008 年 1 月，对 2006 年泵站改造更新工程竣工结算进行审计。

2009 年，完成北辰区河道管理二所、北辰区永金水库管理所经济责任履行情况审计。审计中发现北辰区河道管理二所部分票据未附明细单据，专项工程结算手续不完备，食堂、工会发生的经济业务未及时进行账务处理，被审计后及时纠正和整改。

2010 年，审计中发现，北辰区河道管理所双街泵站管理用房工程专项资金收支中，有部分增项工程未报经主管部门审批；排灌管理站双街及淀南泵站改造基本建设账户待摊投资、建筑安装工程投资、基建投资未单独建账，经审计后得到及时整改。

第二节　综　合　经　营

一、旅游业

从 1991 年开始，北辰区水利局在原有水库养鱼、养虾以及养鸡等多种经营基础上，逐渐发展其他行业，先后创办了水利服务公司、水利技术推广服务中心、地下水资源开发服务公司、水利物资供应站、水利工程队、银河浴场游乐园等经济实体。从养殖业扩展到农业、工业、建筑、运输、商业服务等领域。经营收入逐年提高，从业人员最高年份达到 298 人，经营单位 13 个。

1994 年，国务院下发文件，党政机关所办三产机关脱钩，之后撤掉三产项目 5 个，且局属各级经营承包单位工程项目较少，多种经营实现利润逐年减少。

1988年始，在永金水库增设旅游服务项目，辟水上游乐场，供游人划船、游泳等。1994年，水上游乐场更名为银河度假村，引进资金实施改造，成为集住宿、餐饮和水上游乐等为一体的旅游场所。

1997年，银河度假村由天津市乡镇企业局供销公司承包，承包后更名为银河度假城，银河度假城的经营管理，以及负责人选定均由天津市乡镇企业局决定。银河度假城设水上游泳、水滑梯、水上快艇、食宿、钓鱼和彩弹射击等服务项目，全年接待会议及游客1.5万人次，经营总收入110万元。90年代末，该度假城停办。

二、渔业

自1991年后，北辰区水利局组织镇村利用大兴水库、永金水库水面养鱼，调整水质，实行轮捕轮放。同时开展养鸡等多种经营，在实现收入的基础上，逐步发展其他行业，先后创办了水利服务公司、水利技术推广中心、地下水资源开发公司、水利物资供应社和水利工程队等实体。

1997年，全区水产养殖面积1627公顷，水产品产量7373吨。其中永金水库捕鱼收入43万元，大兴水库捕鱼收入50万元。1998年，库区调整水质，发展养鱼、养蟹及旅游、餐饮等第三产业。是年，完成各种经营收入112.9万元，同时，增加了工程建设经费。2000年后，政府规定不允许党政机关办企业及搞各种经营，随后区水利局逐步取消经营养殖业。

1999年，西堤头镇东赵庄村建"国家级无公害水产品养殖基地"。池塘面积133.3公顷，精养池100公顷，南美白对虾养殖有效水体1800立方米。

2000年，刘房子村建40公顷观赏鱼养殖基地；截至2002年，发展成为观赏鱼研究养殖基地。芦新河村在津榆公路与该村交口处建鱼池185.47公顷，带动80户农民养殖，年利润140万元。东堤头村建90公顷名特优淡水养殖小区（2002年实现经济效益150万元）。刘快庄村投资120余万元，利用苇地、弃荒地清挖鱼池12个，面积66.67公顷，建成千亩淡水养殖示范区，年创产值350万元。

1991—2000年北辰区水产养殖情况见表10-2-69。

2002年，投资150万元，建2000平方米日光温室，分成80个培育池，养殖标准虾苗2000万尾，实现产值120万元，带动30个农户专业养殖南美白对虾，水面面积66.67公顷，实现产值1000万元，农民增收400万元。

2003年，赵庄村建精品虾繁育养殖小区，建露天虾池33.33公顷，带动农户110户，发展养殖面积200公顷，年创产值1800万元。

表 10 - 2 - 69　　　**1991—2000 年北辰区水产养殖情况表**

年份	池塘/公顷	水库/公顷	沟渠/公顷	水产品总量/吨
1991	479.00	389.0	82.30	3901
1992	497.20	386.7	84.90	4176
1993	474.50	392.3	105.40	4519
1994	514.90	420.0	89.40	5021
1995	544.50	386.7	96.30	5485
1996	548.90	386.7	95.87	6549
1997	592.50	386.7	95.87	7373
1998	692.40	386.7	89.10	8314
1999	729.87	386.7	91.47	9738
2000	775.10	386.7	104.00	11137

　　2010 年，区内开展名特优水产养殖琵琶鼠鱼，并利用养殖池塘水面栽种空心菜，空心菜可将池塘水中的氮、磷等元素作为养料吸收，避免水体的富营养化，保持水体理化指标稳定，在栽种和养殖过程中不使用任何药品，实现鱼、虾和菜绿色生产，池塘亩增效益 1000 元。

第十一章

规划与科技

　　1991—2010 年，北辰区根据天津市水务局总体水利建设部署，结合北辰区水利建设实际情况，通过针对性的调查研究，制定治水方针和任务，指导水利建设发展，北辰区制定了主要水利规划。随着水利建设由单纯工程规划、计划、预算到综合性规划指导，水利科技整体水平逐步提高，科技项目得到普遍推广和应用，科技队伍不断扩大。2010 年，区水务局及局属单位有水利通信、水利工程基建、工程质量监督、项目经理、工程监理专业科技人员 169 人。

第一节　规　　划

一、北辰区海河干流治涝规划

　　1992 年 6 月，北辰区水利局拟定《北辰区海河干流治涝规划》。规划依据：西部发展林果业，西中部发展大工业和商品菜，东部重点发展粮食和渔业。在已形成的格局基础上结合粮食、商品菜基地建设和工业区发展，以及城镇给排水的需要，坚持因地制宜、旱涝兼治、以排为主、排蓄结合、综合治理的方针，对运西区外环线以外作为大农业进行规划，外环线以内作为工业区和城镇进行规划；运东区外环线以外作为大农业低洼易涝进行规划，外环线以内作为工业区和城镇进行规划。主要任务：农田基本建设规划，截至 20 世纪末，完成主要 4 条排水河道清淤，全长 48.78 千米；主要干渠清淤 60 条、全长 144.9 千米，治理易涝面积 700 公顷，提高工业区、城镇居民区排水能力面积 22.6 平方千米。改造排水工程，改建排水泵站 28 座，增加排水能力 10.78 立方米每秒；加固排水泵站 29 座，恢复自排能力 139.5 立方米每秒；新建涵闸 2 座，提高自排能力 50 立方米每秒，总投资 1584.5 万元。

二、北辰区水利建设规划

　　1994 年，北辰区水利局工程科拟定《北辰区水利建设规划》。1995—1997 年，水利建设结合区实际情况，开源节流，大力发展蓄水工程，增加农业灌溉水源，同时搞好节水型田间配套工程，主要目标为永定新河深槽蓄水工程；大搞深渠河网化，每年清淤或竣深二级河道以及乡村骨干渠道 5 条；搞好防洪河道口门维修；继续搞好国营泵站更新改造以及乡村泵站维修；每年更新机井 6 眼，建节水型防渗渠道 20 千米；继续搞好全区低产田改造；搞好田间水利配套工程。1998—2000 年，安排防洪工程 62 项，除涝工程 52 项，国营扬水站更新改造 14 座，其他工程 8 项，总投资 4132 万元。

三、永定河蓄分洪区安全建设规划

1992 年 6 月，北辰区水利局拟定该规划。规划以因地制宜、突出重点、平战结合、分期实施为原则，针对北辰区位于永定河最下游，地势低洼、村庄相对集中的特点，进行安全建设规划。即"八五"期末实现蓄滞洪区群众生命安全有保障，减少群众财产损失。

泛区规划。"八五"期间，修撤退路 14 千米，购救生船 20 条，购 150 兆通讯电台 4 部，更新电台 1 部；"八五"期末新建安全房 0.57 万平方米；"九五"期间，修撤退路 11 千米，购救生船 13 条，开通直拨电话 4 部；"九五"期末新建安全房 1.5 万平方米。

三角淀安全建设规划。"八五"期间修撤退路 10 千米，购救生船 8 条，新增电台 3 部，更新电台 2 部；"八五"期末建避水台 0.4 万平方米，安全房 0.28 万平方米；"九五"期间修撤退路 5 千米，购救生船 7 条，新增直拨电话 3 部，新增避水台 0.2 万平方米、安全房 0.86 万平方米。

淀北安全建设规划。"八五"期间建安全房 4.98 万平方米，修撤退路 40 千米，购救生船 100 条，防汛警报接收机 42 部，通信电台 20 部，更新电台 7 部；"九五"期间建安全房 10.89 万平方米，修撤退路 40 千米，购救生船 110 条，通信电台 22 部，新增直拨电台 42 部。

四、农业节水灌溉五年发展规划

1996 年，北辰区水利局根据区内气候、地形、土壤、作物结构、种植面积、生产水平、经济效益、农业生产结构调整、农村经济发展需求、水资源供需平衡等因素制定《北辰区农业节水灌溉五年发展规划（1998—2002 年）》。

规划指导思想为以提高经济效益为中心，以增加农民收入和提高水的利用系数为目标，因地制宜分区规划，增加投入，完善配套，突出重点，优先立项。节水灌溉同中低产田改造相结合，输水节水和田间灌溉节水并重，增加灌溉面积。规划主要包括节水发展主要形式、节水工程措施、节水发展计划及效益分析。

五、"十五"水利发展规划

1999 年，区水利局拟定"十五"水利发展规划（2001—2005 年）。规划指导思想为全面解决北辰区在洪涝、干旱、水环境等方面存在的问题，紧紧抓住兴水战略，坚持"全面规划、统筹兼顾、标本兼治、综合治理"的原则。实行兴利除害结合、开源节流并重、防洪抗旱并举的方针，全面加快水利建设步伐。农村水利建设继续贯彻旱涝兼治、以蓄代排、多方开源、综合节水、深化改革、依法治水、加强管理、全面服务的方针。规划的总体目标为水利建设以提高旱涝保收面积为核心，以解决农业水资源严重缺失为根本，通过水资源的合理调配、开发和利用，充分缓解农业水资源的供需矛盾，以发展节水型农业为重点，以科技为主导，深入开展节水技术的研究、引进、示范和推广，保证全区农业的迅速发展。以建设防洪除涝工程为保障，以综合治理和改善水环境为配套，到 2015 年，使水利建设达到一个新的水平，为农业现代化提供保证。

在"九五"水利发展规划（1996—2000 年）的基础上，搞好防洪和国有泵站更新改造，彻底恢复原有排涝功能，提高旱涝保收面积，继续开源节流，搞好配套工程，实现深渠河网化，增加现有沟渠蓄水量。大力发展节水工程建设，深入开展节水技术交流、引进示范和推广工作，搞好节水示范建设工作。恢复原有地块泵站的排灌标准，更新改造国有泵站 10 座；旱涝保收面积由"九五"期末占耕地面积的 51.1％提高到57.4％；增加农田节水灌溉面积，由"九五"计划期末占有效灌溉面积的 63％增加到76％；搞好田间沟渠配套，整治排沥河道及干支渠、斗毛渠 4714 条，完成全区河道、沟渠总数的 35％；建设高标准示范区 3 处，面积 246.67 公顷；加强管理，实现科学管理，依法治水管水的目标。"十五"期间具体完成项目为：改造双街泵站、武清河岔泵站、宜兴埠泵站、韩盛庄泵站、淀南泵站、芦新河泵站、三角地泵站、永金水库泵站、北何庄泵站和温家房子泵站，挖农业浅井 295 眼、深井 40 眼。

六、水利科技发展规划

2005 年 11 月 15 日，北辰区水利局制定水利科技发展规划。规划的指导思想为：水利科技要适应现代化农业的需要，科技是水利的支柱。利用水利科技手段，实现传统水利向现代化水利可持续发展的战略性转变。围绕北辰区农业种植结构调整，在深入调查研究的基础上，确定"十五"期间，北辰区加速科研成果转化和推广，对科技含量高、社会效益和经济效益显著的项目优先安排，重点保障。规划的主要内容为：研究农业用水资源的对策，对再生水、城市污水和雨水、洪水的开发利用，增加灌溉用水量，在西部地区打浅井混合运用微咸水，利用市水利工程，增加可用水源并用科技手段合理利用；完善渠道防渗和地下管道输水节水工程的推广技术，完善成片连续三季防渗节水技术，推广大口径塑料输水管道，全面实施稻田浅、湿、晒技术，研究沟渠输水和田间农艺节水的密切结合最佳形式，试点滴灌、微灌；建设自动化智能微灌示范区。为保证规划内科技项目有效实施，该规划对资金注入确定了保障，确保资金来源稳定。同时，规划还制定了相应科技项目实现的保障措施。

七、建设节水型社会规划

2006年3月，北辰区水利局制定建设节水型社会规划。规划指导思想为：以提高水资源的利用效率和效益，促进经济、资源、环境协调发展为目标，以水资源统一管理体制为保障，综合采取行政、经济、科技和工程等措施，建立政府调控、市场引导、公众参与的节水型社会管理体系，形成以经济手段为主的节水机制和自觉节约水资源的社会风尚，实现水资源可持续利用，为全面建设小康社会提供水资源保障。

规划基本原则：坚持以人为本，促进人水和谐；坚持统筹协调，促进优化配置；坚持制度创新，促进自觉节水；坚持实事求是，因地制宜；坚持政府调控，市场引导。

总体目标：通过节水型社会建设，完善水资源管理体系、与水资源承载能力相协调的经济结构体系、与水资源优化配置相适应的水利工程体系；切实转变全社会对水资源的粗放利用方式，提高水资源的利用效率和效益；促进人与水和谐相处，改善生态环境，实现水资源可持续利用，保障国民经济和社会的可持续发展。

近期目标：2010年，基本建成节水型社会框架，初步建立节水型社会宣传教育体系，初步建立水资源的宏观调控和定额管理指标体系；基本形成政府调控、市场引导、用水户参与的节水型社会管理体制。

远期目标：2020年，建成与小康社会相适应的节水型社会。建立以水权管理为核心、全面节约的用水管理制度体系，建立完善的水权分配制和成熟的水市场；建立与水资源承载能力相协调的经济结构体系；建成与水资源优化配置相适应的水利工程体系；全社会自觉节水的机制基本形成；在维护生态系统的基础上实现水资源的供需平衡。

规划内容主要包括基本情况、目标确定、体制机制建设、节水方案与工程建设、总体与分期实施方案以及保障措施。

八、"十一五"水利发展规划

2005年7月，北辰区水利局拟定"十一五"水利发展规划（2006—2010年）。"十一五"

水利发展坚持以人为本、全面规划、注重科技、统筹兼顾、标本兼治、综合治理和改善水环境的方针。

农村水利建设贯彻"旱涝兼治，以蓄代排，多方开源，综合节流，深化改革，依法治水，加强管理，全面服务"的指导方针，规划思路为：从工程水利向资源水利、从传统水利向现代水利、可持续发展水利方向转变。规划重点是抓好堤防和蓄分洪区安全建设，建立防汛信息采集系统和防汛会商系统；结合天津市沥水排放调头规划，抓好国有泵站更新改造，二级河道清淤；抓好农村安全用水工程和节水工程建设。

"十一五"期间，农村管网入户工程规划：计划利用三年时间，解决 90 个村、16.38 万人饮水水质不达标、农村供水管网老化失修的问题。

九、农村饮水安全工程"十一五"规划

2007 年 9 月，北辰区水利局开始编制《北辰区农村饮水安全工程"十一五"规划》。规划范围包括区内外环线以外 7 个镇、90 个村的生活饮用水。规划完成时间为 2009 年。

规划指导思想为：坚持以人为本，树立全面、协调和可持续发展的科学发展观，以扩大改革开放经济建设成果，改善饮水环境。规划基本原则为：从实际情况出发，区分轻重缓急，全面安排，突出重点，分步实施；重视饮水源保护；合理选择水源、供水范围、工程形式、供水规模和水质净化措施；把建设和管理放在同等位置。规划内容为：总体目标、总体布局与工程规划、典型工程设计、投资估算与资金筹措、工程管理与水源保护、经济和环境影响评价和规划实施的保障措施。

十、2008 年水系规划

2008 年 9 月，北辰区水利局编制《2008 年水系规划》。规划指导思想为：以邓小平理论和"三个代表"思想为指导，贯彻落实科学发展观，围绕实现更好更快发展和构建和谐社会的目标，坚持"全面规划、统筹兼顾、分步实施、讲求实效"的原则，以满足经济社会发展和逐步改善水环境为出发点，实现综合治理。规划目标为：通过清淤、扩挖、衬砌、建筑物改（重）建、封堵污水口门、景观美化等措施，达到河道引排水通畅，河岸硬化，沿河绿化，水质净化，镇村美化的目标。规划重点为：一级河道北京排污河（右堤）、北运河（左堤屈家店闸上）、子牙河（左堤）、永定河左堤（北运河左堤）、新开河—金钟河（左堤外环线至桩号 20＋400），以及区二级河道永青渠、郎园引河、丰产河、淀南引河、机排河、永金引河、中泓故道等 12 条河道近期规划（2008—2012 年）和远期规划（2013—2020 年）。

十一、"十二五"水务发展规划

按照区政府办转发区发展改革委关于编制《天津市北辰区国民经济和社会发展第十二个五年计划》和《天津市水务发展"十二五"规划思路报告》确定的总体思路和基本原则，为明确北辰区水务"十二五"期间的主要目标和主要任务以及规划编制的总体要求、工作思路和工作进度，区水务局于 2010 年 5 月成立水务发展"十二五"规划编制领导小组，在编制完成《天津市北辰区发展"十二五"规划大纲》的基础上，11 月，编制完成《天津市北辰区"十二五"水务发展规划》（2011—2015 年）。规划围绕全市统筹三个层面联动协调发展的战略部署和"一二三四五六"的目标思路，紧密结合北辰区实施"四区"战略和高新产业带动战略，打造科学发展新优势，实现北辰经济新跨越，把北辰建设成为先进制造业强区、商务流通功能区和现代化新城区，立足水务发展的客观实际，分析当前和今后一段时期区域经济社会发展对水务发展的实际需求，形成具有客观性、战略性、实践性、创新性的新时期北辰区水务发展规划。

北辰区水务发展在"十二五"期间，应按照"建设节水型社会，发展循环水务"的新治水思路，深化水务体制改革，实行水资源管理制度，建立水资源开发利用、用水效率和水功能区限制纳污 3 条红线，着力解决水资源短缺、防汛排涝能力偏低、生态环境恶化和水务管理能力薄弱等影响区域经济社会发展的重大水问题。以建设生态区、节水型社会为核心，构筑水务支撑区域城乡协调发展的城乡供水安全保障体系、防汛除涝减灾安全保障体系、农村水务安全保障体系、节水型社会管理体系、水生态环境保护体系以及水务公共服务和社会管理"六大体系"，以水务发展支撑北辰区经济社会发展实现新跨越。

第二节　科　　技

20 世纪 90 年代起，北辰区水利建设强化科技意识，及时推广科技成果。水利系统科技人员不断增加，水利勘测、设计、施工、监测的能力不断提高，具有实际效用的科技成果不断涌现，为北辰区水利发展提供基础保障。

一、科技队伍

1991—2010 年，北辰区水务局不断促进专业技术人员队伍建设，增强专业技术人员的业务水平。2004年，为发展水利信息化建设，投资13万元，购置13台计算机，同时，组织专业技术人员进行水利信息网络知识培训；建立北辰区水利信息网，与天津市水利信息网和天津市防汛信息系统联通。

1991年，全局有专业技术职称人员4名（机关不评职称），其中中级职称3名，初级职称1名。2000年有专业技术职称人员14名，其中中级职称6名，初级职称8名。2010年，全局有专业职称人员42名，其中副高级职称3名，中级职称12名，初级职称27名。专业技术员围绕水务工作抓好水利工程建设和财会管理。

2009年12月，根据天津市水利局要求，成立天津市北辰区农村水利技术推广站，设站长1名、专业技术人员3名，负责农村水利关键技术的引进、试验、示范和推广，水利技术咨询与服务，镇级水利推广机构的业务培训与指导。

二、科技活动

自1991年始，北辰区水利局每年组织机关干部职工参加北辰区政府组织的全区性社会科技周活动，宣讲有关水利方面的法律法规和北辰区关于加强水利设施管理的规章、办法，以及节水、护水、珍惜水源等知识，利用橱窗、板报、布标、印制材料、小册子向群众宣传。

1998年9月21日，区科委在双口镇举办为期一周的科技项目展览，区水利局组织50名干部职工参加。其间设立3个组，一是水利法规宣传组；二是农业、工业、生活节水知识教育组；三是推广FA旱地龙抗旱剂，稻田浅、湿、晒节水灌溉技术宣传咨询组。

2000—2006年，区水利局组织干部职工参加北辰区科委举办的科技周活动，展出移动框架宣传橱窗、黑板报，悬挂宣传布标，发放宣传单、小手绢、手提袋等宣传品对水利科普知识进行宣传。2007—2010年，在科技周活动期间围绕构建节水型社会建设，宣传新型节水型器具，让群众深入了解新型节水型器具的功能和好处，推动节水型器具的普及。

三、学术团体

1991年，北辰区水利学会有会员22人，理事长为张佩良，秘书长为王本勇。

1995年，成立科技工作领导小组，组长由主管科技工作的副局长张佩良担任，成员有马树青、王本勇、乔昶年、张文会、赵学利。是年2月，制定《北辰区水利局科技成果奖励办法》，据此对优秀科技人员给予奖励，促进水利科技工作发展。截至2006年，区水利学会撤销，学会会员参加天津市水利学会活动。

四、科技成果

1997 年，北辰区水利局的"治理万亩中低产田"研究课题获区级科技进步二等奖。1998 年，水利科技成果推广两项，即 FA 旱地龙抗旱剂推广应用，在姚庄子等 3 个村共计 150 公顷的西瓜、葡萄、小麦、玉米喷洒 FA 旱地龙 525 千克；推广稻田浅、湿、晒节水灌溉新技术。是年，王立庭、高雅双的"万亩中低产田改造"课题获北辰区政府颁发的科技成果二等奖。1999 年，高雅双的"万亩中低产田改造"获得北辰区政府颁发的北辰区科技成果一等奖。1998—2000 年，在小淀、大张庄等 5 个乡镇推广稻田浅、湿、晒节水灌溉新技术，经济效益显著。是年，实施低产田连片治理灌溉工程，获得天津市科委科技进步奖。2000 年，王立庭的水稻浅、湿、晒节水灌溉技术获得北辰区政府颁发的推广科技成果二等奖，其 U 形槽构件应用与推广获科技成果三等奖。2009 年，北辰区水务局建成国家级地下水自动观测井，与市水务局联网。

第三节 节 水 技 术

1991 年，根据不同地区经济状况和作物布局，在大田、麦田和经济作物种植区推广明渠衬砌防渗，果园区和井灌区发展暗管低压输水管道，蔬菜种植区以明渠衬砌防渗和低压输水管道相结合（图 11-3-19 和图 11-3-20）。1996 年，发展 22.33 公顷微灌节水示范田。截至 1997 年年底，全区累计节水控制面积 4320 公顷。

图 11-3-19　20 世纪 90 年代，北辰区内
修筑的防渗明渠

图 11-3-20　20 世纪 90 年代，北辰区内埋设
暗管低压输水管道

1998—2002 年，节水灌溉主要从四个方面实施，即发展明渠衬砌防渗和暗管低压输水管道，农田改造及沟畦灌，实行稻田浅、湿、晒节水技术和发展高标准微灌、喷灌节水工程。

2005 年后，节水灌溉依据全面推动、重点连片的原则，根据作物布局、耕作方式及水源确定节水灌溉设施。东部地区，以种植小麦、玉米、水稻为主，节水形式为利用地表水灌溉，发展衬砌明渠，推广稻田浅、湿、晒节水技术；西部地区，以种植果树、小麦及经济作物为主，节水形式为利用地下水和地表水灌溉相结合，重点发展低压管道输水和明渠衬砌防渗（图 11－3－21）；中部地区，以种植园田蔬菜为主，节水形式为衬砌田间明渠防渗为主，结合实施蔬菜基地外移计划，推广、普及园田保护地建设，适量发展微、喷灌先进节水技术。在各种工程节水技术措施的基础上，做好沟畦改造，发展稻田浅、湿、晒节水管理技术，同时实施与之相配套的农艺农机节水措施。2006—2010 年，总投资 3.07 亿元，建地下管道 51 千米，配套喷、微、滴灌设备 94 台套，发展高标准节水示范区 6 处，面积 600 公顷。

图 11－3－21 2010 年双街葡萄园
使用低压管浇灌

一、节水灌溉技术

20 世纪 90 年代，农田灌溉由大水漫灌向渠道、管道输水型转变，提高水资源利用率和用水产出比例。节水防渗渠道建设采用 U 形混凝土预制板构件和混凝土管。1995 年，结合低产田改造，张献庄 33 公顷麦田调整灌溉水系，修建 1.3 千米干渠防渗，实行条灌和畦灌，渠水利用系数从 0.4 提高到 0.65，田间亩次灌水量由 400 立方米减少到 140 立方米，节约用水 65％。是年，结合区"一优两高"农业建设，在南王平乡建立现代化节水示范工程，推广田园保护地喷灌节水工程技术。1995 年北辰区喷灌改造前、改造后产量费用对比见表 11－3－70。

1996 年，在天穆镇勤俭村苹果园，推广脉冲式微喷示范工程 22 公顷，果品产量由原来 150 吨提高到 200 吨，用水量由原来 4.4 万立方米降低到 1.3 万立方米，成为全市发展节水高效农业的示范点。1997 年北辰区地面灌溉节水达标面积情况见表 11－3－71。

表 11 - 3 - 70   **1995 年北辰区喷灌改造前、改造后产量费用对比表**

对比	苹果产量/万公斤	用水量/万立方米	用电/千瓦时	其他开支/万元
改造前	15	4.4	1466	1.0
改造后	20	1.3	433	—
增产节能	5	3.1	1033	1.0

表 11 - 3 - 71   **1997 年北辰区地面灌溉节水达标面积情况表**

输 水 部 分			田 间 部 分		节水灌溉面积	
渠道总长度/千米	防渗渠总长/千米	达标面积/公顷	沟畦改造达标/千米	水稻节水灌溉/公顷	输水节水/公顷	田间节水/公顷
1420	275.97	3600	9.5	1000	2540	2200

　　1998 年，引进山东高密机械振捣预制 U 形混凝土板技术，集中制板，标准统一，全区渠道防渗节水工程得到发展。是年，推广稻田浅、湿、晒节水灌溉增产新技术，实施面积 333 公顷，节水 264 万吨，增产稻谷 160 吨。1999 年，在小淀镇推广水稻节水灌溉 667 公顷，通过采用新技术，节水 400 万立方米，节电 17.6 万千瓦时，增产 28 万公斤。是年，开始采用地表水低压管灌溉技术。

　　2000 年，随着设施农业发展，天穆镇刘房子村培育花卉，建温室，安装滴灌、微喷设施。双街镇沙庄龙顺庄园建热带植物、蔬菜生态园，以滴灌为主（图 11 - 3 - 22）。是年，引进天津市水利局所获得国家水利部奖项的大口径双壁塑料低压管道输水技术，省地、节水，便于操作，节省资金，逐步替代 U 形混凝土预制板和混凝土管。全区共推广 1533 公顷稻田浅、湿、晒节水灌溉技术。2002 年，青光镇韩家墅建 13 公顷大棚节水示范工程，建大棚 80 个，新打机井 1 眼，修建泵点 1 座，棚内采用

图 11 - 3 - 22 滴灌

滴灌和管灌。1996—2005 年，防渗渠道建设加快，区内防渗渠道发展到 736.22 千米。2008 年，双口镇富裕种植园完成 16.7 公顷滴灌工程。2005—2008 年北辰区节水工程情况见表 11 - 3 - 72。2009 年，双街镇青水源示范园区和青光镇青光村各完成 6.7 公顷滴灌，共铺设管道 2.6 万米。截至 2010 年，全区防渗渠道 809.52 千米。其中明渠 414.61 千米，控制面积 7.6 千公顷；暗管 394.91 千米，控制面积 3.71 千公顷。截至 2010 年，低压管浇灌在适宜地区采用，满足农业生产需要。1991—2010 年部分年份北辰区防渗

渠道情况见表 11-3-73，2001—2010 年北辰区节水及配套工程情况见表 11-3-74。

表 11-3-72 **2005—2008 年北辰区节水工程情况表**

项目名称	建设地点	建设内容	投资/万元	效益面积/公顷	
				增节水面积	改善排灌面积
节水工程	大张庄镇小诸庄村	混凝土明渠 3.25 千米，泵站 1 座，过路涵 5 处	56.00	—	100.00
	大张庄镇大吕庄村	混凝土明渠 6 千米，泵站 1 座，过路涵 5 处	76.00	200.00	—
	青光镇韩家墅村	铺设低压管道 8.5 千米，涵 1 座，泵点 1 座，打深井 1 眼	64.00	53.30	—
	青光镇青光村	砌防渗渠道 5 千米，过路涵 13 处，泵站 1 座	100.00	83.30	—
	机排河左岸、永定新河以北	铺设低压管道 3 千米，打深井 1 眼，泵站 1 座，涵 1 座，闸 1 座，蓄水池 72 座，水表 72 块	66.00	13.30	—
水利配套工程	温家房子村金钟河左岸	重建泵站 1 座	45.43	—	266.70
	季庄子村机排河	重建泵站 1 座，配套涵 2 座	67.26	—	133.30
节水工程	双口镇富裕农业种植园	打深井 1 眼，泵站 1 座，挖蓄水工程 1 座，铺设低压管道 4 千米	46.00	26.70	—
大张庄镇节水配套工程	张四庄村	衬砌、维修防渗渠 3.1 千米，涵 4 座，维修泵站 1 座	72.00	—	133.30
西堤头镇节水配套工程	东堤头村	衬砌防渗渠 14 千米，打深井 2 眼，泵站 1 座	92.00	66.70	—
	西堤头村	衬砌防渗渠 5 千米，打深井 2 眼，维修涵闸 4 座	56.00	40.00	—
	芦新河村（机排河）	重建泵站 1 座，配套涵闸 6 座	52.00	—	100.00
	霍庄子村（北京排污河）	重建泵站 1 座，配套闸 2 座，涵 1 座	92.00	—	200.00
	刘快庄村（金钟河）	重建泵站 1 座，配套闸 6 座，涵 1 座	72.00	—	166.70

项目名称	建设地点	建设内容	投资/万元	效益面积/公顷	
				增节水面积	改善排灌面积
青光镇小型水利配套工程	青光村（永青渠）	重建泵站1座，配套闸1座	32.00	—	100.00
节水工程	双口镇富裕农业种植园区	打深井1眼，安装变频设备1套，建设滴灌16.67公顷	96.00	—	16.67

表 11-3-73　**1991—2010 年部分年份北辰区防渗渠道情况表**

年份	防渗渠道总数			当年新增防渗渠道		当年减少数	
	明渠/千米	暗渠/千米	控制灌溉面积/千公顷	长度/千米	控制灌溉面积/千公顷	长度/千米	控制灌溉面积/千公顷
1991	261.00	142.50	5.44	16.40	0.27	2.30	0.02
1992	256.40	149.10	5.30	12.20	0.16	10.20	0.30
1993	264.50	169.90	5.82	29.30	0.53	0.40	0.01
1994	268.97	173.90	5.92	10.20	0.11	2.03	0.01
1995	284.74	182.81	6.63	26.18	0.81	1.50	0.10
1996	280.54	187.31	6.55	8.15	0.55	7.85	0.63
1997	275.97	187.31	6.48	—	—	4.57	0.07
1998	309.26	175.76	6.90	53.57	0.95	31.83	0.53
1999	313.29	172.56	7.37	37.80	0.97	35.37	0.49
2000	351.00	191.11	8.59	56.76	1.23	0.50	0.01
2001	365.45	201.71	8.53	55.05	0.60	30.00	0.66
2002	394.96	204.21	9.65	31.80	0.46	—	—
2003	398.11	306.61	10.48	105.76	0.83	—	—
2004	404.61	326.61	10.75	26.50	0.27	—	—
2005	409.61	326.61	10.83	5.00	0.08	—	—
2007	414.61	352.01	—	30.40	—	—	—
2009	414.61	385.21	—	33.20	—	—	—
2010	414.61	394.91	11.31	10.31	0.14	—	—

表 11-3-74　　**2001—2010 年北辰区节水及配套工程情况表**

年份	工程名称	明渠防渗/千米	暗管/千米	低压管道/千米	滴灌/公顷	新增节水面积/公顷	改善灌排面积/公顷
2001	双街镇节水工程	—	13.5	—	—	133.30	—
	西堤头镇节水工程	19.00	—	—	—	133.30	—
	大张庄镇节水工程	6.00	—	—	—	100.00	—
	双口镇节水工程	—	14.0	—	—	120.00	—
	上河头乡节水工程	—	—	20.0	—	133.30	—
2002	西堤头镇节水工程	（直径 120）1.50；（直径 80）11.20	—	—	—	166.70	—
	大张庄镇节水工程	（直径 120）3.60；（直径 80）13.00	—	—	—	280.00	—
2003	大张庄镇节水工程	6.50	—	20.0	—	266.70	—
	小淀镇水源及节水工程	—	1.2	—	—	—	186.70
2004	大张庄镇节水工程	2.60	—	—	—	—	—
2005	青光镇节水工程	5.00	—	8.4	—	123.30	—
2006	大张庄镇节水及配套工程	9.25	—	—	—	200.00	100.00
	青光镇节水及配套工程	—	—	8.5	—	53.30	—
	双街镇节水及配套工程	—	—	32.0	—	30.00	—
2007	西堤头镇节水工程	—	—	3.0	—	13.33	—
	双口镇节水及配套工程	—	—	4.0	—	26.70	—
2008	大张庄镇节水及配套工程	3.10	—	—	—	—	133.30
	西堤头镇节水及配套工程	19.00	—	—	—	106.70	—
	双口镇节水及配套工程	—	—	—	16.70	—	16.70
2009	青光镇节水及配套工程（一期）	—	—	10.5	—	—	100.00
	青光镇节水及配套工程（二期）	—	—	14.2	6.67	—	66.70
	双街镇青水源节水工程	—	—	—	6.67	—	6.67
2010	岔房子村山药基地节水工程	—	—	6.0	—	33.30	—

二、节水器具推广

2007年，北辰区下发《尽快淘汰非节水型器具》《明确淘汰非节水型器具的图例》和《关于建立北辰区淘汰非节水型产品工作联席会议的通知》，组织医疗单位配备节水型设备，更换自来水管道，卫生间冲便使用磁片及感应式水龙头，购置擦地专用水桶。组织企业引进节水型新技术、新设备、新工艺，采用先进的水处理技术，使用循环冷却水系统，企业内部再生水利用、水重复利用率提高。北辰区长捷化工有限公司节水改造项目得到天津市节水管理中心认可。区节水办公室会同工商北辰分局和区质监局检查用水器具生产厂家、销售市场及店铺、用水户淘汰非节水型器具情况，查封辰宜装饰城两家21件非节水型（铸铁螺旋升降式截水阀）商品，同时向市场主办单位及部分经营水暖配件商户宣传有关法律、法规，从源头上杜绝非节水型器具生产和销售。

2008年，按照淘汰非节水型器具计划，继续督促未使用节水型器具单位整改，联合工商北辰分局检查家居、荣发、辰宜等专业销售市场和40余个摊位，查封不合格商品，会同区质监局检查辖区内4家阀门生产企业。对11个区级职能部门和22个典型试点单位进行检查，完成华辰学校等5个单位水平衡测试工作。是年5月，区节水办抽查用水户淘汰非节水型器具情况。南仓中学、华辰学校、北辰中医医院、北辰医院、区房管局、运管局等8个单位安装节水型器具2324个，节水型器具普及率为99.5％。

三、节水灌溉工程

南王平万亩麦田节水工程。1995年，南王平建麦田节水工程，区投资57万元，天津市补助22万元，修建防渗渠道6.2千米，泵点1座。1997年，天津市水利局补助资金20.5万元，完成200公顷麦田节水工程。

青光镇节水示范工程。2003年，国家计委和水利部联合批复青光镇杨家嘴村节水示范项目。该项目总面积90公顷，新建泵站3座，埋设低压输水管道24.05千米，浇筑明渠防渗渠道1.35千米，清淤土方2.8万立方米，建涵桥1座，建泵点2座，修碎石路1300平方米，架设低压线路1.2千米，拆除废旧平房300平方米，效益面积133公顷。是年，青光镇实施667公顷节水示范工程建设，新建防渗明渠15千米，泵站13座，新铺设低压输水管道61千米，新打机井2眼，新装变压器2台，架设高压线路

10.5 千米，新修各式农田路 14.3 千米，清淤沟渠、平整土地土方量 29 万立方米，植树 2500 株。2006 年，青光镇青光村果园节水工程修建防渗明渠 5 千米，建泵点 1 处，效益面积 83 公顷。青光镇韩家墅村园田节水工程，埋设低压输水管道 8.4 千米，建泵点 1 处，效益面积 40 公顷。2009 年，完成青光村 100 公顷蔬菜大棚节水及配套项目（图 11-3-23）。在设计上采用地下水、地表水双水源变频供水模式，冬季可提高水温用于浇灌。埋设低压输水管道 9.78 千米，新打深机井 3 眼，新建泵点 3 座，清挖灌水渠道 12 千米。

2010 年，实施青光村二期 67 公顷节水工程，92 个二代温室共铺设低压管道 13 千米，其中 20 个温室配备滴灌设施。

大张庄镇节水工程。2003 年，大张庄镇实施节水工程项目，共涉及 6 个村。北麻疙瘩、大兴庄村共修建泵站 4 座，埋设低压输水管道 22.6 千米，修建防渗明渠 6.5 千米，增加节水效益面积 266 公顷；南王平、大诸庄、北何庄、李辛庄村修建防渗渠道共 24.6 千米，节水控制面积 413 公顷，建泵站 1 座。2004 年，大张庄镇刘招庄、刘马庄等村水源配套工程，新建涵闸 8 处，改善灌溉面积 200 公顷，工程投资 21 万元。2005 年，大张庄镇清挖干支渠 152 条。2006 年，结合农业综合开发中低产田改造项目，新建泵点 7 处，维修泵点 2 处，修建防渗明渠 5 千米，增设低压输水管道 14.6 千米，建涵桥 2 处、闸桥 1 处、闸 4 处，维修机井 3 眼，效益面积 700 公顷。2007 年，实施大吕庄节水工程、小诸庄节水配套工程（图 11-3-24）。

图 11-3-23　2009 年，青光村
实施节水工程

图 11-3-24　2007 年，小诸庄
实施节水配套工程

岔房子村山药基地节水工程。2010 年，投资 210 万元（市级以上投资 130 万元，区镇自筹 80 万元），完成岔房子村 33 公顷山药基地节水工程，铺设 PVC 低压输水管道 6 千米，更新井泵 4 台，安装恒压变频柜 4 台套。

第四节　水　利　普　查

北辰区水利普查工作按照国务院第一次全国水利普查工作总体要求和天津市水利普查工作安排部署，从 2010—2011 年 7 月开始，共分 4 个阶段，即前期准备阶段，成立北辰区水利普查工作领导小组，编制普查方案，组织水利普查培训，基础图件及公用数据收集与处理；清查登记阶段，实施普查对象清查登记，建立普查动态指标台账，开展全面调查；填表上报阶段，普查数据填报、审核及录入，数据逐级审核、汇总与协调；普查成果发布验收阶段，进行普查成果验收，成果总结发布。完成水利各项情况清查、普查、数据采集录入、数据处理、汇总审核和建档等任务。第一次全国水利普查工作投入经费 268.04 万元，做到专款专用。普查时点为 2011 年 12 月 31 日 24 时。采取全面调查、抽样调查、典型调查和重点调查方式进行普查。

一、成立组织

2010 年 9 月 2 日，北辰区召开第一次全国水利普查工作动员会，成立北辰区水利普查工作领导小组，常务副区长张金锁任组长，区水务局局长张文涛、区统计局局长马金凤、区政府办公室副主任王家新任副组长，区委宣传部、区发展改革委、区中小企业促进局、区财政局、区规划局、区房管局、区建委、区环保局、区农委和区武装部为成员单位。是月 15 日，建立水利普查领导小组办公室，办公地点设在区水务局。由副局长高雅双任主任，抽调 10 名工作人员，下设综合组和业务组，负责北辰区水利普查工作组织实施、业务指导和督促检查等工作。

二、编制工作实施方案

根据第一次全国水利普查总体方案和天津市第一次水利普查工作方案要求，结合北辰区实际，编制北辰区第一次水利普查工作实施方案，确定普查对象、普查内容、调查方式、工作任务、调查具体步骤和时间安排。同时制定出《质量控制管理制度》《现场调查工作制度》《普查员职责任务》《普查指导员职责任务》和《普查员和普查指导员纪律》。

三、组织培训

2010 年 11 月 30 日，水利普查工作办公室下发《关于开展天津市北辰区第一次水利普查员和普查指导员选聘工作的通知》，每镇配备 2 名普查指导员，每村配备 1 名普查员，全区共选聘普查指导员 58 人、普查员 118 人。在水利清查、普查时期举办培训班 4 期，共计培训 500 余人次。

四、普查任务

全区分为 22 个普查分区，即 9 个镇（天穆、北仓、双街、双口、青光、宜兴埠、小淀、大张庄和西堤头镇）、4 个街（果园新村、集贤里、瑞景和普东街）、5 个园区（科技园南区、科技园北区、天津医药医疗器械工业园、天津陆路港物流装备产业园和天津风电产业园）、4 个农（林）场（红光农场、红旗农场、曙光农场和立新园林场），涉及 126 个村委会、乡镇属居委会、54 个街属居委会、12 个功能区（即虚拟社区）等。参与普查的各级水利工作人员、普查员和普查指导员共 208 人。北辰区水利普查规定 7 项任务，天津市自选 3 项任务。

规定任务。一是全面查清河湖的基本情况，包括河湖数量及其分布，河湖水文特征状况；二是水利基本情况，包括各类水利工程数量与分布，规模及效益等情况；三是经济社会用水状况，包括城乡居民生活用水、农业用水、工业用水、建筑业用水、第三产业用水等，国民经济各行各业用水以及河道外生态环境用水调查；四是河湖开发治理保护情况，包括河湖取水口、水源地入河湖排水口和河湖开发治理保护基本情况；五是水土保持情况，包括土壤侵蚀情况，侵蚀沟道情况，水土保持措施，掌握水土流失、治理情况及其动态变化等；六是水利行业能力建设情况，包括各类水利单位和机构的调查、水利单位数量及分布、从业人员数量及结构、资产规模及运营状况等；七是建立基础水信息平台，通过水利普查完善基础水信息标准和统计调查制度，建立健全基础水信息登记和台账管理系统、基础水信息数据库（包括普查综合成果空间数据库及属性库、主要空间数据库及属性库）和信息管理系统，建立水信息资源整合和共享机制，形成规模、统一、权威的国家基础水信息平台。

自选任务。一是控制地面沉降基本情况，包括地面沉降、地下水漏斗区控沉基础设施及其动态变化等；二是非常规供水业基本情况，包括非常规供水业、污水处理厂，再生水厂数量与分布，规模与能力和效益等情况。

五、普查结果

水利工程情况。全区各类工程总计 621 个，其中水库 2 座，泵站 129 座（规模以上流量 1.0 立方米每秒或装机功率 50 千瓦以上）；水闸 57 座（流量 5.0 立方米每秒以上）；堤防工程 12 条；农村供水工程 193 处，农村供水工程行政村、塘坝工程村 17 个（35 处），无塘坝村 109 个，无塘坝居委会、虚拟社区 102 个。

河湖开发治理保护情况。一级河道 7 条；取水口 114 个，规模以上取水口 109 个，规模以下取水口 5 个；入河排污口 136 个，其中规模以上 12 个，规模以下 124 个（不进入普查）。

经济社会用水情况。各类用水户 455 个，其中包括居民生活用水总计 122 户（城镇居民 50 户，常住人口 132 人；农村居民 72 户，常住人口 226 人）。典型灌区（规模以下灌区）16 处，规模化畜禽养殖场 41 家。公共供水企业 1 家。工业用水户 162 家（工业企业用水大户中高用水工业企业 25 个，火核电企业 2 个，一般用水企业 32 个；工业企业典型用水户中高用水工业企业 48 个，一般用水工业企业 55 个）。建筑业和第三产业用户 113 个（建筑业企业调查个数 5 个；第三产业用水大户中住宿和餐饮业调查单位个数 3 个，其他第三产业调查单位个数 18 个，第三产业典型用水户中住宿和餐饮业调查单位个数 32 个，其他第三产业调查单位个数 55 个）。

水土保持情况。水土保持措施普查对象 1 个。

水利行业能力建设情况。普查对象共 27 个，其中水利系统包括水利行政机关 1 个，水利事业单位 14 个，水利企业 3 个，乡镇水利管理单位 9 个。

灌区情况。区内没有大、中型灌区及未归并完全跨县灌区，小型灌区合计 98 个，133.33～666.66 公顷灌区 36 个，3.33～133.33 公顷灌区（含纯井）62 个。

地下取水井情况。区内规模以上地下取水井共计 766 眼，其中市管井 145 眼。

第十二章

机构人物

北辰区水务局是北辰区委、区政府领导下的水行政主管部门，负责全区水利工程建设和水利管理工作。从1991—2010年开始，区水务局的内设科室和下属单位不断增改，工作职能也随之不断变化。

第一节 机 构 设 置

一、机关科室

1991年，区水利局设置2室（办公室、地下水资源管理办公室）、6科（人事科、农田水利基本建设管理科、综合经营科、水政监察科、水利科、工程科）。1999年6月，经区政府批准，成立北辰区水利局工程建设管理处，该处与区水利局工程科合署办公。1999年8月，组建北辰区水利局水政监察大队。

2002年3月13日，区委批准《水利局职能配置内设机构和人员编制方案》，设2室、7科，即党委办公室、行政办公室；人事科、审计科、水政科、水利科、地下水资源管理科、农田基本建设管理科和工程科，行政编制39名。2004年10月，经区机构编制委员会《关于设立节约用水办公室及调整相关职能的通知》批准，在区水利局加挂区节约用水办公室牌子，增设节约用水管理科。

2010年5月10日，根据《关于公布天津市北辰区党政机构设置方案的通知》，区水利局更名为区水务局，加挂天津市北辰区节约用水办公室牌子。是年7月20日，经区委办公室、区政府办公室《关于印发〈天津市北辰区水务局主要职责、内设机构和人员编制规定〉的通知》批准，区水务局继续承担原水利局工作职责；取消开展综合经营、行业管理和发展服务业职责；加强水资源节约、保护和合理配置，促进水资源可持续利用职责；加强协同有关部门对水污染防治实施监督管理职责，北辰区建设管理委员会城市排水等涉水事务管理职责划转水务局。

截至2010年12月，区水务局设办公室和党务人事科、审计科、水政科、水土保持科、水资源管理科、水源调度科、农村水利管理科、工程规划建设管理科和节约用水管理科10个科室。

1991—2010年北辰区水务（水利）局历任领导情况见表12-1-75。

表 12-1-75 **1991—2010 年北辰区水务（水利）局历任领导情况表**

机构名称	领 导 成 员			
	局长	任职时间	副局长	任职时间
天津市北辰（郊）区水利局	赵学敏	1991 年 1 月至 2004 年 4 月	杨树云	1991 年 1 月至 1993 年 3 月
			张佩良	1991 年 1 月至 1995 年 9 月
			董新生	1993 年 7 月至 2001 年 11 月
			刘树新	1998 年 4 月至 1999 年 12 月
			王本勇	1996 年 12 月至 2004 年 4 月
			齐占军	1997 年 9 月至 2004 年 4 月
			赵学利	2001 年 11 月至 2004 年 4 月
	赵凤祥	2004 年 5 月至 2007 年 12 月	王本勇	2004 年 5 月至 2007 年 12 月
			齐占军	2004 年 5 月至 2007 年 12 月
			赵学利	2004 年 5 月至 2007 年 12 月
	张文涛	2007 年 12 月至 2010 年 5 月	王本勇	2007 年 12 月至 2008 年 5 月
			齐占军	2007 年 12 月至 2010 年 5 月
			赵学利	2007 年 12 月至 2010 年 5 月
			张 晶（副书记）	2008 年 5 月至 2010 年 5 月
			王振同	2010 年 4 月至 2010 年 5 月
			高雅双	2010 年 4 月至 2010 年 5 月
天津市北辰区水务局	张文涛	2010 年 5 月—	齐占军（二线）	2010 年 5 月—
			赵学利	2010 年 5 月—
			张 晶（副书记）	2010 年 5 月—
			王振同	2010 年 5 月—
			高雅双	2010 年 5 月—

二、事业单位

1991 年，区水利局下设 5 个基层事业单位，分别是区水利局河道管理所、区水利局二级河道管理所、区水利局排灌管理站、区水利局永金水库管理分所、区水利局大兴水库管理分所。1997 年，增建北辰区水利局永定新河深槽蓄水管理所。2009 年 1 月，

局排灌站、永金水库管理所、大兴水库管理所人员工资由自收自支转为区财政全额拨款
事业单位。是年12月，组建北辰区农村水利技术推广站。截至2010年，区水务局下属
基层单位7个。是年9月6日，除区农村水利技术推广站外，其他6个基层单位分别更
名为区河道管理一所、区河道管理二所、区排灌管理站、区永金水库管理所、区大兴水
库管理所、区永定新河深槽蓄水管理所。1991—2010年北辰区水务局基层单位领导名
录见表12-1-76。

表12-1-76　　　**1991—2010年北辰区水务局基层单位领导名录**

年份	河道管理一所		河道管理二所		排灌管理站		永金水库管理所	大兴水库管理所		永定新河深槽蓄水管理所	
	所长	副所长	所长	副所长	站长	副站长	所长	所长	副所长	所长	副所长
1991—1993	杨德清	韩卫国 杭建文 王本勇	李友俭 刘守忠	王作恒 陈振旺	陈占诚	王丽荣 刘万福	刘有增	吴树洪	陈振成	—	—
1994	张建华	韩卫国 朱德海	—	宋克武 徐文华 王作恒 陈振旺	杭建文	刘万福	杨树村	刘有增	陈振成	—	—
1995	张建华	韩卫国 朱德海	—	宋克武 徐文华 王作恒 陈振旺	杭建文	徐文华 刘万福	杨树村	刘有增	—	—	—
1996	张建华	韩卫国 朱德海	李子岐	王作恒 陈振旺 陈振成	—	徐文华 刘万福	杨树村	刘有增	—	—	—
1997	张建华	韩卫国 朱德海	李子岐	王作恒 陈振旺 陈振成	—	徐文华 刘万福	杨树村	刘有增	—	—	—
1998	张建华	韩卫国 朱德海	李子岐	陈振旺 陈振成	—	徐文华 刘万福	杨树村	刘有增	冯金成	王振银	—
1999	张建华	韩卫国 朱德海	李子岐	陈振旺 陈振成	—	徐文华 刘万福	杨树村	刘有增	冯金成	王振银	—

年份	河道管理一所		河道管理二所		排灌管理站		永金水库管理所	大兴水库管理所		永定新河深槽蓄水管理所	
	所长	副所长	所长	副所长	站长	副站长	所长	所长	副所长	所长	副所长
2000	张建华	韩卫国朱德海	李子岐	陈振旺陈振成	—	徐文华李凤清郑铁锁周学海	杨树村	刘有增	冯金成	王振银	徐明生
2001	张建华	韩卫国朱德海	李子岐	陈振旺陈振成	—	徐文华李凤清郑铁锁周学海	杨树村	刘有增	冯金成	王振银	徐明生
2002	张晶	韩卫国朱德海孙宝起	王玉成	肖福义陈振成	李凤清	徐文华郑铁锁周学海	杨树村	刘有增	冯金成陈振成	王振银	—
2003	张晶	韩卫国孙宝起	王玉成	肖福义	李凤清	郑铁锁周学海	杨树村	刘有增	冯金成陈振成	王振银	—
2004—2005	张晶	韩卫国孙宝起	王玉成	肖福义	李凤清	郑铁锁周学海	杨树村	刘有增	冯金成陈振成	王振银徐明生	—
2006	张晶	韩卫国孙宝起	王玉成	肖福义	李凤清	郑铁锁周学海	杨树村	刘有增	冯金成陈振成	徐明生	—
2007—2008	张晶	韩卫国孙宝起	王振银	肖福义	李凤清	李向阳周学海	王立志	刘有增	冯金成陈振成	徐明生	—
2009—2010	杭建文	韩卫国孙宝起	王振银	肖福义	李凤清	李向阳周学海	王立志	刘有增	冯金成陈振成	徐明生	—

注　2009 年，北辰区农村水利技术推广站成立。2009—2010 年，站长由徐明生兼任。

三、非常设机构

1991—2010 年，区水务局先后成立 9 个非常设机构，分别为区永定新河深槽蓄水工程指挥部、区北水南调工程指挥部、区建设节水型社会规划编制工作领导小组、区农村饮水现状调查评估组织机构、区农村应急供水指挥机构、区农村饮水安全工作领导小组、区河道水环境集中综合治理工作领导小组、区水务局事业单位岗位设置管理工作领导机构、区水利局学习实践科学发展观活动领导小组。非常设机构是根据水利局各个时期重要工作任务，经北辰区政府同意组建。非常设机构领导班子分别由区政府分管水利工作的副区长、区水务局局长、副局长、各科室科长及有关单位负责人组成，负责临时工程以及重要工作任务的实施。

第二节 队 伍 建 设

一、人员状况

1991 年，区水利系统共有干部职工 218 人，其中干部 42 人、工人 176 人。1996年，有职工 241 人，其中干部 63 人，工人 178 人。1997 年，有干部职工 228 人，其中干部 61 人、工人 167 人。2005 年，有干部职工 204 人，其中干部 61 人、工人 143 人。2010 年，有干部职工 169 人，其中机关公务员 35 人。

2001 年后，区水利系统内人员学历水平明显提高。2001 年有大学本科学历的 6 人，大学专科学历的 28 人，中专（含高中）学历的 81 人，初中以下学历的 97 人。2004 年，有大学本科学历的 12 人，大学专科学历的 34 人，中专（含高中）学历的 71 人，初中及以下学历的 87 人。截至 2010 年，有大学本科学历的 44 人，大学专科学历的 41 人，中专（含高中）学历的 27 人，初中及以下学历的 57 人。

1999—2010 年北辰区水务（水利）系统职工情况见表 12-2-77。

表 12-2-77　**1999—2010 年北辰区水务（水利）系统职工情况表**　　单位：人

年份	总人数	学历				
		大本	大专	中专	高中	初中及以下
1999	235	9	28	29	55	114
2000	222	9	28	29	55	101
2001	212	6	28	26	55	97
2002	212	8	26	26	55	97
2003	203	9	28	73		93
2004	204	12	34	71		87
2005	204	12	34	71		87
2006	190	22	34	71		63
2007	178	26	33	62		57
2008	176	36	31	52		57
2009	176	44	43	32		57
2010	169	44	41	27		57

二、职称评聘

　　1991 年初，全局有专业技术职称人员 4 人，其中中级 3 人、初级 1 人。1996 年，有专业技术职称人员 15 人，其中中级 7 人，初级 8 人。1999 年，全局有在职专业技术职称人员 14 人，其中中级 6 人、初级 8 人。2003 年，有在职专业技术职称人员 15 人，其中高级 1 人、中级 5 人、初级 9 人。2007 年，全局有在职专业技术职称人员 39 人，其中高级 1 人、中级 4 人、初级 34 人。2010 年，全局有 42 名在职干部、职工拥有专业技术职称，其中高级 3 人（含高级政工师 1 人）、中级 12 人（含政工师 7 人，会计师 1 人）、初级 27 人（含助理政工师 12 人，助理会计师 3 人）。

　　2003 年，根据《天津市事业单位实行人员聘用制实施办法》和《北辰区事业单位实行人员聘用制实施方案》，区水利局成立实行事业单位人员聘用工作领导小组，制定《北辰区水利局事业单位推行聘用制实施方案》。自 2004 年 11 月 2 日至 12 月 17 日，聘用制改革结束。区水利局转换用人机制，6 个基层事业单位 150 余名职工签订聘用合同，事业单位人事管理由身份管理转变为岗位管理，建立新型、符合社会主义市场经济体制要求的事业单位人事管理制度。

　　1999—2010 年北辰区水务（水利）系统在职职工专业技术职称、技术等级情况见表 12 - 2 - 78。

表 12 - 2 - 78　**1999—2010 年北辰区水务（水利）系统在职职工专业技术职称、技术等级情况表**　　　　　单位：人

年份	专业技术职称			工人编制技术等级		
	高级	中级	初级	高级	中级	初级
1999		6	8	96	54	21
2000		6	8	89	54	21
2001		6	8	91	57	21
2002		6	8	104	45	11
2003	1	5	9	105	41	6
2004	1	4	11	106	28	10
2005	1	4	11	105	28	10
2006	1	4	28	99	26	1
2007	1	4	34	97	19	1
2008	2	5	33			
2009	2	11	30	90	12	1
2010	3	12	27			

三、教育培训

20世纪90年代，区水利局投入教育培训经费3万元，组织干部、专业技术人员教育培训班。2000年后，成立教育培训工作领导班子，区水利局局长赵凤祥任组长，副局长赵学利任副组长，并制定《水利局专业技术人员和管理人员教育培训管理办法》，加大教育培训工作力度，把教育培训工作落实到科室、基层和个人，教育培训指标和任务与年终考核挂钩。专业技术人员接受教育培训情况与聘任、续聘、晋升技术职务挂钩。截至2010年，投入教育培训经费50余万元，人均教育经费548元。通过教育培训，水利系统管理人员和专业技术人员现代化管理水平和专业技能水平提高。

（一）法制教育

1992年，区水利局成立普法教育工作领导小组，建立普法教育办公室，负责法律法规教育日常工作，制定"二五"普法教育安排意见。1992—1995年，以宪法为核心，学习《中华人民共和国水法》等6个基本法律、法规。全年干部学法时间不少于50课时，基层职工学法时间不少于25课时，学一法，考一法，以考促学。1996年，制定"三五"普法教育规划（1996—2000年）。为增强干部职工法律意识和依法管理的自觉性，提高依法行政、依法办事、依法决策的能力，组织学习邓小平关于社会主义法制建设理论，采取集中讲座和竞赛等形式，开展形象化教育，观看《毒品在中国》录像等。2001年，制定"四五"普法规划（2001—2005年）。区水利局成立普法领导小组，赵学敏任组长，齐占军任副组长，厉竞雄、杭建文为成员。领导小组确定普法目标和任务，机关干部和基层领导学习行政复议法、行政诉讼法和水法；专业技术人员学习经济合同法、招投标法等法律、法规；职工学习防洪法、河道管理条例，提高干部职工严格执法、依法行政水平。

（二）职工素质教育

2002年5月，为落实天津市职工素质工程，提高职工思想道德修养，区水利局成立职工素质教育领导小组，局长赵学敏任组长，副局长王本勇任副组长，马树青、李友俭、厉竞雄、张晶、王玉成、李凤清、王振银为成员；设置职工教育办公室；制定水利局职工素质工程五年规划，时间自2002—2006年，开展爱国主义、集体主义、社会主义教育。每年评选优秀职工6～10人，先进单位和先进科室各1个。对职工进行社会公德、职业道德、家庭美德教育，引导职工树立健康文明的生活方式，抵制和反对消极腐朽、迷信思想的侵蚀，开展"讲文明、树新风"等群众性道德实践活动。提高职工文化品位，开展全民健身活动，职工每天参加15分钟以上健身活动。截至2006年，各单位均建小型体育活动场所和基层单位职工素质档案，提高职工技能素质，开展普及计算机网络和实用外语等基础知识培训活动，参加培训职工达到在职职工的 50％以上。2002年，125 名职工完成技能培训，对学有所成的职工，各单位给予物质奖励和精神奖励。职工凭合格学习成绩单，单位给予报销 60％的学费。各单位教育培训费按职工工资总额 15％计取，所提经费 40％上交区水利局职工素质工程办公室，60％作为基层单位使用。

（三）学历教育

1998 年，区水利局有 9 名干部在区委党校大专班学习，取得毕业证书；2 名干部考入水利专业大专函授班学习，13 名技术人员参加水利专业中专学习。1999 年，区水利局有 2 名干部在区委党校本科班学习，2 名干部继续水利专业大专函授班学习，3 名技术人员参加水利专业中专班学习。2000 年，1 名干部在区委党校本科班毕业，2 名专科班在学，1 名干部继续水利专业大专函授班学习。2001 年，有 2 名干部取得大专学历证书，3 人参加第二学历大专班学习，4 人参加水利专业中专班学习。截至 2005 年，大中专班干部、技术人员全部毕业。

（四）技能培训

1998 年，有 42 名工人参加岗位培训，4 人参加水利系统计算机应用培训，60 人参加水利通信、水利工程建设质量监督等培训。2000 年，57 人参加天津市水利局、区政府有关计算机、水利工程建设质量监督、会计知识讲座培训。2001 年，有 7 人参加岗位培训，4 人参加计算机操作能力培训，83 人参加执法培训考核，60 人参加水利通信、水利工程基建、工程质量监督、项目经理、工程监理等业务培训。2003 年，区水利局投入教育培训经费 10 万元，其中技术人员教育培训经费 9 万元。13 名专业技术人员和管理人员参加市水利系统有关水利工程概算、小型水利工程产权制度改革、水利工程管理集中培训考核。2005 年，23 名专业技术人员参加市水利系统有关水利工程概算、施工、监理、工程师资质、招投标和招投标编制说明、档案管理、水利水电工程概预算软件设计、工程管理等课程培训，共 300 天。2007 年，岗位短期培训 48 人，专业培训 38人。2008 年，组织专业技术人员和管理人员参加市水利局和区有关部门规范、标准建设、程序管理、取水许可、计量、计算机 CAD 平面制图、3D 三维制图软件操作，电工操作技能等培训班 10 余次，参训 260 人次。2009 年，区水利局举办镇农办主任、各村主管农业经理、电工和泵站管理人员小型水利工程设施维修管理培训班，共 130 人参加。全年区水利系统参加各类培训班学习 13 次，参训 370 人次。2010 年，投入教育培训经费 28 万元，干部、职工人均参加培训 6～8 天，技术人员技能学习不少于 20 学时。

（五）政务管理培训

2009 年，区水利局举办水利工程建设管理培训班。2000 年，5 人参加区会计知识讲座培训班。2001 年，83 人参加执法培训。2003 年，区水利局管理人员参加区人事局等部门有关劳动保障、人事管理等内容培训。2004 年，组织水利系统执法人员参加天津市政府有关公共、法律培训考试。2006 年，区水利局 36 名公务员参加公共管理（MPA）核心内容、普通话培训考试和水平测试。2007 年，10 人参加政治理论培训。2008 年，区水利局管理人员参加北辰区有关部门党务、政务管理、信息、宣传、写作专业知识课程培训。2010 年，区水务局参加市水务局和区有关部门规范、标准建设、程序管理等培训，参训 172 人次，达标人数 87 人。

第三节　治　水　人　物

一、先进人物

（一）人物简介

乔昶年　男，汉族，1941 年 9 月出生，天津市人，中共党员，中专学历。1961 年 8 月分配到天津市针织厂工作，1962 年 3 月调入区水利局，历任农田水利建设管理科副科长、科长等职，2001 年 9 月退休。在区水务局工作期间，长期从事农田水利工程建设规划、组织、管理和协调等工作，工作中坚持深入一线调查研究，指导监督农田水利工程配套等工作。2001 年被水利部授予"全国节水增产重点县建设先进个人"称号，2001 年被天津市水利局授予"天津市'九五'期间科技兴水先进个人"称号。

曹玉清　男，汉族，1942 年 2 月出生，天津市人，中共党员，高中毕业。1960 年 1 月入伍，后转业到区公安分局工作，1976 年 10 月调入区水利局，任水利科科长，2002 年 2 月退休。在区水务局工作期间，长期从事防汛抗旱工作，坚持工作在一线，组织、指导、协调全区防汛抗旱工作。1994 年、1995 年被市政府授予"防汛工作先进个人"称号。1996 年被市政府授予"天津市防汛抗洪抢险先进个人"称号。2001 年被市政府授予"引黄济津先进个人"称号。

赵学敏　男，汉族，1945 年 4 月出生，天津市北辰区人，中共党员，高中毕业。1965 年 1 月入伍，后转业到小淀乡工作，1990 年 11 月调入区水利局任副局长，1991 年任局长，2005 年 8 月退休。在区水务局工作期间，认真履行工作职责，积极投身到水利工作之中，带领干部职工服务镇村，发挥表率作用，特别是在 2000 年天津市水利局组织的北运河综合治理工程前期拆迁协调工作中，深入镇村调查研究，制定方案，组织协调，使工程建设顺利进行，2002 年被市政府授予"北运河防洪综合治理工程建设先进个人"称号。

张文惠 男，回族，1949 年 12 月出生，天津市人，群众，内蒙古农业学院农田水利专业大专学历。1969 年 5 月参加工作，1978 年 3 月由内蒙古巴盟临河县机关调入区水利局，2009 年 12 月退休。在区水务局工作期间，主要负责农田水利建设工作，注重工程前期准备和施工监督，工作中几十年如一日，兢兢业业，认真负责，成绩突出，2005 年被市政府授予"2004 年度水利工作先进个人"称号。2005 年被天津市水利局授予"2014 年度农村水利工作先进个人"称号。

安同生 男，汉族，1951 年 3 月出生，天津市北辰区人，群众，初中毕业。1966年初中毕业，1971 年 12 月参加工作。先后在区水利局河道管理所、水利局机关工作。在长期农村地下水管理工作中，经常深入凿井现场，认真做好取样、水质监测等工作，在平凡的工作中做出了突出的成绩，2004 年被市政府授予"天津市农村人畜饮水工程先进个人"称号，2006 年被市政府授予"水资源管理工作先进个人"称号。

齐占军 男，1952 年 1 月出生，河南省扶沟县人，中共党员，本科学历。1972 年11 月入伍，后转入区预备役二团，1997 年 9 月转业到区水利局任副局长，分管农村水利工程建设、水资源管理、水政监察等工作。在水务局工作期间，积极做好分管工作，特别是在解决农村饮水安全工作中，注重前期各项准备和工程建设协调等工作。2004年被市政府授予"天津市农村人畜饮水工程先进个人"称号。

王振银 男，汉族，1956 年 9 月出生，天津市人，中共党员，高中毕业。1974 年12 月入伍，1991 年 8 月转业到区水利局，历任永定新河深槽蓄水管理所所长、水利局二级河道管理所所长、水利局水政科科长。工作期间，善于管理，勇于担责，坚持原则，内部管理取得突出成绩，并积极组织职工投身水利工程建设和防汛工作。2006 年被市政府授予"2004—2005 年度天津市创建国家环境保护模范城市先进个人"，2006 年被市政府授予"天津市'十五'期间防汛抗旱工作先进个人"称号。

张　晶 男，汉族，1958 年 11 月出生，天津市北辰区人，中共党员，大专学历。1977 年 11 月参加工作，2002 年 2 月由区北仓镇调入区水利局河道管理所，任所长，2008 年，任水利局党委副书记，分管党务、人事、行政等工作。工作期间，认真做好单位内部管理工作，充分调动职工工作积极性，抓好各项工作的落实。在河道管理所工作期间，始终把河道安全运行作为第一要务，防汛期间全力抓好各项工作落实，确保工程运行安全。2006 年被市政府授予"天津市'十五'期间防汛抗旱工作先进个人"称号。2008 年被天津市水利局授予"2006—2007 年度精神文明建设先进工作者"称号。

赵学利　男，汉族，1959 年 9 月出生，天津市北辰区人，中共党员，本科学历。1981 年 10 月参加工作，历任区水利局工程科科长、副局长。工作期间，主要负责水利工程设计、施工和管理。担任副局长后，主要负责水利工程建设管理和安全生产工作。工作期间，对工程前期设计、施工等工作精心组织、周密安排，所建成的泵站等工程全部达到优良。1996 年被市政府授予 1994—1995 年度"天津市科教兴农先进个人"称号。2002 年被天津市水利局授予"2001—2002 年度天津市水利系统精神文明先进个人"称号。

朱德海　男，汉族，1962 年 10 月出生，天津市北辰区人，中共党员，本科学历。1983 年 11 月参加工作，历任区水利局河道管理所副所长、水利科科长。工作期间，负责河道堤防管理和建设，组织全区排、调、蓄水工作。精心组织，认真谋划、落实防汛抗旱各项工作，2006 年被市政府授予"天津市'十五'期间防汛抗旱工作先进个人"，2010 年被天津市防汛抗旱指挥部授予"防汛抗旱工作先进个人"称号。2010 年被天津市防汛抗旱指挥部授予"2009 年引黄济津应急调水工作先进个人"称号。

周学海　男，汉族，1964 年 2 月出生，天津市北辰区人，中共党员，大专学历。1987 年 12 月参加工作，历任区水利局排灌管理站副站长、站长。工作期间，经常深入一线，身先士卒，与职工同甘苦，日常做好水泵和配电设备维修维护及汛期机电设备抢修，保证排水设施设备正常运行。2006 年被市政府授予"天津市'十五'期间防汛抗旱工作先进个人"称号。

肖　刚　男，汉族，1971 年 8 月出生，天津市北辰区人，中共党员，大专学历。1991 年 9 月参加工作，历任区水利局工程科副科长、科长。在从事水利工程设计施工管理和防汛抗旱工作中，履职尽责，一丝不苟。特别是在国家重点工程南水北调中线进入天津市北辰区界内段土地征迁中，认真做好测量、迁赔及协调工作。2010 年被国务院南水北调工程建设委员会办公室授予"国家南水北调工程丹江口库区移民试点和干线征迁工作先进个人"称号。

（二）先进个人

1. 省部级先进个人

1991—2010 年，北辰区水务（水利）系统干部职工在治水工作中，共获得省部级先进个人荣誉 25 人次。1991—2010 年北辰区水务（水利）系统获省部级先进个人荣誉统计见表 12－3－79。

表 12－3－79   **1991—2010 年北辰区水务（水利）系统获省**
部级先进个人荣誉统计表

序号	姓名	称　号	授予单位	授予年份
1	曹玉清	天津市 1994 年防汛工作先进个人	天津市政府	1994
2	曹玉清	天津市 1995 年防汛工作先进个人	天津市政府	1995
3	曹玉清	1996 年天津市防汛抗洪抢险先进个人	中共天津市委 天津市政府	1996
4	赵学利	天津市科教兴农先进个人	天津市政府	1996
5	宋克武	北水南调工程建设突出贡献先进个人	天津市政府	2000
6	吴树宏	北水南调工程建设突出贡献先进个人	天津市政府	2000
7	张志明	北水南调工程建设突出贡献先进个人	天津市政府	2000
8	徐明生	北水南调工程建设突出贡献先进个人	天津市政府	2000
9	王玉成	北水南调工程建设突出贡献先进个人	天津市政府	2000
10	董新生	北水南调工程建设突出贡献先进个人	天津市政府	2000
11	乔昶年	全国节水增产重点县建设先进个人	水利部	2001
12	曹玉清	引黄济津先进个人	中共天津市委 天津市政府	2001
13	赵学敏	北运河防洪综合治理工程建设先进个人	天津市政府	2002
14	齐占军	天津市农村人畜饮水工程先进个人	天津市政府	2004
15	安同生	天津市农村人畜饮水工程先进个人	天津市政府	2004
16	李宝平	天津市农村人畜饮水工程先进个人	天津市政府	2004
17	张文惠	2004 年度水利工作先进个人	天津市政府	2005
18	安同生	水资源管理工作先进个人	天津市政府	2006
19	王振银	天津市创建国家环境保护模范城市先进个人	天津市政府	2006
20	朱德海	天津市"十五"期间防汛抗旱工作先进个人	天津市政府	2006
21	王振银	天津市"十五"期间防汛抗旱工作先进个人	天津市政府	2006
22	周学海	天津市"十五"期间防汛抗旱工作先进个人	天津市政府	2006
23	张晶	天津市"十五"期间防汛抗旱工作先进个人	天津市政府	2006
24	杨海鸥	2005 年度天津市"五一"劳动奖章	市总工会	2006
25	肖　刚	国家南水北调工程丹江口库区移民试点 和干线征迁工作先进个人	国务院南水北调工程 建设委员会办公室	2010

2. 市局级先进个人

1991—2010 年，北辰区水务（水利）系统干部职工在治水工作中，共获得市局级先进个人荣誉 58 人次。1991—2010 年北辰区水务（水利）系统获市局级先进个人荣誉统计见表 12－3－80。

表 12－3－80　**1991—2010 年北辰区水务（水利）系统获市局级**

先进个人荣誉统计表

序号	姓名	称　号	授予单位	授予年份
1	高维连	水政监察先进个人	天津市水利局	1995
2	李子岐	水政监察先进个人	天津市水利局	1995
3	李向阳	1995 年度水政监察先进个人	天津市水利局	1996
4	杨树岭	1996 年优秀水政监督员	天津市水利局	1997
5	韩思宽	1997 年度水利经济统计工作先进个人	天津市水利局	1998
6	邵　宏	机井情况汇编先进个人	天津市水资办	1999
7	王连玉	1998 年度优秀水政监察员	天津市水利局	1999
8	宋克武	1999 年度水利基建工作先进个人	天津市水利局	2000
9	王玉成	天津市"九五"期间科技兴水先进个人	天津市水利局	2001
10	乔昶年	天津市"九五"期间科技兴水先进个人	天津市水利局	2001
11	王立庭	天津市"九五"期间科技兴水先进个人	天津市水利局	2001
12	高雅双	天津市"九五"期间科技兴水先进个人	天津市水利局	2001
13	张建华	1999—2000 年度天津市水利系统精神文明先进个人	中共天津市水利局委员会	2001
14	赵学利	2001—2002 年度天津市水利系统精神文明标兵	中共天津市水利局委员会	2002
15	宋克武	2001—2002 年度天津市水利系统精神文明标兵	中共天津市水利局委员会	2002
16	王福录	天津市水利系统水政工作先进个人	天津市水利局	2002
17	马　健	天津市水利系统水政工作先进个人	天津市水利局	2002
18	陈振旺	天津市水利系统水政工作先进个人	天津市水利局	2002
19	杭建文	天津市水利系统水政工作先进个人	天津市水利局	2004
20	王玉成	天津市水利系统水政工作先进个人	天津市水利局	2004
21	孙宝起	天津市水利系统水政工作先进个人	天津市水利局	2004
22	郑文月	天津市水利系统水政工作先进个人	天津市水利局	2004
23	李凤清	天津市水利系统水政工作先进个人	天津市水利局	2004

序号	姓名	称　号	授予单位	授予年份
24	李宝平	2004 年度地下水资源管理先进个人	天津市水利局	2005
25	张文惠	2004 年度农村水利工作先进个人	天津市水利局	2005
26	翟玉泽	2004 年度农村水利工作先进个人	天津市水利局	2005
27	赵成国	2004 年度天津市水利系统水政工作先进个人	天津市水利局	2005
28	王连玉	2004 年度天津市水利系统水政工作先进个人	天津市水利局	2005
29	杨树岭	2004 年度天津市水利系统水政工作先进个人	天津市水利局	2005
30	庞继泉	2005—2006 年天津市水利系统文明职工	天津市水利局	2006
31	张贵超	2005—2006 年天津市水利系统文明职工	天津市水利局	2006
32	杨树岭	2005—2006 年天津市水利系统文明职工	天津市水利局	2006
33	庞继泉	2005—2006 年度天津市水利系统文明职工	天津市水利局	2006
34	张贵超	2005—2006 年度天津市水利系统文明职工	天津市水利局	2006
35	李向阳	2005 年度天津市水利系统水政工作先进个人	天津市水利局	2006
36	王德华	2005 年度天津市水利系统水政工作先进个人	天津市水利局	2006
37	曹士然	2005 年度天津市水利系统水政工作先进个人	天津市水利局	2006
38	翟玉泽	2006 年度天津市水利系统水政工作先进个人	天津市水利局	2007
39	李玉珠	2006 年度天津市水利系统水政工作先进个人	天津市水利局	2007
40	周则忠	2006 年度天津市水利系统水政工作先进个人	天津市水利局	2007
41	郑玉山	2005—2007 年度内审工作先进个人	天津市水利局	2007
42	王秀梅	天津市水利系统 2006 年度优秀信息宣传工作者	天津市水利局	2007
43	何云旭	水资源管理工作先进个人	天津市水利局	2007
44	张　晶	2006—2007 年度精神文明建设先进工作者	中共天津市水利局委员会	2008
45	李凤清	2006—2007 年度精神文明建设先进工作者	中共天津市水利局委员会	2008
46	何云旭	2007 年度天津市水利系统水政工作先进个人	天津市水利局	2008
47	高雅双	天津市水土保持监督执法专项行动先进个人	天津市水利局	2008
48	高雅双	天津市水利工程建设先进个人	天津市水利局	2008
49	杨立赏	天津市水利系统 2007 年度优秀信息宣传工作者	天津市水利局	2008
50	李凤清	2007—2008 年度天津市水利系统文明职工	中共天津市水务局委员会	2009
51	张全明	2007—2008 年度天津市水利系统文明职工	中共天津市水务局委员会	2009

序号	姓名	称 号	授予单位	授予年份
52	张良辉	2008年天津市水利系统水政工作先进个人	天津市水务局	2009
53	田 义	2008年度水利工程建设先进个人	天津市水务局	2009
54	姚志国	2009年度水政工作先进个人	天津市水务局	2010
55	朱德海	防汛抗旱工作先进个人	天津市防汛抗旱指挥部	2010
56	杭建文	2009年引黄济津应急调水工作先进个人	天津市防汛抗旱指挥部	2010
57	韩卫国	2009年引黄济津应急调水工作先进个人	天津市防汛抗旱指挥部	2010
58	朱德海	2009年引黄济津应急调水工作先进个人	天津市防汛抗旱指挥部	2010

二、先进集体

（一）省部级先进集体

1991—2010年，区水务（水利）局在治水工作中，共获得11项省部级先进集体荣誉。1991—2010年北辰区水务（水利）局获省部级先进集体统计见表12-3-81。

表12-3-81 **1991—2010年北辰区水务（水利）局获省部级**

先进集体统计表

序号	获奖单位	荣 誉 称 号	授予单位	授予年份
1	水利局	先进集体	天津市人民政府	1991
2	防汛办公室	先进集体	天津市人民政府	1991
3	水利局	天津市1994年防汛工作先进集体	天津市人民政府	1994
4	水利局	天津市1995年防汛工作先进集体	天津市人民政府	1995
5	水利局	1996年天津市防汛抗洪抢险先进集体	中共天津市委员会 天津市人民政府	1996
6	水利局	北水南调工程建设突出贡献先进集体	天津市人民政府	2000
7	水利局	北运河防洪综合治理工程建设先进集体	中共天津市委员会 天津市人民政府	2002
8	水利局	天津市农村饮水解困工作先进集体	中共天津市委员会 天津市人民政府	2004
9	水利局	创建国家环保模范城市先进单位	天津市人民政府	2006
10	水利局	"十五"期间防汛抗旱工作先进集体	天津市人民政府	2006
11	水务局	"十一五"期间防汛抗旱工作先进集体	天津市人民政府	2010

（二）市局级先进集体

1991—2010 年，区水务（水利）系统在治水工作中，共获得 15 项市局级先进集体荣誉。1991—2010 年北辰区水务（水利）系统获市局级先进集体统计见表 12-3-82。

表 12-3-82 **1991—2010 年北辰区水务（水利）系统获市局级先进集体统计表**

序号	获奖单位	荣誉称号	授予单位	授予年份
1	水利局	防洪抢险先进集体	天津市防汛抗旱指挥部	1994
2	水利局	1999—2000 年度水利系统精神文明建设先进单位	中共天津市水利局委员会	2001
3	水利局	2001—2002 年度水利系统精神文明建设先进单位	中共天津市水利局委员会	2002
4	水利局	2004 年度地下水资源取水工程管理先进单位	天津市水利局	2004
5	河道管理所	2004—2005 年度天津市水利系统文明站闸所	中共天津市水利局委员会	2005
6	水利局	天津市 2004 年度农村水利工作先进集体	天津市水利局	2005
7	地下水资源管理办公室	2004 年度地下水资源取水工程管理先进单位	天津市水利局	2005
8	节约用水办公室	天津市节约用水管理工作先进集体	天津市水利局	2006
9	排灌管理站	2006—2007 年度文明闸站（所）	中共天津市水利局委员会	2008
10	二级河道管理所	2006—2007 年度文明闸站（所）	中共天津市水利局委员会	2008
11	水利局	2008 年度天津市农村水利工作先进集体	天津市水利局	2008
12	水利局	天津市水利系统 2008 年度信息宣传优秀工作单位	天津市水务局	2009
13	水利局	2009 年度天津市农村水利工作先进单位	天津市水务局	2009
14	水务局	天津市 2009 年引黄济津应急调水工作先进集体	天津市防汛抗旱指挥部	2010
15	水务局	天津市水务系统水政工作先进集体	天津市水务局	2010

附　录

附录一 前志补遗——塌河淀变迁

一、大淀形成

历史上，塌河淀（亦称大河淀）为京畿六大泽之一，位于天津城东北部小淀镇域内。史传该淀是经地壳变动、海浸海退而形成的大泽洼淀，究其形成于何时，据史志典籍记载，距今已逾千年之久。

《畿辅通志》载："直隶境内，大泽有六：曰大陆泽、曰宁晋泊、曰西淀、曰东淀、曰塌河淀、曰七里海，皆以止川流而蓄聚潦焉。""麦子淀在塌河淀北，水由腰河入塌河淀。""七里海，《水经注》所谓雍奴薮也，在宁河西南，宝坻东南，天津之东，其西接塌河淀（大河淀），北承后海，后海之北为鲤鱼淀，又北为香油淀，东南为曲里海，又东南为宁车沽，每逢雨多水汇，则渺漫。……塌河淀（大河淀）在天津东北四十里，周百里，南北广十五、六里，东西长二十余里。"

《海河志》载："隋、唐、宋、金、元的1000多年中，黄庄洼、七里海洼淀群不叫雍奴薮，而称三角淀。"

《天津通志》载："东北赖有塌河淀，东南赖有中堂洼，昔宋以南、北、中三堂洼泄御河之水。……中堂洼达海。……俱据旧志存之，于古无考。……塌河淀，诸书则尤诞矣。"

《天津市地名志》载："传明嘉靖年间（1522—1566年）有江南解姓于塌河淀土台上落户。成村后，名小淀。清乾隆初年称小甸……"足见塌河淀在明嘉靖年间以前即已形成。

纵观上述史志资料，塌河淀自隋朝至明朝时期虽无大源，但逢伏汛来临，雨多水汇，洪流漫溢，均东流蓄洪聚潦于淀中，遂成烟波浩渺之巨薮大泽。

二、蓄洪聚潦

海河，又称沽河，是华北地区的最大水系，中国七大河流之一。海河和上游的北运河、永定河、大清河、子牙河、南运河五大河流及300多条支流组成海河水系，全长1090千米。北辰区域位于诸河（除南运河）之尾闾，自古多水患，洪水漫溢河床，洪潦急流自西北向东南倾泻，滞洪蓄潦于淀中。塌河淀周边在洪流冲刷下，自然形成沟渠。

明代前，域内未曾开挖减洪引河。明代天津设卫后，移民聚集。为消弭水患，自明代开始利用旧有沟渠开挖减河引洪入塌河淀。明天启五年（1625年）太仆寺卿董应举在《屯政善后疏》中记述了开挖"通海屯"河的经过："闻余庆甫塌河淀东地多洼下，旧有河身隐现，至菱角沽通城桥所入海长可百余里，于是命石公街督军开浚。所开减河大体沿菱角沽—刘朴庄—余庆甫一线各通海屯河。"

　　开挖减洪引河盛于清代。《畿辅通志》载："康熙三十八年，决武清县筐儿港。三十九年，圣祖仁皇帝亲临视阅，命于冲决处建减水石坝二十丈，开挖引河，夹以长堤，而注之塌河淀，由贾家沽道泄入海河。杨村上下百余里，河平堤固，有御制碑文志其事。……雍正六年，怡贤亲王奏拓筐儿港旧坝，阔六十丈。展挖引河，改筑长堤。七年，疏浚贾家沽道。分减既多，消泄亦畅，故坝门以下，河水安流。"该引河即分泄北运河洪水的筐儿港引河，亦称筐儿港减河。其南注麦子淀，由腰河入塌河淀，复穿堤东出，入七里海，下流合蓟运河以归海，通长一百里。

　　但筐儿港引河及通海屯河只能宣泄北运河道洪水，而永定河、大清河、子牙河和南运河等诸河之水仍需在三岔河口汇合俱泄海河。每到汛期诸河及三岔河口溢洪险象环生，危及津城及周边地区安全。为减少天津水患，乾隆十年（1745 年）至三十七年，在天津北部及南部开挖贾家沽道、陈家沟、贾家口、贾家沟、大直沽、南仓、霍家嘴和堤头村 8 条引河，均通塌河淀。以减少北运河、大清河、永定河、子牙河和南运河等海河水系五大支流之洪水，蓄洪聚潦于淀中，后分泄入海。

　　《续天津县志》载："贾家沽道引河长三千六百丈。乾隆十年水利案内疏挑，宣泄塌河淀之水，以归海河。陈家沟引河长二千九百丈。乾隆十年水利案内开挑，分泄塌河淀水归海河。贾家口引河长二千九百七十丈。乾隆十一年水利案内挑挖。大直沽引河东北通塌河淀。南仓引河、霍家嘴引河、堤头村引河，俱于乾隆三十七年挖浚，泄北运河之水，由塌河淀经蓟运河归海。"

　　《畿辅通志》载："贾家沟引河，乾隆十一年所开挑者也。首起北运河东岸之贾家口，导之东流，径燕家口、宜兴埠至高家嘴，又东入塌河淀以归海，共长二千七百九十丈。乾隆二十九年，重加修浚，与筐儿港引河皆以塌河淀为出纳焉。"又载："道光二、三年……以通省之大势观之，天津为众水出海之路，若塌河淀、若七里海、若贾家沽、若陈家沟、若三岔河、若兴济、若捷地、若钩盘、若老黄河、若筐儿沟、若王家务各减河，皆所以泄水入海，犹人之有尾闾也。"程含章《择要疏河以纾急患疏》："今千里长堤已筑成十分之七，……分泄之法，其要有三：一为塌河淀，上承六减河之水，下达七里海，旧有晋口、宁车沽二引河。唯晋口河流入蓟运河，虽海口百数十里，……应自天津西沽之贾家口挑起，展宽足十六丈，以泄北运、大清、永定、子牙四河之水，使入塌河淀。再挑西堤头引河，并添建草坝，以泄塌河淀之水，使入七里海。……应再加挑挖，直达塌河淀，共估计银一万五千五百八十两。其下为筐儿港口门，宽六十丈，消水甚畅。"李鸿章《奏挑挖陈家沟河道疏》："自陈家沟起，至塌河淀边，计长三千七百余丈，又自塌河淀边至蓟运河出口，计长一万四千一百余丈，共及百里之遥。"

　　《海河志》载："历史上，三岔河口地区也曾开凿过几条减河，虽几经淤废，但也曾起过保护天津城区的重要作用，主要有贾家沽引河、陈家沟引河、南仓引河、霍家嘴引河、堤头村引河等。这几条河的共同之处就是都汇入塌河淀。……塌河淀滞蓄的洪水可经贾家沽道引河汇入海河，亦可由七里海之北塘海口入海。北郊南仓附近的几条减河主要为宣泄北运河洪水；而其下游三岔口附近的减河则主要用来排除永定、大清、子牙几条河流的洪水。"

三、纳淤通航

《海河志》载："在清初即开辟了塌河淀和三角淀，举办过滞洪放淤工程，对保持运道通畅和天津城市防洪安全，都起过一定作用。"北运河、永定河、子牙河皆为浊流，挟带泥沙，尤以永定河含沙量高。明、清两代数百年来，虽北运河伏汛洪流经数条引河导入塌河淀，但海河水系其他干流仍于三岔河口汇入海河，造成河床淤高，航道阻塞。清咸丰十年（1860年）后，天津逐渐成为华北第一大商埠和口岸城市。河床淤积直接影响了通航能力。光绪年间（1875—1908年）曾对海河进行裁弯、挖沙、建闸等治理，收效不大。直至1927年伏汛，海河河床数处淤高至大沽水准零点，吃水10米以下，轮船无法航行，天津商港已近废港。1924年的天津府图如附图1-1所示。

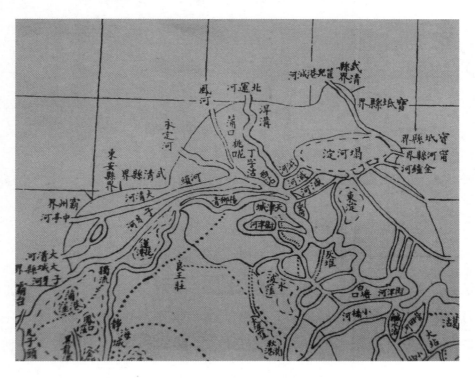

附图1-1 1924年的天津府图

1928年12月14日，整理海河临时委员会第二次会议确定在三角淀正东圈围一片洼地为海河放淤区，即淀北放淤区。1929年，河北省政府及整理海河委员会确定以天津市东北塌河淀以北约0.67万公顷低洼盐碱地带为放淤区，并在永定河与北运河汇合处的屈家店修建控制枢纽（附图1-2）。确定11项放淤工程，其中一项为放淤区南堤工程。以北堤将放淤区隔为南北两区，故亦有放淤隔堤、分界堤、独杆堤等称谓。该堤西起京山铁路二十五号桥，东至芦新河泄水闸，全长 15.5 千米，堤高 6 米，顶宽 6 米。1931 年 10 月 1 日开工，12 月 15 日竣工，完成土方 86.4 立方米，用工 32.05 万工日，用银圆 20.47 万元。

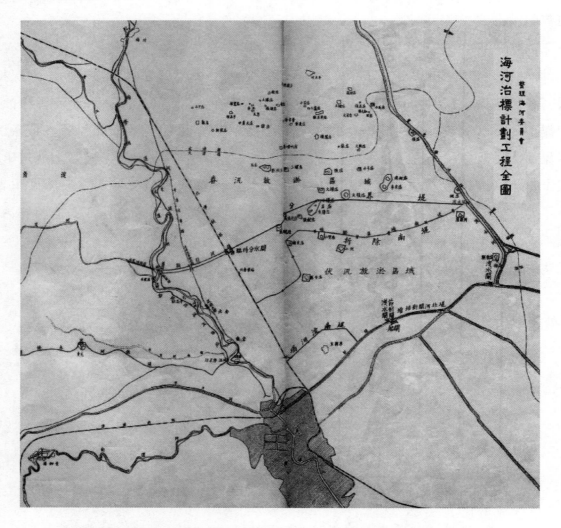

附图 1-2　1929 年，整理海河委员会绘制的海河治标计划工程全图

1932 年 7 月 1 日，在堤北首次放淤，9 月 10 日再次放淤。是年，堤北淀内积沙 1792 万（另一说法 1330 万）立方米，京山铁路以东平均淤高 1 米，朱唐庄附近淤高 10～20 厘米。由于启用放淤工程，使海河上游来水减少，海潮上溯海河将河道平均刷深 1 米，使吃水 4.37 米以下的轮船能自由驶返。1934 年，春伏二汛复在堤北放淤，使堤北全年无法耕种而绝收。因堤北连续放淤，连年受灾，人民生活贫困。当地农民群众联名上书并强烈要求停止放淤。天津县政府批准增辟刘安庄、小淀、刘快庄一带为堤南放淤区。于是整理海河委员会同天津县政府与堤南各村协商，初定堤北放春汛，堤南放伏汛。但堤北各村以春汛沙少水瘦而不满，遂改为单数年份在堤北，双数年份在堤南轮流放淤，使放淤区村庄都可获一水一麦之效。是年 7 月，永定河伏汛暴发，挟巨量泥沙下注淤平中泓河槽，冲开 22 号房子大堤，从子牙河入海河再次淤高海河河床。华北水利

委员会实施海河第二期控标工程计划，强化纳洪能力，继续放淤。从 1932 年 7 月至 1939 年 8 月，共放淤 15 次，其中堤南 4 次、堤北 11 次。堤北淤沙 1.1 亿立方米，堤南淤沙 3770 万立方米。相当于 1911—1949 年海河干流挖泥船全部挖沙量（1600 万平方米）的 90 倍，使塌河淀周边地区淤 2 米左右。使堤北放淤区的南北麻瘩、刘马庄、刘招庄，堤南放淤区的赵庄子、刘安庄一带盐碱地变成肥沃农田。1949 年夏，天津地区暴雨成灾，郊区 3.7 万公顷农田受淹。为减灾将积水引入塌河淀地区，完成了一次非放淤的泄洪工程。

1950 年伏汛，在淀南放淤一次。而后鉴于多年放淤，各项设施老化，许多地域增高很多，纳淤能力已经减弱。1951 年，天津县、静海县、武清县组成海河放淤春季工程委员会，组织民工 21270 人，挖土方 212.7 万立方米，为以后放淤打好基础。华北水利工程局依据 1941 年该地区的实测高程计算出，在放淤水面高程达到大沽海面基准点零上 4～5 米时，堤北地区可淤 1.6 亿立方米，堤南地区可容淤 1.6 万立方米，总容积可使海河河床不被淤高并兼供泄洪能力维持 16 年。依此目标兴修了系列水利工程，主要有疏浚多条引河，新开辅助沟渠，培修 15.5 千米的分界堤，培修宜兴埠、小淀、小贺庄、芦新河、大张庄、刘快庄等 13 个村子的围村堤，重建刘快庄 84 米长的木桥，维修各处涵闸。

1952 年和 1953 年，永定河含沙量未达放淤标准，故没实施放淤。1954 年，官厅水库建成，将永定河上游洪水拦截。永定河泥沙对海河的威胁得以解决。1950—1971 年，间断放淤 7 次，分洪 5 次，淤沙总量 324.9 万立方米。塌河淀放淤区，从 1932 年首次放淤到 1971 年放淤结束，共放淤 22 次，分洪 5 次，放淤区地面平均淤高 0.7～1.2 米。1971 年永定新河开挖完毕，解决了永定河、北运河分导入海问题。塌河淀放淤区只作为超标洪水的蓄洪区，塌河淀已变成地势不高的一片广阔土地。

塌河淀放淤区人民为发展商贸、河道与港口通航做出巨大牺牲和贡献，将永载史册。

四、大淀变迁

早在 1400 多年前的隋代，塌河淀与七里海相连，为黄庄洼、七里海洼淀群。《海河志》载："七里海洼淀群不叫雍奴薮，而称三角淀。……三角淀在县（即武清县）东南，周回二百余里，即古雍奴水也。"可见丰水期时其水域广阔辽远，烟波浩渺，水势浃莽，实为巨薮大泽。清康熙年间，开挖筐儿港引河和大黄铺洼水渠，使大黄铺和塌河淀常年积水。乾隆十年（1745 年），为宣泄塌河淀水，开陈家沟引河，以连通北运河，将水注入三岔河口。到道光年间塌河淀仍"东西长约四十里，南北宽约二十里，北岸至芦新河止，南岸至大毕庄止，东南至刘快庄，西岸至刘安庄"，其水域面积达 200 平方千米。《畿辅通志》载："塌河淀者，容水之区也，全淀淤平，不能容水，往往漫溢村落，被浸者统号北洼。"可见塌河淀水势之浃浃。

光绪十年（1884 年），天津县地图上仍可见偌大塌河淀。其西南方是宜兴埠，东北方是芦新河，东南方是欢坨、孙庄，北面与麦子淀相通，水面汪洋浩瀚。光绪二十五年，在天津县地图上，塌河淀水域范围如前，仍是一派泽国，只是麦子淀不见了。

清末民初，当局曾设想兴建塌河淀水库，但未能实现。后欲在塌河淀开凿河道以取代海河，也未实现。自 1932 年，为使海河通航，增强航运能力，在塌河淀实施放淤。后随水量减少，塌河淀自西向东逐渐干涸。50 年代末，在宜兴埠北还能见到昔日塌河淀的一道长堤，堤内土地龟裂，野草衰萎。

塌河淀虽经千年以上蓄洪聚潦和 40 年放淤沉积，但至今小淀、大张庄两镇海拔均为 0.46 米，霍庄子、西堤头两镇最低，仅为 -0.04 米。由此可见，塌河淀早期水位之深。

永定新河开挖后，遂停止在塌河淀地区蓄洪放淤。1984 年，在淀区小淀镇东部洼地修成永金水库，蓄水面积 2.37 平方千米。该水库便成为昔日烟波浩渺的塌河大淀的缩影。1992 年 7 月，在库区修建娱乐设施，名为银河风景区。2006 年，又以银河度假中心之名披露报端（《天津日报》），唤起人们对塌河淀的记忆与眷恋。

附录二　规 范 性 文 件

北辰区永定新河深槽蓄水设施及水资源管理办法

北水报〔1998〕14 号

第一章　总　　则

第一条　为了加强永定新河蓄水设施管理，保障水利设施的正常运行，促进我区农业发展，根据有关法律、法规、规章规定，结合我区实际情况，制定本办法。

第二条　北辰区水利局永定新河深槽蓄水管理所（以下简称：深槽蓄水管理所）是深槽蓄水设施的主管部门，凡是深槽蓄水设施闸、涵、泵站均由深槽蓄水管理所管理使用。

第三条　凡使用永定新河水资源和向永定新河排污明渠排放污水的镇、村、企事业单位、驻区单位和个体工商户均执行本办法。

第二章　征收深槽水费

第四条　为了加强深槽蓄水设施的管理，做到以水养水，保证蓄、排设施的运行，用水单位和个体工商户必须按规定交纳水费。

第五条　凡是从永定新河取水的镇、村、企事业单位和个体工商户等的用水量，由用水单位所在地的镇水利站向深槽蓄水管理所申报用水计划。

第六条　深槽蓄水管理所批准下达的用水计划，用水单位需要变更用水计划的，应当提前一个月向管理所提出计划变更申请，办理批准手续。

第七条　用水单位取水量，有计量装置的按其计量数额计算，无计量装置的按其用水土地面积计征，计征标准按物价局批准的标准执行。

第八条　用水单位必须先交费后用水，引水泵站必须安装专用电表盒测流设施；引水期间，用水单位应当配合供水管理人员做好保水检查，并接受管理人员的监督。

第三章　水利设施管理

第九条　禁止下列损害排水设施的行为：

（一）占压水利设施搭建房屋、棚亭及堆放物品；

（二）损坏、穿凿、挪动、堵塞水利设施；

（三）在水利管线覆盖面上取土、植树、埋设电杆及其他标志；

（四）其他损害水利设施的行为。

第十条　在铺设排水管道的地段埋设其他管线时，应当事先通知深槽蓄水管理所，并按照国家《室外排水设计规范》或商定的办法施工；因建设工程需要改动或影响原有排水设施时，应按深槽蓄水管理所的要求进行设计和施工，所需要费用由建设单位负责。

第十一条　因建设施工需要向排水设施内排放工程废水时，应当向深槽蓄水管理所申请临时排水许可证，交纳保证金并将杂物处理后方准排入，未造成排水设施损坏堵塞的，于工程结束后将保证金退还。

第十二条　凡是镇、村、企事业单位、驻区单位和个体工商户引排放污水需要与排污明渠连接入网支管时，应向深槽蓄水管理所报送设计图纸，排水水质水量，废水处理方案和排水入口位置等有关材料，经水利局批准后方可进行支管入网施工。

第十三条　修建与排污明渠连接的入网支管时，必须采用雨水、污水分流制，并按深槽蓄水管理所指定的部位和确定的管径进行连接；排放污水的出口处应修建闸井，其规格应符合国家建筑规范标准。

第四章　奖　励　与　处　罚

第十四条　对保护深槽蓄水设施有下列事迹之一的部门和个人，由深槽蓄水管理所或上级主管机关给予表彰和奖励。

（一）认真执行本办法，在饮用水管理工作中做出显著成绩或者有较大贡献的；

（二）检举揭发违反本办法的行为并积极协助管理部门处理的；

（三）制止违反排水管理的违章行为，使国家财产免受损失的。

第十五条　对违反本办法第九条规定的，由深槽蓄水管理所给予批评教育，责令恢复原状，限期纠正，交纳设施损坏赔偿费，并可视情节依法以处罚，对逾期不拆除违章设施或清除违章物品的，由深槽蓄水管理所会同有关执法部门强行拆除或清除，所需要费用由违章者承担或以料抵工。

第十六条　对违反本办法第十条、第十二条、第十三条规定由管理所给予批评教育，责令其补办批准手续，对既不补办手续，又不改正违章行为的处以一千元以下罚款，并限制其使用排水设施。

第十七条　凡违反本办法行为，情节轻微，主动改正消除影响的，可减轻或免除处罚；对不服从管理或拒付罚款的，可依法暂扣其违章用具或物品，在改正违章行为或接受处理后发还。

第十八条　对拒绝、阻碍管理人员执行公务以及盗窃或破坏排、蓄水设施及其附属设施的，由公安机关依法处理，构成犯罪的，依法追究刑事责任。

第十九条　管理人员应依法行使职权，对玩忽职守滥用职权，以权谋私的，由深槽蓄水管理所或上级机关给予行政处分，构成犯罪的，依法追究刑事责任。

第五章　附　　　则

第二十条　本办法由北辰区水利局负责解释，由深槽蓄水管理所组织实施。

第二十一条　本办法自公布之日起施行。

天津市北辰区水利局

1998 年 5 月 8 日

北辰区国有排灌站水费征收使用管理办法

津辰政发〔1999〕14 号

第一条 为合理利用水资源，保证国有排灌站的管理和运行，充分发挥国有排灌站在我区工农业生产中的作用。根据国务院《水利工程水费核定、计征和管理办法》《天津市国营排灌站水费征收使用管理办法》的有关规定，制定本办法。

第二条 凡在北辰区管辖区域内由区属国有排灌站承担供水和排水受益的乡、镇、村、部队、企事业单位、农场、仓库、公路、铁路、驻区单位均应按照本办法向区水利局排灌站交纳水费。

第三条 国有排灌站水费征收标准，根据"量出为入，以站养站，稍有积累"的原则确定。水费由管理费、维修费、电费、折旧费四项费用组成。

第四条 水费征收本着涝年不多收、旱年不少收、以丰补欠、调剂使用的原则征收。

第五条 水费征收标准。

1. 农业灌溉、调水、蓄水，使用排灌站提水设备的按耗电量每度电按 0.70 元计征，使用排灌站设施，不使用提水设备的单方水价按 0.10 元计征。

2. 农业排水费标准按受益乡、村耕地面积计征，北运河西部按 5 元/亩计征；北运河东部按 6 元/亩计征。稻田和养鱼池排水费一律按 10 元/亩计征。

3. 农业以外受益单位排水费标准按 20 元/亩计征，不足一亩的按一亩计征。

第六条 乡镇所属单位的排水费，由乡镇代征；每年将任务下达各乡镇，乡镇统筹负责；由乡镇与水利局排灌站结算，对收缴任务完成的乡镇，由区政府予以奖励。

第七条 乡镇以外受益单位的排水费由排灌站负责征收。灌溉、调蓄水费由排灌站负责征收。

第八条 凡和国有扬水站向同一承泄区排水的乡镇泵站，其汛期排水范围与国有扬水站不能截然分开的，受益单位应按照本办法规定的标准交纳水费，乡镇泵站汛期排水费由区征收的水费中返还。

第九条 排水费是市政府规定的收费项目，是保证国有排灌站运行的经费来源，受益单位应在每年 10 月底之前交纳排水费，对逾期不交纳的，按日追缴 0.03％的滞纳金；拒不交纳的，水利部门有权对其停止排水。

第十条 乡镇代征的排水费要专户储存，每月及时上交，不得以任何理由截留和挪用；审计、财政部门定期进行检查，对违反规定的要追究当事人责任。

第十一条 水费纳入预算管理，实行收支两条线，接受财政、审计部门的监督。

第十二条 水费的使用按行政事业开支标准及有关规定执行，使用范围是：工程维护、养护、设备更新、电费及管理费等。

第十三条　本办法自一九九九年公布之日起执行，原北辰区人民政府〔1993〕北政字 57 号文件《北辰区国营排灌站水费征收使用管理办法》同时废止。

第十四条　本办法由水利局负责解释。

天津市北辰区人民政府
1999 年 3 月 5 日

北辰区农村人畜饮水工程实施供水管理办法

第一章　总　　则

第一条　为加快解决农村人畜饮水困难，改善农民的生活条件，市政府决定利用三年时间专项解决农村人畜饮水问题。为了加强饮水工程的管理，充分发挥经济效益和社会效益，根据国家有关规定和《北辰区小型水利工程管理制度改革实施方案》制定本管理办法。

第二条　解决农村人畜饮水困难的范围，主要指北辰区外环线以外没有通自来水的行政村，由于干旱及机井老化失修，已经出现人畜饮水困难的村。

第三条　本次解决农村人畜饮水困难所需资金，由市、区、镇、村及农民共同负担。

第四条　北辰区水利局是北辰区外环线以外、北辰区域内开采地下水资源的水行政主管部门。

第二章　解决饮水困难用水标准

第五条　根据市政府规定，工程建设后，北辰区外环线以外没有通自来水的每个行政村至少保证有 1 眼完好的供水井，干旱期间日供水每人不低于 40 升，每头大牲畜不低于 50 升。

第三章　饮水工程建设

第六条　镇村饮水工程建设项目需按照可行性研究和审批立项、设计、施工及竣工验收 4 个阶段开展工作。

　　第七条　镇村饮水工程必须到水行政主管部门办理取水许可申请手续，未经取水许可的镇村饮水项目不得立项建设。

　　第八条　镇村饮水工程竣工后，应按照天津市有关验收标准组织验收；验收合格后，由水行政主管部门发给合格证，工程可投入使用；未经验收或验收不合格者，不得投入使用。

　　第九条　农村生活用水要实行有偿供水收取水费。按表计量或按人头交费。实行计划用水，节约用水，实现以水养水。

　　第十条　对已完成的人畜饮水工程，要进行核算，核算每眼井的成本，建立建设、维修、运行台账，实行独立核算，自负盈亏。市、区审计部门审查。

　　第十一条　镇村供水水价应由成本、利润和管理费用三部分组成，并按生活用水保本微利、合理计价的原则核算。

　　第十二条　用水单位和个人应按规定的计量标准和售水价格按期交纳水费。

　　第十三条　管理单位或管理个人必须按时向水行政主管部门缴纳地下水资源费。缴纳地下水资源费的标准，按市财政局和市物价局的取费标准规定执行。

第四章　供水工程的管理和维护

　　第十四条　镇村供水管理单位或个人，应建立供水设施技术档案，对所管理的专用设施进行检查维护，确保正常供水。

　　第十五条　管理单位或管理个人应加强对供水水源的保护和管理，定期对供水水源的水质进行监测。

　　第十六条　供水井必须实行供水收费制度，必须按《北辰区小型水利工程管理制度改革实施方案》实行新的管理机制，并制定切实可行的用水管理办法，否则不给予补助资金。

第五章　附　　则

　　第十七条　本办法由区水利局负责解释。

　　第十八条　本办法自发布之日起施行。

天津市北辰区水利局

2002 年 6 月 20 日

北辰区农村饮水安全及管网入户改造工程建设管理办法

第一章　总　　则

第一条　为加快解决农民饮水安全问题，改善农民的生存环境和生活条件，北辰区政府决定用 3 年（2007—2009 年）时间切实做好全区农村饮水安全及管网入户改造工程建设。为加强项目建设管理，保证各项建设任务的顺利完成，根据《关于印发天津市农村人畜饮水安全及网管入户改造工程建设实施意见的通知》（津水农〔2006〕52 号）的规定要求，制定本管理办法。

第二条　农村饮水安全及管网入户改造工程的范围，主要指全区外环线以外，涉及 7 个镇使用地下水的 90 个行政村，农村居民饮水水质不达标，农村供水管网老化失修问题。

第三条　农村饮水安全及管网入户改造工程项目建设所需资金，由中央、市、区财政和受益群众共同承担。

第四条　北辰区水利局是北辰区实施农村饮水安全及管网入户改造工程项目的建设单位，负责工程实施的日常管理工作。工程监理任务由市水利局委托天津市普泽工程咨询有限公司承担。施工单位通过招投标、报价或竞价的形式选择。

第二章　工 程 建 设 标 准

第五条　饮水安全工程建设标准：以镇为单位独立建除氟供水站，通过除氟改水使北辰区农村居民饮水的氟含量每升 1 毫克以下。

第六条　管网入户改造工程建设标准：农村居民供水管网入户率达到 100％，老化失修管网和供水设施得到改造，保证 24 小时供水，每户安装计量装置，并建立起长效运行机制，确保工程良性运行。

第三章　工 程 的 申 报 和 审 批

第七条　各镇报送的文件材料包括：

1. 行政村出具农村饮水安全及管网入户改造工程的建设申请文件。

2. 农村饮水安全及管网入户改造工程实施方案。

3. 农村饮水安全及管网入户改造工程设计文件（包括施工图纸、工程预算等）。

4. 镇政府出具的工程建设镇村自筹资金的承诺文件。

5. 镇政府与区政府签订的农村饮水安全及管网入户改造工程责任书。

第八条 农村饮水安全工程应具有相应设计资质和业务范围的设计单位负责设计（设计单位必须严格按照国家规定的设计规范和技术标准进行设计）。

第九条 各镇所申报文件经区水利局核实审批后，下达工程批复文件。

第十条 工程一经批复，工程内容不得随意修改、变更，确需修改的，需以正式文件形式提出申请，经区水利局核实，市水利局审批后方可实施。

第四章 资金筹措与管理

第十一条 工程建设资金管理要严格按照《关于加强我市农村饮水及管网入户改造工程项目和资金管理的通知》（津水农〔2006〕64 号）的规定执行。在区水利局设立工程资金专用账户，实行专户储存，专户管理，单独核算。镇村自筹资金必须按时足额上交区水利局专用账户。

第十二条 农村饮水安全工程投资要按照批准的项目建设内容、规模和范围使用，专账核算、专款专用。建立健全资金使用管理的各项规章制度，严禁截留、挤占和挪用工程建设资金。

第五章 工程的实施

第十三条 农村饮水安全及管网入户改造工程的实施，实行政府领导负责制、参建单位工程质量法人责任制。

第十四条 区水利局全面负责对全区工程项目的监督和检查。检查内容包括组织领导、制度和管理办法的制定，项目进度、工程质量、资金的管理使用等。

第十五条 各镇接到工程批复后，应尽快配合区水利局组织工程施工。对无故拖延施工的，将追究有关单位的责任。

第十六条 工程的实施实行工程建设的监理制度，市水利局委托天津市普泽工程咨询有限公司负责组织工程监理，按程序要求进行工程建设。

第十七条 农村饮水安全及管网入户改造工程实行工程建设管理卡制度，工程按卡片内容实施，实行合同制管理。单项工程概算总投资超过 100 万元（含 100 万元）的，由市水利局采取招标形式选择有相应资质的施工单位施工，100 万元以下的工程由区水利局组织工程报价、竞价、选择具有相应资质的施工单位施工，确保工程质量和进度。

第十八条 工程主要设备、材料供应商的资质，由市水利局会同市有关部门审定。对工程主要设备、材料在市有关部门审定具有资格的供应商范围内，确定供应厂商。按照《关于印发天津市农村饮水安全及管网入户改造工程建设的实施意见的通知》（津水农〔2006〕52 号）的要求由区水利局与供应厂商签订供货合同。

第十九条 工程开工后，各镇需每月向区水利局上报工程进度表。工程监理人员随时对工程建设进行检查，发现不按工程设计及施工标准施工，随意修改变更工程内容及设计，偷工减料、以次充好等影响工程进度及质量的行为，将追究有关单位的责任及给予相应的处罚。

第六章 工程的验收

第二十条 按农村饮水安全管网入户改造实施方案，区水利局会同区财政局、卫生局、农委、发改委、镇村及有关部门分阶段对工程进行初步验收。各镇需向区水利局提交农村饮水安全及管网入户改造工程阶段总结报告。验收合格后，各镇方可进行下一阶段工程的施工。

第二十一条 全部工程竣工后，在各镇自验合格基础上，向区水利局提交工程验收申请。

第二十二条 各镇报送的验收材料：

1. 农村饮水安全及管网入户改造工程总结报告；
2. 全部施工文件、变更设计和批准变更设计的文件的会议记录；
3. 全部工程竣工材料（包括竣工图、工程决算等）；
4. 《农村饮水安全及管网入户改造工程验收报告书》。

第二十三条 区水利局会同市有关部门进行工程竣工验收。依据津水饮水〔2003〕9 号《关于印发我市农村人畜饮水困难和评分标准的通知》验收人员对工程进行现场检查。对工程建设管理中存在的问题提出处理意见，限期整改。

第七章 工程经营管理

第二十四条 对已完成的农村饮水安全及管网入户改造工程，要组建农民用水者协会组织，激励农民参与供水工程管理，村委会以承包、租赁和拍卖的形式选择承包人，依据责、权、利相统一的要求对承包人签订供水、收费、管理承包合同。

第二十五条 大张庄镇及西堤头镇以引滦水为供水水源，建立日产 3 万吨的自来水厂，负责两镇及周边地区的供水事宜；青光镇及双口镇以镇为单位建设除氟供水站，以镇管或委托方式进行管理。

第二十六条　对除氟供水工程和管网入户改造工程收取的水费，以村为单位建立台账，专款专用，统一管理，作为供水工程管理、维修和再建设的专用资金，以利于供水工程良性循环。

第二十七条　农村供水工程水价应由成本、利润和管理费用三部分组成，并按生活用水保本微利、合理计价的原则核定。

第二十八条　用水单位和居民应按规定的计量标准和售水价格按期交纳水费。

第八章　工程的管理和维护

第二十九条　农村集中供水工程在镇政府统一领导下，各管理单位或承包人应建立供水设施技术档案，对所管理的专用设施定期进行检查维修，确保全天24小时正常供水。

第三十条　农村集中供水工程管理单位或承包人，应加强对供水水源的保护和管理，由区卫生局定期对供水水源的水质进行监测，保证农村居民的饮水安全。

第九章　附　　则

第三十一条　本办法由北辰区水利局负责解释。

第三十二条　本办法自发布之日起施行。

天津市北辰区水利局

2007年1月

天津市北辰区节水型社会建设实施方案

北辰区是天津市环城四区之一，位于市中心区北部，是资源型缺水地区，供需水矛盾突出，建设节水型社会，是应对水危机的根本出路。为保障全区经济社会可持续发展，必须把节水工作贯穿于国民经济发展和群众生产生活全过程中。根据市水利局《天津市节水型社会试点建设实施方案（2006—2008年)》（津政发〔2007〕001号）精神要求，制定本方案。

一、指导思想

牢固树立和落实科学发展观，按照国家对南水北调东中线受水区节水型社会建设试点要求，坚持用改革和创新的思路解决经济社会发展中面临的水问题，全面推动节水型社会的制度、能力、法制、意识和文化建设，为经济社会发展提供水安全保障。

二、工作目标

按照 2020 年在全市范围内基本建设成节水型社会，2008 年通过国家节水型城市复查和完成节水型社会建设试点任务的总体要求，确定以下试点期建设目标：

（一）节水型社会良性运行机制框架初步建立。水管理体制改革进一步深化并取得明显成效；水权制度框架体系初步形成；节水型社会的行政、经济、技术政策、宣传教育体系框架基本形成；全民节水和公众参与意识明显增强。

（二）现代化水管理体系框架初步形成。基本形成与水资源合理配置相适应的工程体系，高新节水技术进一步应用和整合，节水型社会信息化基础平台和管理系统初步形成，水管理能力有明显增强。

（三）水安全保障程度明显增强。基本解决农村饮水不安全问题，农村饮水安全人口比例提高到 70％以上；正常来水年份缺水率控制在 10％以下；工业企业废水达标排放率达到 100％，城市污水处理率不低于 80％，城市再生水利用率不低于 20％；深层地下水超采现象得到缓解，压采地下水 100 万立方米；水生态环境得到改善，重点水生态系统基本需水得到一定程度保障。

（四）水资源利用效率和效益明显提高。万元 GDP 用水量降至 71 立方米以下，万元工业增加值取水量降至 24 立方米左右，工业用水重复利用率达到 88％，城市供水管网漏失率降至 13％以下，城区节水器具普及率达到 100％，农业灌溉水利用系数提高到 0.65 以上。

三、主要工作任务

按照《天津市节水型社会建设试点规划》，北辰区节水型社会建设涉及水权制度体系建设、水资源管理体系建设、节水型产业体系建设、经济调控体系建设、公众参与体系建设、多水源调配与利用体系建设、各业微观节水体系建设、水生态环境保护体系建设、节水法律法规体系建设和科技体系与节水产业建设等十大体系建设内容。本着全面推进、重点突破的原则，开展节水型社会建设的工作思路是，以制度建设为核心，逐步建立节水自主运行机制；以水资源统一管理为保障，统筹规划和科学配置多种水资源；以巩固城市节水成果为重点，全面达到节水型城市考核标准；以创新农业用水模式为突破口，实现工程与管理并重，推进农村用水改革。通过典型示范，探索经验，带动全区节水型社会建设，为全面建设节水型社会奠定基础。

（一）水管理体制改革

1. 按照市水务管理体制改革方案和部署，从全区供水格局实际出发，以实现水资源统一配置和高效利用为目标，提出水务管理体制改革方案。

2. 建立节水型社会建设协调机制，健全节水管理机构。节水型社会建设是一项复杂系统工程，涉及全区多个部门和各行各业。按照市统一部署，建立区—街道乡镇—居委会和村民委员会三级节水管理网络，强化各级政府节水管理职能。区镇街成立以主要领导为组长，各职能部门组成的节水型社会建设领导小组，同时健全节水管理机构。区成立节水型社会建设领导小组，组长由主管副区长担任，副组长由水利局局长担任，成员单位由区发改委、区建委、区工经委、区商委、区财政局、区教育局、区卫生局、区环保局、区水利局、区农林局、区畜牧水产局等单位组成，区领导小组下设节水型社会建设办公室，办公室设在区水利局。

（二）水资源管理制度建设

1. 实施总量控制下取水许可管理。依据市水资源配置方案，将外调水、地表水和地下水等常规水资源及非常规水源统一进行优化配置；依据《取水许可和水资源费征收管理条例》，根据相关地下水限采压采规划，加大地下水开采计量管理力度，在总量控制前提下，重新核定地下水取水许可水量，地热水、矿泉水开发利用纳入取水许可管理。

2. 严格执行水资源论证和水土保持方案审批制度。按照《取水许可和水资源费征收管理条例》，对未按规定进行水资源论证建设项目，水行政主管部门一律不予批准取水许可，立项审批部门不予批准立项。同时，按照《开发建设项目水土保持方案管理办法》（水保〔1994〕513号），加强对开发建设项目水土保持方案审批工作，在项目可行性研究和批复阶段必须有水行政主管部门审查批复水土保持方案。

3. 强化计划用水管理，严格履行超计划用水累进加价制度，推动水平衡测试工作开展，改进和完善计划用水考核方式，扩大计划用水管理范围，保证计划用水考核率达到100％。

4. 落实节水"三同时"制度。建设项目审批部门要与节水主管部门落实联动会审制度，确保新建、扩建、改建项目节水设施与主体工程同时设计、同时施工、同时验收使用。

（三）经济调控制度建设

1. 完善农业水费计收办法，将农业供水各环节纳入政府价格管理范围，推行农户终端水价制度，改革农业供水管理体制和水费计收方式，创造条件逐步计量收费；农村生活用水逐步取消包费制，管网入户的一律装表到户，计量收费，实现农村饮水安全。

2. 加强水资源费征收及管理力度。完善用水计量基础设施，严格执行水资源费征收标准，提高水资源费征收率，取缔地下水用水包费制；加强水资源费使用管理，落实"取之于水、用之于水"的原则，水资源开发利用和节约保护专项经费不少于水资源费的 80%。

（四）公众参与体系建设

1. 参与式水管理组织建设。2008 年前成立 5 个村级农民用水者协会，开展协会内用水指标分配、节水工程维护、水费制定与收取等方面工作，成为农民自主管水组织。推进行业节水工作，用水者协会享受区政府优惠扶持政策。

2. 节水型社会载体建设。按照市制定相关评定标准，开展节水型社会创建和评比活动，街道组织居民社区（小区）、工经委组织节水型企业（单位）、教育局组织节水型生态校园、卫生局组织节水型医疗单位、商委组织节水型商饮业和服务业、建委组织节水型施工单位，镇村负责节水型新农村建设。要按照建设部、国家发展改革委印发的《节水型城市考核标准》（建城〔2006〕140 号），全面提升城市整体节水水平，各项考核标准全部达标，新建居民小区均应符合节水型小区标准。

3. 建立节水宣传机制。加强节水和节水型社会教育与宣传，提高公众节水意识，通过多种形式调动公众参与节水型社会建设积极性，实现由行政推动节水向公众推动节水转变。利用世界水日、中国水周、科技周、全国城市节水宣传周等重要水事节日以及区"四下乡"活动，开展广泛的宣传，通过电视、电台、报刊等宣传媒体，加大对资源稀缺、资源无价、资源的节约保护意识和节水方式方法、节水荣辱等方面公益宣传；利用三级节水网络，加强日常性节水宣传，使节水宣传深入到企事业单位、机关、学校、社区、乡村，要加强对中小学生节水宣传教育。按照《中共中央宣传部、水利部、国家发展改革委、建设部关于加强节水型社会建设宣传的通知》（水办〔2005〕382 号）精神，大型宣传活动每年不少于 4 次。

（五）巩固节水型城市创建成果，加强各业微观节水

1. 工业节水。依靠科技进步，提高循环冷却水系统浓缩倍率，采用先进水处理技术，加大企业内部再生水回用。以水循环促进循环经济发展，石化行业提高浓缩倍率到 4 倍以上，冶金行业采用稠油水分离及中水回用技术、纺织行业推广逆流漂洗及印染废水深度处理回用技术；工经委要加强企业用水管理，推行行业综合用水定额和计划用水管理制度，健全企业节水管理机构，建立节水奖惩激励机制，以管理促节水，培育和树立一批具有先进节水水平的工业节水典范，带动全区工业整体节水水平提高。

2. 城市生活节水。新建居民小区应按节水型居民小区标准建设，城市建成区在居民生活普及节水器具和采取节水措施基础上，向非居民用水单位普及节水器具，普及率达到 100%；加大城市园林绿化节水力度，结合创建国家园林城市，对新建绿地优先种

植耐旱作物或采用节水灌溉方式,改造已建绿地灌溉方式,城市公共绿地推行节水灌溉;机关、企事业单位、学校要加强用水管理,做到用水计划到位、节水目标到位、节水措施到位、节水制度到位。

3. 农村节水。在优化农业种植结构基础上,加大农业节水工程投资力度,继续发展以防渗渠道、低压输水管道为主体的节水灌溉工程,全区新增和改善农田节水灌溉面积 4.67 万亩,农田节水灌溉面积累计达到 17.5 万亩,占有效灌溉面积 80%,灌溉水利用系数提高到 0.65 以上;实施农村饮水安全工程,解决 16.5 万人饮水不安全问题,农村饮水安全达标人口比例达到 70% 以上;加强农村用水管理,建设井灌区和大型地表水灌区计量设施,改革农业用水按亩收费制度,推行计量收费。

4. 开发利用非常规水源。利用好北辰污水处理厂及筹建环外镇级污水处理厂处理后再生水,具备再生水使用条件的,优先使用再生水源,搞好再生水回用农业灌溉工程配套建设。

(六)水生态环境保护建设

1. 有效控制地面沉降。加强地下水管理,落实分区地下水管理措施,合理确定深层地下水总量开采控制指标,压采不少于 100 万立方米,有效控制地面沉降。

2. 加快水污染防治工程建设,推动建设环外镇级污水处理厂。加强水功能区管理,环保部门对水污染物实行总量控制,定期对重点源水质进行监测,对排污单位水污染物排放行为,实行水污染物排放许可证管理制度。

四、保障措施

(一)组织保障

加强各级对节水型社会建设领导,建立和完善节水型社会建设协调机制和合作机制;节水型社会建设主要指标要纳入对各部门领导干部政绩考核内容,实行定期检查、年终考核制度,对建设节水型社会工作成绩突出单位和个人,区政府将给予表彰奖励。

(二)资金保障

区财政要加大对节水的专项资金投入,各职能部门也要按照责任分工,加大专项资金投入力度,形成节水型社会建设稳定的资金投入渠道,确保节水型社会试点建设各项任务如期完成。

(三)加大节水宣传教育力度

要把节水型社会建设工作作为今后一段时间宣传的重点,采取行之有效的措施在全区范围营造建设节水型社会舆论氛围,不断提高公众的节水意识和参与能力。通过充分宣传、广泛动员,让公众了解我区水情和建设节水型社会的紧迫性,形成人人关心和积极参与节水型社会建设的良好氛围。对在节水型社会建设过程中涌现出的先进事迹、先进人物和节水型企业（单位）上报市局并在新闻媒体上发布予以宣传。

五、考核验收

各部门按照《节水型城市考核标准》和建设主要任务，2007 年 5 月底制定完成本部门具体实施方案，分解任务、落实项目，将文字材料报区建设节水型社会领导小组办公室（包括单位负责人、具体负责人）。区建设节水型社会领导小组 2007 年 11 月进行中期检查，2008 年 11 月进行验收。各部门在自查基础上，写出节水型城区建设总结材料并提出验收申请；报送区建设节水型社会领导小组办公室。

天津市北辰区水利局

2007 年 4 月 20 日

北辰区农村小型水利工程建设管理办法（试行）

北辰政发〔2007〕78 号

第一章　总　　则

第一条　为规范北辰区农村小型水利工程建设管理程序，明确责任，保证工程质量，合理使用资金，充分发挥水利工程的经济效益和社会效益，促进社会主义新农村建设，结合我区农村小型水利工程建设管理实际制定本办法。

第二条　凡在北辰区从事水利工程建设活动和对水利工程质量实施监督管理的单位和个人，必须遵守本办法。

第三条　本办法所称水利工程建设质量是指相关技术标准、批准的设计文件及工程合同，对所建设的水利工程的安全、适用、经济、美观等特性的综合要求。

第四条　区水行政主管部门负责全区小型水利工程建设监督管理工作。

第五条　项目法人，设计、施工、工程监理等单位的负责人，分别对工程质量工作负领导责任。工程现场的项目负责人对工程质量工作负直接领导责任。工程技术负责人对工程质量工作负技术责任。具体工作人员为直接责任人。

第六条　本办法适用的农村小型水利工程包括节水工程、镇村泵站工程、农田桥涵闸工程等。

第七条　本办法适用的投资规模是指单项投资在 100 万元以下、10 万元以上的工程。应急防汛、除险加固工程除外，上级规定的服从上级规定。

第二章 土建工程报价及政府采购主要设备

第八条 土建工程报价。

（一）报价单位条件

参加报价的施工单位，必须是具有独立法人资格和相应施工资质的经济实体。报价时需携带单位法定代表人或授权委托人的身份证。

（二）中价依据

根据报名和资格审查情况，每项工程由三个（或三个以上）报价单位组成，报价单位依据项目法人单位提供的工程量清单、工程平面图及现场情况进行报价。报价资料由报价表、工程预算明细表组成。报价单位所报价超过预算价作为废标。如出现在同一小组的报价单位全部超过预算价，则现场由监督组重新确定标底，采取当场重新报价的方式确定中价单位，以最接近最终价的单位为中价单位。如出现在同一小组只有一个报价单位在预算价之内，可确定该投标单位为中价单位。

（三）报价文件的递交与开价

1. 报价单位应将报价文件密封放入密封袋中，外层包装上写明工程名称、单位名称和报价人姓名。所有报价单位应按规定时间和地点参加报价，未参加报价的视为自动弃权。

2. 报价会由项目法人单位组织召开。区水利局会同审计局、监察局、财政局负责人进行现场监督，对报价文件进行检查，确定其完整。报价文件有下列情况之一的视为无效：

（1）报价文件未按规定密封；

（2）未按规定填写报价单；

（3）规定报价时间截止后送达的报价文件。

3. 报价不包括施工过程中因设计变更所发生的费用。

第九条 土建工程中价。

（一）基础价=（报价单位的平均价+审计价）÷2；

（二）最终价=基础价×浮动百分比；

（三）在最终价上浮5%、下浮5%范围内，取最低报价的单位为中价单位。现场定价后宣布中价单位，并签订工程合同和工程廉洁协议；

（四）中价单位须向项目法人单位交纳一定数额的工程保证金。待工程验收合格后，随同工程款返还给施工单位。

第十条 工程主要设备实行政府采购。

按照合同约定，项目法人对工程主要设备按政府采购程序实施。政府采购选择厂商是在多家符合供应商资格条件下，由评审小组所有成员集中对每个厂家分别进行询价、评审、谈判，给予综合评分，择优确定政府采购厂家。

第三章 项 目 法 人 责 任

第十一条 凡是由国家和市、区政府投资的工程建设项目，均由区水利局确定项目法人，由项目法人负责项目建设全过程。项目法人必须依照有关法规、技术标准、设计文件和工程承包合同组织实施，监理工程师对施工质量实施监理。未经项目法人签字，不予进行竣工验收。项目法人不得有下列行为：

（一）与工程施工单位以及建筑材料、建筑构配件和设备供应单位有隶属关系或者其他利害关系；

（二）转让工程实施业务；

（三）与施工单位串通，为施工单位谋取非法利益。

第十二条 项目法人必须与材料采购单位签订合同，在合同文件中，应明确材料、设备等质量标准及合同双方的质量责任和义务。

（一）项目法人必须向施工单位提供与工程项目有关的原始资料。原始资料必须真实、准确、齐全。

（二）项目法人不得任意压缩合理工期，明示或暗示施工单位违反工程设计的强制性标准，降低工程质量，使用不合格的建筑材料、建筑构配件、设备和商品混凝土及其制品。

第四章 设 计 部 门 的 责 任

第十三条 工程设计部门应具有相应的设计资质，要按照水利工程建设强制性标准进行工程设计，并对勘察、设计的质量负责。设计部门必须建立健全质量保证体系，健全设计文件的签字、审核、会签批准制度，做好设计文件的技术交底工作，对设计文件负责。

第十四条 设计部门应当按合同规定及时提供设计文件和施工图纸，并向施工单位作出详细说明。

设计部门应当参与工程项目设计变更，并提出相应的技术处理方案。

第五章 施工单位责任

第十五条 施工单位应当在其资质等级许可范围内承揽工程。施工单位不得有下列行为：

（一）未取得资质或者超越资质等级承揽业务；

（二）转包或者分包工程；

（三）使用未经检验或者检验不合格的建筑材料、建筑构配件、设备、商品混凝土及其制品；

（四）偷工减料或者不按工程设计图纸、施工技术标准施工；

（五）准许其他单位或者个人以本单位的名义承揽工程。

第十六条 施工单位对水利工程的施工质量负责。施工单位应当建立、健全质量保证体系和施工安全体系，落实责任制。

（一）施工单位不得擅自修改工程设计，在施工过程中发现设计文件和图纸有差错的，应当及时向项目法人或委托的实施单位提出意见和建议。

（二）施工单位必须建立、健全施工质量检验制度，作好隐蔽工程及工程关键部位的质量检查和记录。隐蔽工程在隐蔽前，施工单位应通知项目实施单位、设计部门对隐蔽工程进行验收。

第十七条 施工单位对涉及结构安全的构件试块以及有关材料，应在项目实施单位或者设计部门监督下现场取样，送至具有相应资质等级的质量检测单位进行检测。

（一）施工单位对施工中出现质量问题的水利工程或者竣工验收不合格的水利工程，应当负责返修。

（二）施工单位对工程施工中出现的质量缺陷应向项目实施单位、设计部门报告并及时处理。

（三）工程竣工验收合格后，保修期为一年。工程施工单位在向项目实施单位提交工程竣工验收报告时，应当向项目实施单位出具质量保修书。质量保修书中应当明确建设工程的保修范围、保修期限和保修责任等。

（四）工程保修期自竣工验收合格之日起最低不得少于一年。有特殊要求的工程，其保修期限应当在合同中予以约定。在保修期内出现工程质量问题的，由施工单位承担保修责任。

第六章　监理单位责任

第十八条　监理单位必须建立、健全质量检查体系。监理单位应当在其资质等级许可范围内承担工程监理业务。

监理单位不得有下列行为：

1. 与被监理工程的施工单位以及建筑材料、建筑构配件和设备供应单位有隶属关系或者其他利害关系；

2. 转让工程监理业务；

3. 与施工单位串通，为施工单位谋取非法利益。

第十九条　监理单位必须依照国家法律、法规和技术标准、设计文件、工程承包合同代表项目法人对施工质量实施监理，并对施工质量承担监理责任。

监理单位应当选派持有水利部颁发的监理工程师岗位证书的人员进驻现场。未经监理工程师签字，建筑材料、建筑构配件和设备不得在工程上使用，施工单位不得进行下一道工序的施工。

监理工程师应当按照《水利工程建设项目施工监理规范》的要求，采取旁站、巡视和平行检查等形式对工程建设实施监理。

第七章　管理责任

第二十条　资金管理责任。

工程立项批准后，镇村自筹资金应足额上交到区水利局，中央、市下拨资金和区自筹资金由区财政局统一管理（特殊项目除外）。工程开工后应预拨工程总造价的30％工程款，工程验收合格后一个月内拨付总造价的60％，另外工程总造价的10％作为工程质量保证金，合同约定的保修期满工程未出现施工责任事故，拨付给施工单位。

第二十一条　工程建后管理责任。

工程验收合格后，由工程所属单位与区水利局办理交接手续。建成后的水利工程设施，建立相应管理制度，实行有偿使用，保证水利工程良性运行。

第八章　附　　则

第二十二条　镇村自建小型水利工程和经水利局批准自建的水利工程可参照本办法执行。

第二十三条 本办法自发布之日起试行，由北辰区水利局负责解释。

北辰区人民政府
2007 年 12 月 29 日

二 级 河 道 管 理 办 法

河道管理范围内的原有建筑物管理办法：

一、区属排灌站按原有产权管理使用。

二、利用二级河道引水、排水的镇村泵站和其他口门应当服从区河道行政主管部门调度。

三、坐落在二级河道上的桥、闸、涵工程以及配套建筑物，均由区河道行政主管部门管理。

四、在河道管理范围内新建、扩建、改建项目，修建开发水利、整治河道等工程，修建跨河、穿河、穿堤、临河的桥梁、码头、道路、渡口、管道、取水口、排污口、缆线、架杆等建筑物和设施，建设单位必须将工程建设方案报区河道行政主管部门审查同意后，方可按照建设程序履行审批手续。

建设项目批准后，应与区河道行政主管部门签订确保河道功能正常发挥、保障防洪安全的责任书以后，方可依法办理开工手续，按照审查批准的设计方案和位置进行施工。

建设项目性质、规模、位置需要变更的，建设单位应当事先向区河道行政主管部门重新办理审批手续。

在河道管理范围内不得建设影响河道功能正常发挥和防汛安全的项目。建设项目施工期间，河道行政主管部门应当派员到现场监督检查。

五、工程施工影响堤防安全、河道行洪、排灌能力正常发挥的，建设单位应当采取补救措施或者停止施工。建设单位因施工造成河道堤防及其他设施损坏的，应当负责赔偿；未按照责任书要求清理施工现场的，由建设单位缴纳清理费用。

六、修建桥梁、码头和其他设施，必须按照区水利局总体规划和原设计确定的河宽进行，不得缩窄过水通道。桥梁、栈桥、跨越河道的管道、渡槽、线路的净空高度，以及穿越河道的管道和两堤之间埋设管道的深度，必须符合水利总体规划和有关技术要求。

七、河道管理范围内已修建的闸涵、泵站和埋设的管道、缆线等设施，设施管理单位应当定期检查和维护，并服从区河道行政主管部门的安全管理；不符合堤防安全要求的，由区河道行政主管部门责令设施管理单位限期改建或采取补救措施。

八、利用堤顶戗台修建公路、铁路的，应当服从堤防安全管理。

九、区、镇、村建设规划不得占用河道管理范围。区、镇、村建设规划的临河界限为河道管理范围的外缘线。区、镇、村建设规划涉及河道管理范围的，应当事先征求区河道行政主管部门的意见。

本办法实行前占用河道堤防的建筑物，应当逐步迁出，不得重建、改建或扩建。

十、河道岸线的利用和建设，应当服从河道整治规划。规划行政主管部门审批涉及河道岸线开发利用规划，立项审批行政主管部门审批利用河道岸线的建设项目，应当事先征求区河道行政主管部门的意见。河道岸线的界线以河堤外坡为准。

十一、河道管理范围内修建排水、引水、蓄水工程以及河道整治工程，必须报经区河道行政主管部门批准。

天津市北辰区水利局

2008 年

北辰区农村小型水利工程养护管理标准（试行）

第一章　总　　则

第一条　为促进和加强北辰区农村小型水利工程建后管理，延长工程设施使用寿命，充分发挥水利工程的经济效益和社会效益，结合我区农村小型水利工程管理现状制定本标准。

第二条　本标准适用于坐落在我区界内，属镇、村管理的由各级政府、村级经济组织投资兴建的所有小型水利工程。

第三条　本标准所指农村小型水利工程为镇或村具有产权、管理权和使用权的农田排灌泵站、农用桥、涵、闸，节水工程及配套设施。

第二章　内　容　及　标　准

第四条　对于有固定管理房的水利工程设施，应设专人进行管理；在工程设施运行期间，须有专人日夜值守。

第五条　镇、村对管理范围内的小型水利工程要定期组织人员进行巡检，检查内容与标准如下：

（一）农用桥（涵）主要检查：桥栏、桥面、桥身、桥涵两侧护墙等。

检查标准为：桥栏完好无损，桥面完好无塌陷，桥身坚固无裂缝变形；涵管或箱体无破损、断裂，钢筋无外露；管道内无淤堵，两侧护墙无坍塌、变形。

（二）节水工程及配套设施主要检查：渠首工程设施、渠道或管道主体及出水口。

检查标准为：渠首提水设备符合泵站标准，明渠主体应无塌落、断裂，两侧培土无缺失，低压输水管道无漏水，出水口完好无损坏、淤堵。

（三）节制闸着重检查：闸体、闸门、启闭设备。

检查标准为：闸体（混凝土及砌石工程）应完好，闸门无锈蚀、漏水；启闭设备启闭正常，保养措施到位（春秋两季给启闭机及螺杆各上润滑油一次）。

（四）农田排灌泵站着重检查：泵站卫生、人员管理、水泵维护等。

检查标准：

（1）泵站值守人员平时要保持站内及周边环境卫生整洁并保证泵室及进水池无塑料袋、木块等杂物。

（2）泵站内应悬挂管理制度及操作规程，值守人员应严格执行管理制度及操作规程，无私自接线等现象，开泵要签字计台时。

（3）泵站值守人员应按规定对泵站内机电设备进行必要的保养维护，保证水泵及电机无锈损，闸门开启正常，放气阀无堵塞，外露电缆应无破损、丢失。

第六条　针对检查出的问题要有记录并应及时解决，以保证设备设施正常运行，对于存在安全生产隐患的情况还应及时报上级主管单位备查。

第三章　安　全　防　护

第七条　值守人员必须熟练掌握本泵站变配电系统及开关控制柜的操作方法，勤检查，多维护，设备运行时要随时监测电气设备运行状况，出现问题立即切断电源检修。

第八条　管理房应不漏雨，电缆沟洁净不进水，门窗严密，防小动物措施得当，危险部位有挡护。

第九条　管理房内禁止闲杂人员逗留，不堆放杂物及易燃易爆物品，保证维护抢修通道畅通。

第十条　管理房内有专用的消防器具，并按照使用期限定期更换。

第四章　评　比　考　核

第十一条　区水行政主管部门负责镇、村小型水利工程管理人员的培训。

第十二条　镇负责组织相关人员对照检查内容及标准，定期对小型水利工程进行巡检，并将巡检结果按月报区水行政主管部门。

第十三条　每季度区水行政主管部门进行一次抽查；年终由区水行政主管部门组织有关镇、村人员对各镇巡检上报的较好单位进行联合检查，依据巡查、抽查、联合检查情况进行综合评比。

第十四条　每年评出 3～10 个优秀管理单位，对评选出的优秀管理单位由区水行政主管部门进行表彰，并对被表彰的单位给予奖励。奖励标准为：拥有 5 座以下小型水利工程的管理单位给予 2 万元奖励；对拥有 6 座以上至 10 座以下小型水利工程的管理单位给予 3 万元奖励；对拥有 11 座以上小型水利工程的管理单位给予 4 万元奖励。

第十五条　第十四条所列优秀管理单位所拥有的小型水利工程，只考核泵站在 0.4 个流量以上；农用桥、涵 ϕ0.8 米以上；闸 ϕ1.0 米以上的；其他工程参照标准管理，不参加评比。

第五章　附　　则

第十六条　本标准所称"以上、以下"均含本数。

第十七条　本标准由区水利局负责解释。

第十八条　本标准自 2010 年 1 月 1 日起实施。

天津市北辰区人民政府办公室

2009 年 9 月 25 日

北辰区农村小型水利工程养护管理考核评比方法

为贯彻《北辰区农村小型水利工程养护管理标准（试行）》，做好考核评比工作，特制定本方法。

一、考核评比方式

依据巡查、抽查、联合检查情况进行综合评比，评比成绩平时巡查占 40％、季度抽查占 30%、年终联合检查占 30%。

二、考核评比标准

（一）管理方面

（1）有固定管理房无专人进行管理的扣 2 分。

（2）镇、村平时检查出的问题没有记录或没有及时解决的扣 1 分，存在安全生产隐患未及时报上级主管单位的扣 1 分。

（3）值守人员未熟练掌握泵站变配电系统及开关控制柜操作方法的扣 1 分；未及时检查、维护，设备运行不正常的扣 1 分。

（4）管理房漏雨的扣 1 分，电缆沟不洁净进水的扣 1 分，门窗不严密的扣 1 分，危险部位没有挡护的扣 1 分，泵站设备丢失的扣 2 分。

（5）管理房内有闲杂人员的扣 1 分，堆放杂物及易燃易爆物品的扣 1 分，维护抢修通道不畅通的扣 1 分。

（6）管理房内没有专用消防器具的扣 1 分，消防器具没有定期更换的扣 1 分。

（7）镇、村未对小型水利工程设施定期检查的扣 1 分，检查没有记录及镇、村领导签字的扣 2 分。

（二）养护方面

（1）泵站内及周边环境卫生不整洁的扣 5 分，泵室及进水池有塑料袋、木块等杂物的扣 5 分。

（2）泵站内未悬挂管理制度及操作规程的扣 5 分，泵站内私拉乱接电线的扣 5 分，开泵未签字计台时的扣 5 分。

（3）水泵及电机锈损的扣 6 分，闸门不能正常开启的扣 1 分，放气阀堵塞的扣 1 分，电缆外露、破损、丢失的扣 2 分。

（4）闸体（混凝土及砌石工程）不完整的扣 5 分，闸门锈蚀、漏水、启闭不正常的扣 5 分，保养措施不到位的（春秋两季未给启闭机及螺杆上润滑油）扣 5 分。

（5）（涵）桥桥栏损坏的扣 2 分，桥栏丢失的扣 3 分，桥面有塌陷的扣 2 分，桥身有裂缝、变形的扣 2 分，涵管或箱体破损、断裂、钢筋外露的扣 3 分，管道内淤堵、两侧护墙坍塌、变形的扣 3 分。

（6）节水工程及配套设施渠首提水设备未达泵站管理标准的扣 1 分，明渠主体塌落的扣 1 分，主体断裂的扣 2 分，两侧培土缺失的扣 1 分，低压输水管道漏水的扣 2 分，出水口丢失、损坏、淤堵的扣 8 分。

天津市北辰区水利局

2009 年 9 月 25 日

附录三 报告、方案、请示、批复

北辰区 1996 年小型农田水利重点工程计划报告

〔1995〕北水计 5 号

市水利局：

北辰区 1996 年小型农田水利工程是根据 1995 年水利工程普查及汛前检查状况，结合农田基本建设进行安排，指导思想是以节水蓄水为主，排蓄结合，突出重点，以改造中低产田，搞好田间农建工程配套，实现节水、效益型农业为目标，工程项目以兴建节水工程为主，同时注重引蓄工程和具有规模效益地块的工程配套。

根据乡、村申请，经研究，1996 年工程计划总投资 589.47 万元。其中：重点工程三项，投资 229.47 万元，建防渗渠道 44.1 千米，建泵点 3 座，机井维修 2 眼；一般工程 4 项，投资 360 万元，建泵点 17 座，闸涵 48 座，泵站维修 20 座，防渗渠道 34 千米。

重点工程：

1. 南王平万亩麦田节水续建工程

续建防渗渠道 19.2 千米，新建配套提水泵点 3 座，渠道配套分水闸、斗门等建筑物 161 处，所需投资 1210.47 万元，效益面积 266.67 公顷。

2. 安光村果园节水续建工程

续建防渗渠道 7 千米，维修机井 2 眼，所需投资 17 万元，效益面积 106.67 公顷。

3. 韩家墅村麦田节水工程

1996 年计划建防渗渠道 17.9 千米，路下压力涵 35 处，节制闸 1 座，所需投资 91 万元，效益面积 113.33 公顷。

一般工作：

连片改造中低产田 466.67 公顷。投资 70 万元，建泵点 4 座，维修泵站 2 座，建闸涵 12 座，防渗渠道 5 千米。

连片改造麦田 400 公顷，投资 60 万元，建泵点 1 座，维修泵站 1 座，建闸涵 8 座，防渗渠道 4 千米，分水闸 14 处，斗门 90 处。

农建配套工程，投资 110 万元，维修泵站 20 座，建泵点 12 座，涵闸 28 座。

节水工程，投资 120 万元，建防渗渠道 25 千米。

以上计划呈上，请批复。

天津市北辰区水利局

1995 年 8 月 22 日

北辰区抗旱水源调度方案

北水报〔1998〕1 号

区政府：

根据历史经验及当前信息预测，1998 年上半年仍是旱年可能性大，我区去年汛后蓄水不足，去冬以来无大的降雪，永定河上游未来水，对北辰农业用水形势极不利。目前，全区自备水源 2200 万立方米，其中可用水 1200 万立方米，且水质不佳，特别是永定新河深槽未蓄上好水，原有河底水 800 余万立方米，氯化物含量超标，不能直接引用，需有好水冲淡后使用才较安全。

据多年经验，全区农业用水总量 1.5 亿立方米，本区降雨 1 至 6 月常年总量 130 毫米，不足以解决春旱。

据目前信息，上游官厅水库无水下泄，北京排污河平均下泄流量每秒 5～6 立方米，上游武清县基本截流，只有偶尔漫坝水下泄至霍庄子一带，水量也不过 400 万～500 万立方米。引滦水每年供水指标 700 万～1000 万立方米，今年供水管理严格，不花钱无偿引水不可能。

今春用水需求状态如下：

自备水源：

地上水 2200 万立方米（河、库、渠）可用量 1200 万立方米；

地下水 1800 万立方米（400 眼井）；

引滦水 1000 万立方米；

友邻调剂 100 万立方米（武清）。

计 5100 万立方米，其中地上水 2300 万立方米。

用水量：

麦田 7 万亩，保二水，每水 50～60 立方米/亩，需用量 840 万立方米；

菜田 4 万亩，半年用水量 1200 万立方米；

林果 4 万亩浇一水，240 万立方米；

稻田 3 万亩、育秧、插秧 1200 万立方米；

旱田及其他用水 500 万立方米。

计 3980 万立方米。

供求差：求＞供，差 1680 万立方米。

调剂调水方案：设想分区分片，宏观控制。

运河以西区：上河头、青光、双口、双街、北仓。

水源依靠：子牙河、北运河、永定河、机井，其中北仓、双街、双口可依靠北运河上游武清污水，青光、上河头主要依靠子牙河、引滦水和机井水。

外环以里区：宜兴埠、天穆、北仓主要依靠丰产河污水，由丰产河阎街首闸和堵口堤闸买引滦水冲淡调和利用。

永定新河以北—淀北区：双街、大张庄、南王平、霍庄子乡，主要依靠华北河（北京排污河）、机排河、永定新河深槽水，有水就浇地，以灌代蓄，解决蓄水设施不足。华北河来水不规律，伺机开车，或提闸引蓄，机排河水位高可提自流闸向大河蓄水。大张庄可利用河岔、二阎庄泵站提闸引用大河水。霍庄子可利用华北河沿岸乡村泵站开车引水或通过韩盛庄水场提水灌地。南王平主要依靠机排河存蓄灌地。双街还可利用郎园首闸引北运河水通过铁路东闸向汉沟泵站送水。

永定新河以南区：西堤头、小淀、宜兴埠，主要依靠金钟河城市污水，永定新河深槽蓄水、永金引河、丰产河等和通过堵口堤引用引滦水解决抗旱。此区水量比较有保证。为此，要求各乡镇要认清目前旱情形势，早准备，早动手。

（一）莫误时机抢水浇地，凡种稻乡村从现在开始要开泵调水，向稻田地打水灌地，能灌多少灌多少，保水蓄水，待到插秧时少量补点引滦水即可。解冻后抓紧时机浇灌小麦返青水，预计开春一水水源有保障。打破不浇返青水的惯例。

（二）有蓄水能力的乡村，河、库、坑塘，如双口大坑、华北河废段、各乡、村骨干渠道，要充分利用有利地势稻地抢水、蓄水，多蓄一方是一方。

（三）有机井的乡村地块要充分开发利用电机提水灌地，区里是否可以考虑一个电费补贴办法，机泵抢水，鼓励开发利用地下水源。

（四）科学用水，节约用水，减少跑、漏、冒，有限水源充分利用于农业急需。

（五）团结协作，发扬龙江风格，相互调剂。

（六）区政府统筹解决调水费，计划调毛水 2500 万立方米，开支 35 万元。

北辰区水利局

1998 年

关于对《北辰区水务志》（送审稿）
进行评审的请示

天津市水务局：

按照市水务局续修《天津市水务志》（1991—2010 年）总体部署，我局已编纂完成《北辰区水务志》（1991—2010 年）初稿，经征求各有关部门意见，反复修改，形成《北辰区水务志》（1991—2010 年）（送审稿）。现已随文报上，请予以评审。

可否，请批示。

北辰区水务局

二〇一五年一月九日

《北辰区水务志（1991—2010 年）》

（送审稿）专家组复审意见

按照 2015 年 1 月 30 日《北辰区水务志（1991—2010 年）》（送审稿）专家组提出的修改意见，北辰区水务局对志稿进行了认真的修改和完善，并将修改稿送专家组成员进行书面审查，经专家组复审，认为《北辰区水务志（1991—2010 年）》基本达到志书出版要求，同意通过复审。

专家组组长：

2015 年 10 月 14 日

索 引

说明： 1. 本索引采用主题分析索引法，主题词词首按汉语拼音字母顺序排列。

　　　　2. 主题词后面的数字表示其所在页码。

编　后　记

2008 年，根据天津市水务局对修志工作的部署，北辰区水务局正式启动《北辰区水务志（1991—2010 年）》编修工作。为顺利开展续志工作，成立了北辰区水务志编修委员会，先后在局长张文涛、李作营领导下，由局党委副书记张晶直接分管，局属各科室负责搜集相关资料。2010 年，聘请区文联原主席滑富强等人继续查找资料，并开始整理编修。2012 年 5 月，形成初步资料汇编。

2012 年 6 月，重新聘请北辰区地志办人员在资料汇编的基础上继续补充完善，由北辰区地志办派人到区档案馆查阅档案资料，重新设计篇目结构，逐章逐节修改编写，并对图片进行挖掘筛选。2013 年 12 月形成初稿，2014 年 1 月交市水务局水务志编办室审阅。是年 5 月，市水务局水务志编办室人员到区水务局就稿件中存在的问题逐一提出修改意见。按照市编办室的要求，区水务局及聘请的北辰区地志办修志人员对志书有关章节、篇目设计等进行调整，充实内容，并多次与市局编办室沟通，交换意见。

2015 年 1 月 30 日，天津市水务局水务志编纂委员会在北辰区水务局主持召开《北辰区水务志（1991—2010 年）》评审会。有关领导、专家和学者 20 余人参加了评审会。《北辰区水务志（1991—2010 年）》评审会上，与会专家在听取编纂工作汇报后，对该书志稿从体例、结构及内容进行认真评议，提出了中肯的修改意见和建议。之后，再次对篇目进行重新调整，并对内容进行补充修改。2015 年 10 月 14 日，市水务局副总工程师、市水务志编委会副主任赵考生主持召开《北辰区水务志（1991—2010 年）》复审会。经专家审定，《北辰区水务志（1991—2010 年）》同意通过复审。待修改后，报送终审。

最终《北辰区水务志（1991—2010 年）》全书共设 12 章 45 节，40 余万字。精选了大量图片，做到了图文并茂，使读者能更加直观地了解北辰区水利发展的脉络和历史印记。同时，该书对前志补遗，记述了北辰区境内塌河淀变迁，使读者对北辰区的水利事业有了更完整的认识。

《北辰区水务志（1991—2010 年）》的出版是集体智慧的结晶，在修志过程中，得到市水务局档案室、北辰区档案馆和相关部门的大力协助，在这里一并表示诚挚的感谢！

由于时间紧迫，水平有限，疏漏和谬误在所难免，敬请批评指正。

编　者

2016 年 12 月